FEM-Praxis mit SolidWorks

Michael Brand

FEM-Praxis mit SolidWorks

Simulation durch Kontrollrechnung und Messung verifizieren

3., aktualisierte Auflage

Michael Brand
ZbW Zentrum für
berufliche Weiterbildung
St. Gallen, Schweiz

Das Buch erschien in 1. Auflage unter dem Titel Grundlagen FEM mit SolidWorks 2010.

SolidWorks® ist ein eingetragenes Warenzeichen der Dassault Systèmes SolidWorks Corp.

Der Verfasser hat alle Texte, Formeln und Abbildungen mit größter Sorgfalt erarbeitet. Dennoch können Fehler nicht ausgeschlossen werden. Deshalb übernehmen weder der Verfasser noch der Verlag irgendwelche Garantien für die in diesem Buch abgedruckten Informationen. In keinem Fall haften Verfasser und Verlag für irgendwelche direkten oder indirekten Schäden, die aus der Anwendung dieser Informationen folgen.

ISBN 978-3-658-09386-0   ISBN 978-3-658-09387-7 (eBook)
DOI 10.1007/978-3-658-09387-7

Die Deutsche Nationalbibliothek verzeichnet diese Publikation in der Deutschen Nationalbibliographie; detaillierte bibliographische Daten sind im Internet über http://dnb.d-nb.de abrufbar.

Springer Vieweg
© Springer Fachmedien Wiesbaden 2011, 2013, 2016

Lektorat: Thomas Zipsner

Gedruckt auf säurefreiem und chlorfrei gebleichtem Papier.

Springer Vieweg ist Teil von Springer Nature
Die eingetragene Gesellschaft ist Springer Fachmedien Wiesbaden GmbH
Die Anschrift der Gesellschaft ist: Abraham-Lincoln-Strasse 46, 65189 Wiesbaden, Germany

Vorwort

Die Bedeutung von Simulationsprogrammen in der Produktentwicklung nimmt ständig zu. Das hat einerseits mit den auf dem Markt erhältlichen, immer preisgünstigeren Simulationsprogrammen und andererseits mit der vereinfachten Handhabung solcher Programme zu tun. Die einfache Handhabung gibt dem Bediener das Gefühl, Berechnungen mit FEM seien kinderleicht. Es ist natürlich sehr problematisch, wenn man den Resultaten einer FEM-Analyse ohne kritisches Hinterfragen vertraut.

Dieses Buch soll dem Studenten (z. B. Höhere Fachschule, Fachhochschule) und auch dem Praktiker anhand von Beispielen zeigen, wie man *SolidWorks Simulation* gewinnbringend im Berechnungs- und Produktentwicklungsprozess einsetzen kann. Die Beispiele sind bewusst so gestaltet, dass jede FEM-Analyse mittels einer analytischen „Handrechnung" überprüft werden kann. Die Leser sollen auch dafür sensibilisiert werden, wie groß die Fehler bei falscher Handhabung sein können. Das Problem sind neben der richtigen Vernetzung oftmals die Randbedingungen (Lagerungen und Lasten). Es werden nur statisch-lineare Analysen durchgeführt.

Zunächst werden die Grundlagen der FEM-Analyse, die Benutzung von SolidWorks Simulation, die Vernetzungsarten, die Von-Mises-Vergleichsspannung und Spannungssingularitäten erklärt. Im zweiten Kapitel werden Beispiele zu den Grundbeanspruchungsarten berechnet und simuliert. Im dritten Kapitel werden anhand von Beispielen mit zusammengesetzter Beanspruchung berechnete und simulierte Werte verglichen. Auch Fachwerke können mit *SolidWorks Simulation* berechnet werden, was im vierten Kapitel gezeigt wird. Um die Kerbwirkung an Bauteilen geht es dann im fünften Kapitel. Wie man ganze Baugruppen mit *SolidWorks Simulation* simuliert, wird im sechsten Kapitel dargestellt. Es folgen dann drei Projekte (Hebelpresse, Schweißkonstruktion und Hydraulikzylinder), bei denen diverse Berechnungen und Simulationen durchgeführt werden.

In der SolidWorks Premium-Lizenz ist ein FEM-Modul für statisch-lineare Analysen enthalten. Dieses Modul, *SolidWorks Simulation*, wurde speziell auf die Bedürfnisse von Konstrukteuren und Ingenieuren abgestimmt, die keine Spezialisten in der Konstruktionsprüfung sind.

Die CAD-Modelle aller Beispiele können im Internet unter www.springer-vieweg.de beim Buch heruntergeladen werden. Auf der Homepage des Autors www.brand-engineering.ch unter „Workshops" können weitere Übungsbeispiele, weiterführende Themen und die eingerichteten Studien (die Simulationen müssen nur noch ausgeführt werden) für die Beispiele im Buch heruntergeladen werden. Alle Übungen können auch mit den SolidWorks Student Editions 2013 bis 2016 nachvollzogen werden.

Die Berechnung von Maschinenelementen basiert auf den Formeln von Roloff/Matek. Auf die Grundlagen der Festigkeitslehre wird hier nicht eingegangen. Es wird vorausgesetzt, dass der Leser Grundkenntnisse bei der Bedienung von SolidWorks hat.

Natürlich wurden auch einige Druckfehler der ersten beiden Auflagen eliminiert. Wo es erforderlich war, wurden Anpassungen an SolidWorks 2016 umgesetzt.

Gerne möchte ich mich bei Herrn Thomas Zipsner vom Springer Vieweg Verlag für seine freundliche Unterstützung bei der Entstehung dieses Buches bedanken. Dank gebührt auch Herrn Haberger, dem technischen Manager der Simulationsprodukte von SolidWorks Deutschland, der mich bei kniffligen Fragestellungen stets geduldig unterstützte.

Oberuzwil, im September 2016   Michael Brand

Inhaltsverzeichnis

1 Einführung in die Finite-Elemente-Methode (FEM)

Die Finite-Elemente-Methode ist in den letzten 60 Jahren entwickelt worden. Sie wird in der Praxis für Berechnungsaufgaben im Maschinen-, Apparate- und Fahrzeugbau eingesetzt. Die Einsatzgebiete sind sehr breit:

- Statik (Verformungen, Spannungen etc.)
- Dynamik (Eigenfrequenzen etc.)
- Strömungsprobleme (Geschwindigkeiten, Drücke etc.)
- Stabilitätsprobleme (Knicken, Beulen etc.)
- Temperaturprobleme (Temperaturverteilungen, Spannungen etc.)
- Akustik (Schallverteilung etc.)
- Crash-Verhalten (Verformungen, Beschleunigungen etc.)
- Umformprozesse
- Elektrotechnik (elektrische Felder etc.)
- Optimierungsprobleme.

In diesem Buch werden wir uns nur mit der Statik, das heißt mit statisch-linearen Untersuchungen beschäftigen. Statisch bedeutet, dass die Last konstant und zeitunabhängig ist. Linear heißt, dass die Belastung proportional zur Verformung (Spannung) ist. Die meisten Vorgänge in der Technik laufen nichtlinear ab. In vielen Fällen ist die viel einfachere lineare Betrachtung als Annäherung ausreichend. Gerade bei zähen Werkstoffen wie Stahl besteht unterhalb der Streckgrenze ein linearer Zusammenhang zwischen Spannung und Dehnung. Für die Berechnungen in diesem Buch werden die Bauteile immer im elastischen Bereich belastet. Wir befinden uns somit im mehr oder weniger linearen Bereich.

Die Finite-Elemente-Methode ermöglicht realitätsnahe Aussagen durch Rechnersimulation und verkürzt somit die Produktentwicklungszeit. Die Vorteile im Überblick:

- Senkung der Entwicklungszeit
- Senkung der Entwicklungskosten
- Senkung der Produktionskosten
- Einsparung von Material
- Frühzeitiges Erkennen von Schwachstellen
- Qualitätssteigerung der Konstruktion
- Optimierung der Konstruktion
- Reduzierung von Versuchsreihen.

Die Verkürzung der Entwicklungszeit erlaubt es, mit einem neuen Produkt schneller am Markt zu sein. Bereits in der Entwicklungsphase können wesentliche Eigenschaften der Konstruktion überprüft und optimiert werden. Mit der FEM-Simulation ist es möglich, schon beim ersten Prototypen recht gute Resultate zu erzielen.

Damit man als Ingenieur oder Techniker gewinnbringend mit dieser Methode arbeiten kann, müssen folgende Voraussetzungen erfüllt sein:

- Leistungsfähige Soft- und Hardware
- Kenntnisse über Grundlagen der FEM-Theorie
- Bedienung einer FEM-Software
- Ingenieurwissen zur kritischen Beurteilung der Ergebnisse.

SolidWorks Simulation ist ein FE-Modul, das im CAD-Programm SolidWorks integriert ist. Es ist ganz klar auf die Benutzung für Nicht-Spezialisten – Zielgruppe Konstrukteure – zugeschnitten. Um Standardberechnungen mit dieser Software auszuführen, muss man nicht den gesamten mathematischen Hintergrund dieser Methode kennen. Kenntnisse über die Grundlagen der FEM-Theorie sind aber dennoch erforderlich, damit man versteht, was die Software während eines Analysevorganges berechnet. Fehlende Erfahrung und Übung im Umgang mit solchen Programmen können zu großen Fehlern führen. Dieses Buch soll dem Leser die Grundlagen der FEM-Analyse mit SolidWorks Simulation verständlich machen. Um die jeweilige Problemstellung erkennen, Systemgrenzen definieren und Lager- bzw. Lastdefinitionen möglichst realitätsnahe festlegen zu können, braucht es fundiertes Ingenieurwissen. So kann man z. B. bei der Wahl eines falschen Lagertyps sehr schnell im Resultat eine Zehnerpotenz daneben liegen.

Bis vor wenigen Jahren wurden FEM-Analysen nur von Spezialisten durchgeführt. Heute geht der Trend in die Richtung, dass auch von Konstrukteuren vermehrt Berechnungsaufgaben verlangt werden. Dafür gibt es verschiedene Gründe [7]:

- Kostengünstigere leistungsfähige FEM-Programme
- Höhere Qualifikation der Konstrukteure
- Hoher Kostendruck
- Großer Termindruck
- Gestiegene Optimierungsanforderungen.

Die modernen Simulationsprogramme wie SolidWorks Simulation mit guten Benutzeroberflächen erfordern für einfachere Berechnungsaufgaben nicht mehr den vollen theoretischen Hintergrund. Viele Konstrukteure bringen aus ihrer Ausbildung fundierte Kenntnisse in Festigkeitslehre und auch der FEM-Analyse mit. Somit können auch Konstrukteure innerhalb bestimmter Grenzen Standardberechnungen übernehmen. Die Entwicklungskosten müssen stetig reduziert werden, was ebenfalls für die konstruktionsintegrierte FEM-Analyse spricht.

Der große Termindruck verlangt, dass Geräte, Maschinen und Anlagen schon im ersten Entwurf möglichst optimiert werden.

Zu den Hauptaufgaben der Festigkeitslehre gehören unter anderem Verformungs- und Spannungsberechnungen. Wie wir im Buch sehen werden, kann die FEM-Analyse bei solchen Berechnungen eine große Hilfestellung bieten. Solange ein Bauteil eine einfache Geometrie besitzt, können Verformungen und Spannungen mit wenig Aufwand „von Hand" berechnet werden. Wird die Geometrie aber komplizierter, stößt man mit dieser Methode sehr schnell an Grenzen.

Es gibt in der Konstruktion zwei typische Aufgabenstellungen:

- Dimensionierung eines Bauteils: meist überschlägige Auslegung im Entwurfsstadium

- Festigkeits- und Verformungsnachweis: genauere Verformungs- und Spannungsberechnungen an einem auskonstruierten Bauteil.

Die Erbringung des Festigkeits- und Verformungsnachweises an einem auskonstruierten Bauteil ist bedeutend schwieriger als eine Vordimensionierung. Dies vor allem dann, wenn es sich um komplizierte Bauteile handelt. Bei solchen komplizierten Teilen ist oftmals eine Vereinfachung der Bauteilgeometrie erforderlich, die aber die Qualität der Ergebnisse nicht zu stark beeinträchtigen darf. Diese Vereinfachung ist oft notwendig, da es Probleme mit der Vernetzung (siehe dazu 1.3 Vernetzung) geben kann und weil die Modelle sonst zu groß werden.

Zuerst werden die Grundlagen der FEM-Theorie erarbeitet. Anschließend wird die Bedienung von SolidWorks Simulation erklärt. Dann werden wir anhand verschiedener Beispiele die praktische Umsetzung der Finite-Elemente-Methode kennen lernen.

1.1 Grundlagen der FEM-Theorie

Aus den Grundlagen der Festigkeitslehre wissen wir, dass die Zugspannung in einem Bauteil durch eine Normalkraft F_N in der Schnittebene hervorgerufen wird.

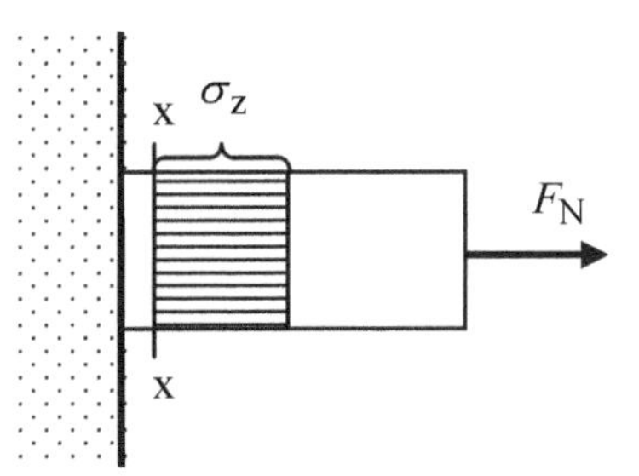

In der Schnittebene x-x gilt:
$$\sigma_z = \frac{F_N}{A} \qquad (1)$$

Die Zugspannung wirkt konstant im gesamten Querschnitt.

Das Hooke'sche Gesetz (2) besagt, dass die Spannung und die Dehnung im elastischen Bereich proportional sind. Diesen Zusammenhang kann man im Spannungs-Dehnungs-Diagramm gut erkennen.

$$\sigma_z = E \cdot \varepsilon \qquad (2)$$

Die Dehnung ε ist folgendermaßen definiert:

$$\varepsilon = \frac{\Delta l}{l_0} \qquad (3)$$

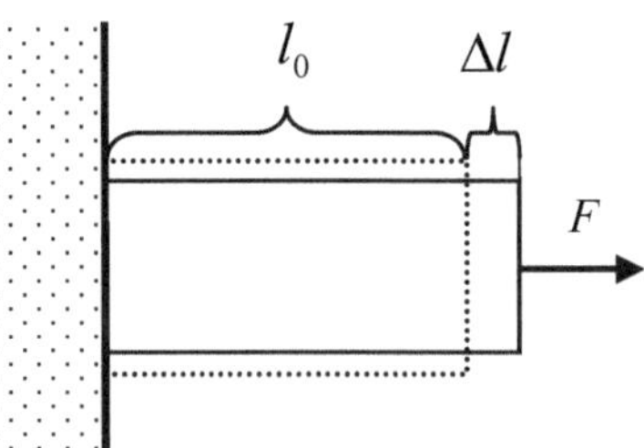

wobei Δl der Längenänderung (Verschiebung) entspricht, die unter Einwirkung der Kraft F entsteht. Die ursprüngliche Länge des Bauteils beträgt l_0. Das E-Modul ist das so genannte Elastizitätsmodul. Es entspricht im Spannungs-Dehnungs-Diagramm der Steigung der Hooke'schen Gerade.

Es beträgt z. B. für Stahl $E = 210\,000\,\dfrac{\text{N}}{\text{mm}^2}$.

Formt man nun (1) nach der Kraft um und setzt dann für die Zugspannung (2) und (3) ein, erhält man (Indizes werden weggelassen):

$$F = \sigma \cdot A = E \cdot \varepsilon \cdot A = E \cdot A \cdot \frac{\Delta l}{l_0} \qquad (4)$$

Die so erhaltene Formel (4) stellen wir nun um:

$$F \;=\; \frac{E \cdot A}{l_0} \;\cdot\; \Delta l \qquad (5)$$

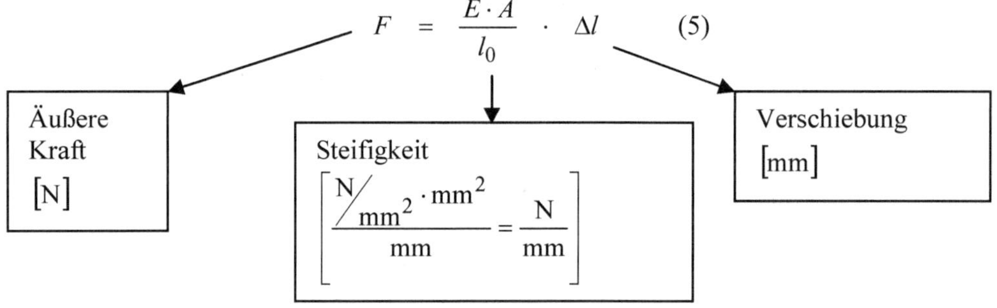

Das ist die Grundgleichung der Finite-Elemente-Methode. Sie besagt:

Äußere Kräfte	=	Steifigkeit	mal	Verschiebung

Bei einer FEM-Analyse sind die äußeren Kräfte bekannt oder müssen vorab bestimmt werden. Die Steifigkeit ergibt sich aus dem Material und der Geometrie des Bauteils. Es können dann immer zuerst Verschiebungen berechnet werden.

Aus diesen werden durch Rückrechnung die Spannungen, Reaktionskräfte (z. B. an den Berührungsstellen von Einzelteilen in einer Baugruppe) und Dehnungen bestimmt.

Beispiel 1:

Der oben dargestellte Zugstab aus S235 (E-Modul $E = 210\,000\,\dfrac{\text{N}}{\text{mm}^2}$) hat eine Querschnittsfläche von $A = 200\ \text{mm}^2$. Er wird durch eine Zugkraft von $F = 10\,000\ \text{N}$ belastet. Die unbelastete Anfangslänge beträgt $l_0 = 50\ \text{mm}$. Bestimmen Sie die Verschiebung und die Zugspannung.

Lösung:

Gleichung (5):
$$10\,000\ \text{N} = \frac{210\,000\ \dfrac{\text{N}}{\text{mm}^2}\cdot 200\ \text{mm}^2}{50\ \text{mm}}\cdot \Delta l \quad \Rightarrow \quad \Delta l = 0,012\ \text{mm}$$

Gleichung (2) und (3):
$$\sigma_z = 210\,000\,\frac{\text{N}}{\text{mm}^2}\cdot\frac{0.012\ \text{mm}}{50\ \text{mm}} = 50\,\frac{\text{N}}{\text{mm}^2}$$

Die Finite-Elemente-Methode ist nun aber eine computerorientierte Berechnungsmethode. Als Grundlage für die Berechnungen wird die Matrizenrechnung verwendet. Wenn man diese beim obigen Beispiel anwendet, sieht das folgendermaßen aus:

Am Zugstab greifen die beiden Kräfte F_1 und F_2 an, und rufen jeweils die Verschiebungen U_1 und U_2 hervor.

Gleichung (5):
$$F = \left(\frac{E\cdot A}{l_0}\right)\cdot \Delta l$$

$$F = K \cdot U \quad (6)$$

Somit gilt für F_1 und F_2:
$$\begin{vmatrix} F_1 = K\cdot U_1 - K\cdot U_2 \\ F_2 = K\cdot U_2 - K\cdot U_1 \end{vmatrix}$$

$\Rightarrow$ Matrizenschreibweise:
$$\begin{bmatrix} K & -K \\ -K & K \end{bmatrix}\begin{bmatrix} U_1 \\ U_2 \end{bmatrix} = \begin{bmatrix} F_1 \\ F_2 \end{bmatrix} \quad \text{(wobei die Kraft } F_1 \text{ negativ ist)}$$

Element-Steifigkeitsmatrix $\Rightarrow \begin{bmatrix} \dfrac{EA}{l} & -\dfrac{EA}{l} \\[2mm] -\dfrac{EA}{l} & \dfrac{EA}{l} \end{bmatrix}$

Nun setzen wir die Werte von oben ein:

Für K erhalten wir
$$K = \frac{210\,000\ \dfrac{\text{N}}{\text{mm}^2}\cdot 200\ \text{mm}^2}{50\ \text{mm}} = 840\,000\ \frac{\text{N}}{\text{mm}}$$

Durch Einsetzen in die obige Matrizengleichung erhält man:
$$\begin{bmatrix} 840\,000\,\dfrac{\text{N}}{\text{mm}} & -840\,000\,\dfrac{\text{N}}{\text{mm}} \\[2mm] -840\,000\,\dfrac{\text{N}}{\text{mm}} & 840\,000\,\dfrac{\text{N}}{\text{mm}} \end{bmatrix}\begin{bmatrix} U_1 \\ U_2 \end{bmatrix} = \begin{bmatrix} -10\,000\ \text{N} \\ 10\,000\ \text{N} \end{bmatrix}$$

$\Rightarrow$ Diese Matrizengleichung ist statisch unterbestimmt. Erst wenn man die Randbedingung $U_1 = 0$ (weil links fixiert) einführt, ist die Matrizengleichung lösbar:

$$840\,000\,\frac{\text{N}}{\text{mm}}\cdot U_2 = 10\,000\ \text{N} \quad \Rightarrow \quad U_2 = 0,012\ \text{mm}$$

Da es sich bei diesem Beispiel um einen einachsigen Spannungszustand handelt, sieht die Element-Steifigkeitsmatrix sehr einfach aus. Sobald es sich aber um mehrachsige Spannungszustände handelt, wird es bedeutend schwieriger, diese aufzustellen.

Nun kommen wir zur Idee der Finite-Elemente-Methode:

Unabhängig von der Komplexität des zu untersuchenden Bauteiles oder einer Baugruppe sind die grundlegenden Schritte bei allen FEM-Berechnungen gleich. Ausgangspunkt für eine Analyse ist das geometrische Modell. Dieses muss für die Verwendung mit FEM meist noch vereinfacht werden (siehe Bild a). Diesem Modell werden Materialeigenschaften zugewiesen. Anschließend werden Lasten und Lager definiert.

Belastung: Kräfte, Momente, Zwangsverschiebungen

⇓

Reaktion („Antwort"): Verformung, Spannung

Das Modell muss dann diskretisiert werden. Diesen Vorgang nennt man Vernetzen. Dabei wird die Geometrie des Modells in relativ kleine und einfach geformte Einheiten aufgeteilt – die finiten (= endlichen) Teile. Die Elemente (Teile) sind im Verhältnis zur Gesamtgröße des Modells klein (siehe Bild b).

Das FEM-Programm erstellt mit diesen Daten die Element-Steifigkeitsmatrix automatisch. Unter Verwendung der Randbedingungen (Lasten und Kräfte) werden die zu erwartenden Verschiebungen am ganzen Modell berechnet (siehe Bild c). Bei dieser Berechnung arbeitet ein numerischer Gleichungslöser, in dem er ein Gleichungssystem mit oftmals mehreren hunderttausend Gleichungen löst. Wie wir oben gesehen haben, können aus den Verschiebungen die Spannungen und Reaktionskräfte ermittelt werden. Diese Methode ist aber nur eine Annäherung an ein exaktes Ergebnis, die umso besser gelingt, je kleiner das gewählte Element wird.

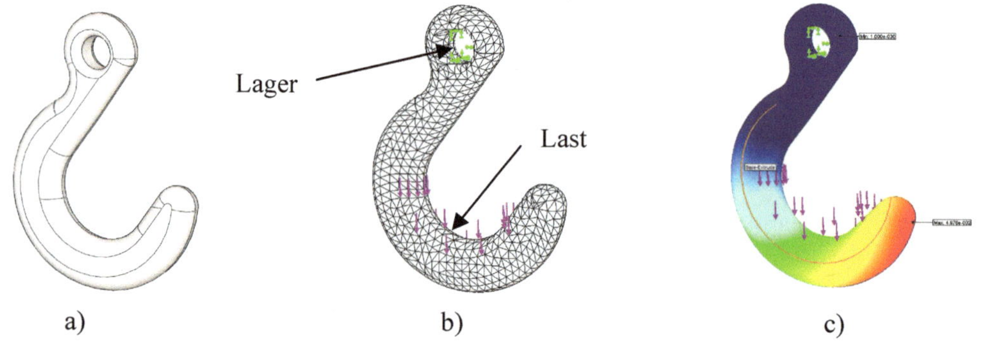

a)   b)   c)

Der letzte Schritt ist die Interpretation der Ergebnisse. Dieser wird meist unterschätzt. Um fundierte Aussagen über die Resultate einer FEM-Analyse machen zu können, benötigt man fundiertes Ingenieurwissen vor allem aus den Bereichen der Technischen Mechanik (Statik, Dynamik und Festigkeitslehre).

1.2 Simulation mit SolidWorks Simulation

In diesem Kapitel wird gezeigt, wie man mit *SolidWorks Simulation* einfache FEM-Analysen durchführt. Bevor eine Studie erstellt werden kann, muss unter Zusatzanwendungen (Extras) *SolidWorks Simulation* aktiviert werden. Die Prozessstufen für eine Analyse sind immer die gleichen:

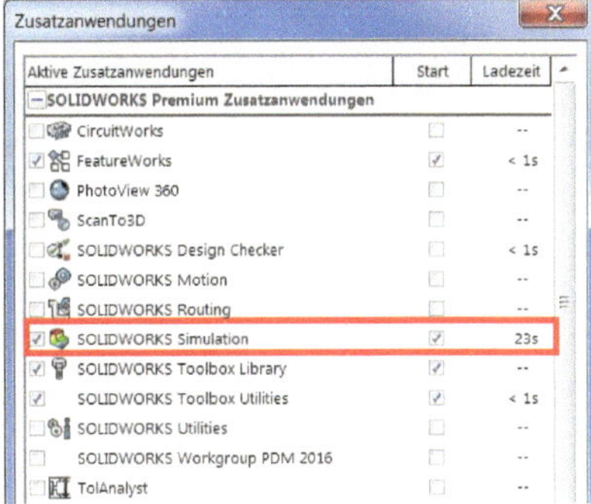

- Erstellen einer Studie
- Anwenden des Materials
- Einspannungen definieren
- Lasten definieren
- Modell vernetzen
- Studie ausführen
- Ergebnisse analysieren.

Die genannten Schritte werden nun anhand eines einfachen Beispiels durchgespielt.

Wir verwenden dazu unser obiges *Beispiel 1*:

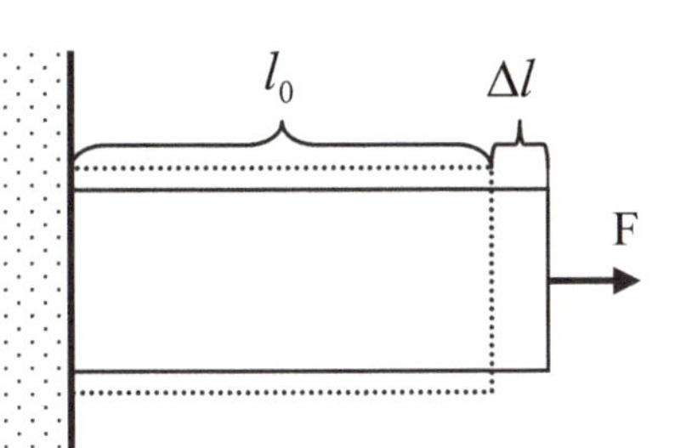

Folgende Werte sind gegeben:

Material:	S235
Kraft:	$F = 10\,000$ N
Querschnitt:	$A = 200$ mm^2
Anfangslänge:	$l_0 = 50$ mm
E-Modul:	$E = 210\,000\ \dfrac{\text{N}}{\text{mm}^2}$

FEM-Analyse:

1. Öffnen Sie das Modell für das Bauteil (Flachstahl.sldprt).
2. Erstellen Sie eine statische Studie (*Simulation-Studie*).

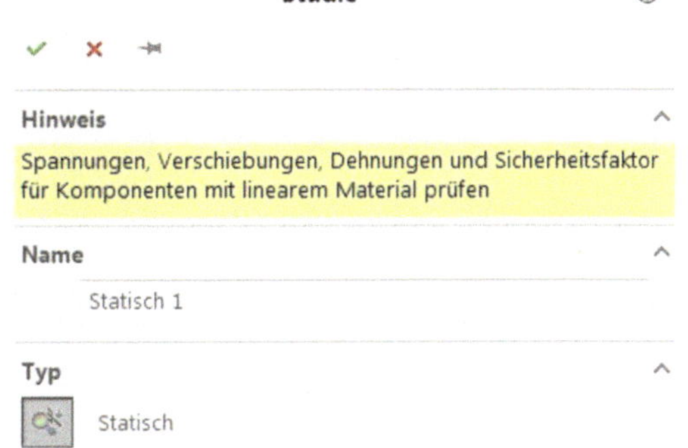

3. Weisen Sie das Material zu.

   Mit Rechtsklick *Material anwenden/ bearbeiten* wählen. Nehmen Sie *Unlegierter Baustahl*.

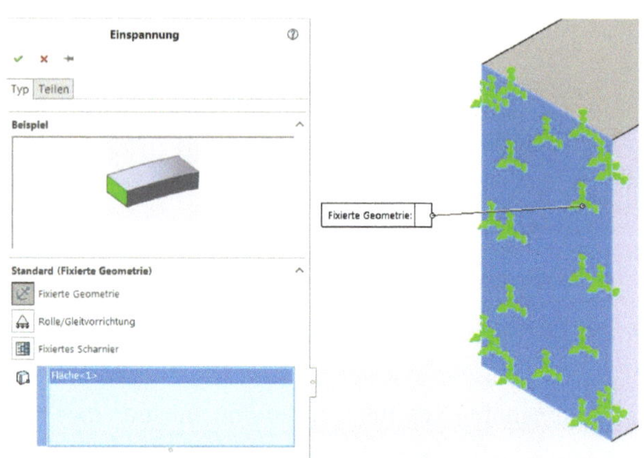

4. Definieren Sie eine feste Einspannung (*Fixierte Geometrie*) mit Rechtsklick auf *Einspannungen*.

   Das Modell muss an einem Ende befestigt bzw. fixiert werden. Es stehen dazu verschiedene Arten von Einspannungen zur Verfügung. Da es sich bei der gestellten Aufgabe um eine feste Einspannung handelt, kann man für die betreffende Fläche eine fixierte Geometrie wählen.

5. Definieren Sie die Kraft mit Rechtsklick auf *Externe Lasten*. Auf der gegenüberliegenden Seite greift die Kraft von 10 000 N an. Damit der Flachstahl auf Zug belastet wird, muss man *Richtung umkehren* aktivieren.

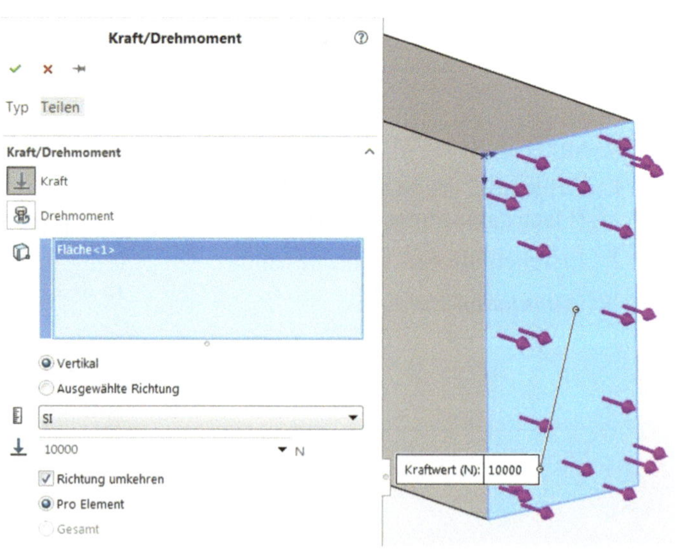

6. Erstellen Sie das Netz mit Rechtsklick
   und *Netz erstellen …*

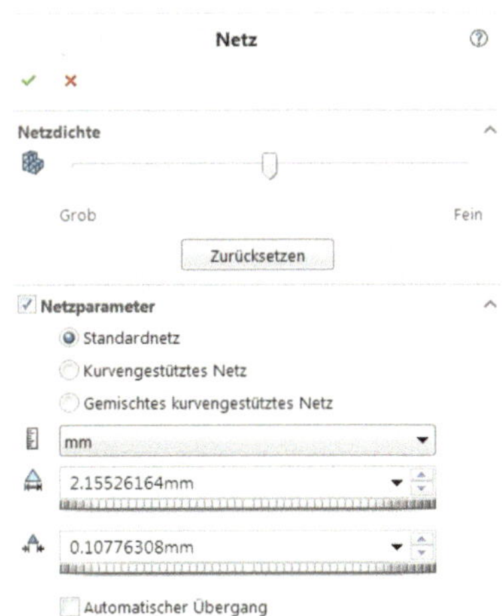

SolidWorks Simulation verwendet standardmäßig eine mittlere Netzdichte für die Vernetzung. Die Elementgröße ist als Durchmesser h einer Kugel um das Element definiert.

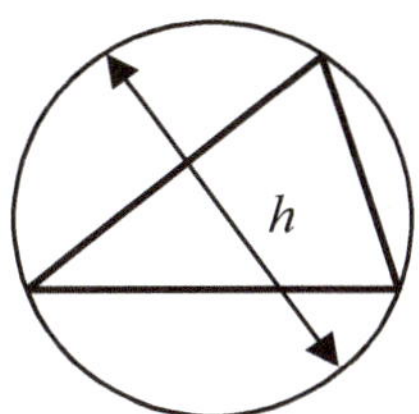

Die Dichte des Netzes beeinflusst die Genauigkeit der Ergebnisse direkt. Je kleiner die Elemente gewählt werden, desto geringer sind die so genannten Diskretisierungsfehler, desto länger dauert jedoch auch die Vernetzung und die Lösungsfindung.

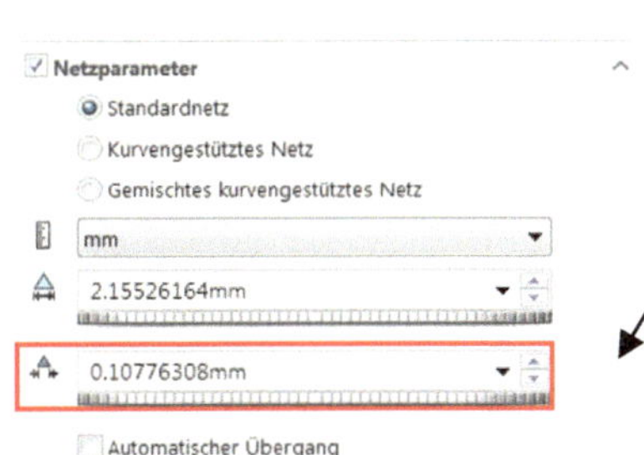

Die Toleranz für die Elementgröße ist standardmäßig bei 5 % der Elementgröße. Eine Erhöhung der Toleranz kann manchmal hilfreich sein, wenn der Netzgenerator das Modell nicht vernetzen kann. So sieht das Modell mit der Vernetzung aus.

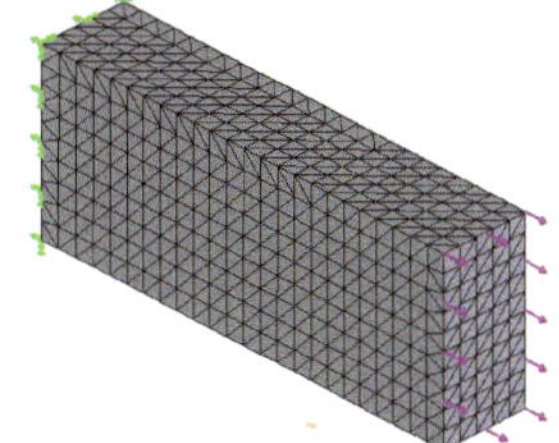

7. Führen Sie die Analyse mit Rechtsklick auf *Ausführen* durch. Nach durchgeführter Analyse erscheint der Ergebnisordner. Je nach Einstellung sind in diesem Spannungen, Verschiebungen etc. aufgeführt.

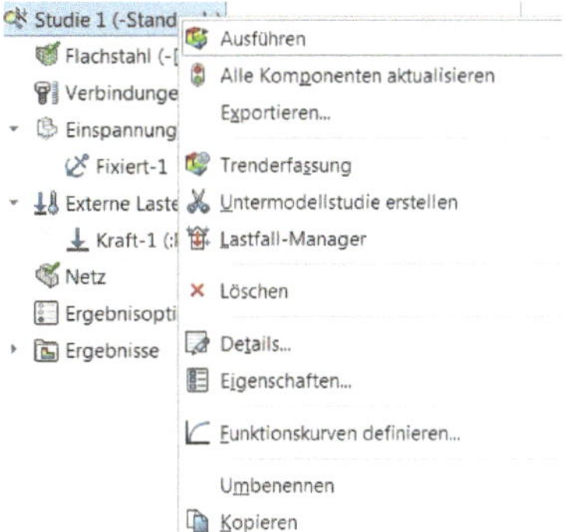

In der aktuellen Darstellung sieht man die Spannungen, die im Bauteil wirken.

Ergebnisordner

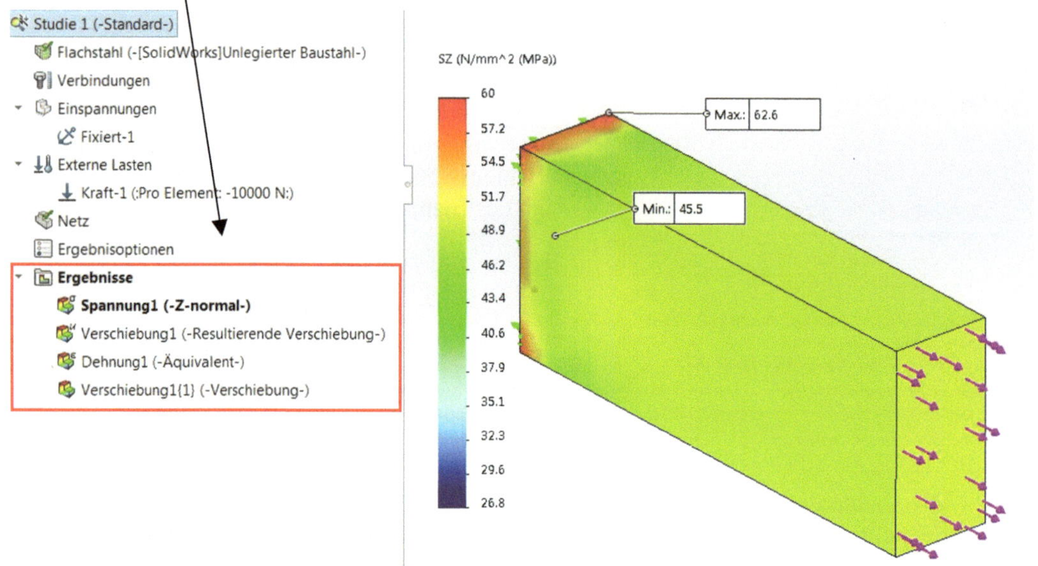

Sie können diverse Einstellungen für diese Ansicht ändern. Mit Doppelklick auf das Diagramm erscheint dieses Fenster:

Hier können Sie die Anzeigeoptionen nach eigenem Bedarf verändern. Wollen Sie sich z. B. einen bestimmten Spannungsbereich zeigen lassen, deaktivieren Sie einfach *Automatisch definierter Höchst- und Mindestwert* und geben eine Unter- und Obergrenze (hier 26.8 bis 60.0) ein.

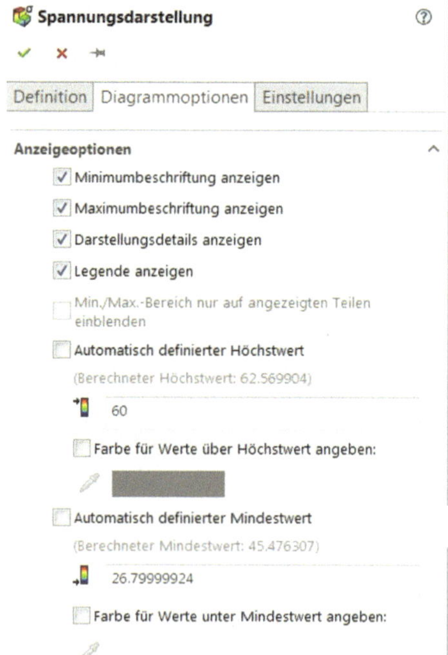

Interpretation der Ergebnisse:

Wir wollen nun vergleichen, ob die simulierten Werte mit den vorher berechneten Werten übereinstimmen.

Zuerst die maximale Zugspannung: Mit Rechtsklick auf Spannung 1, kann man *Sondieren* wählen.

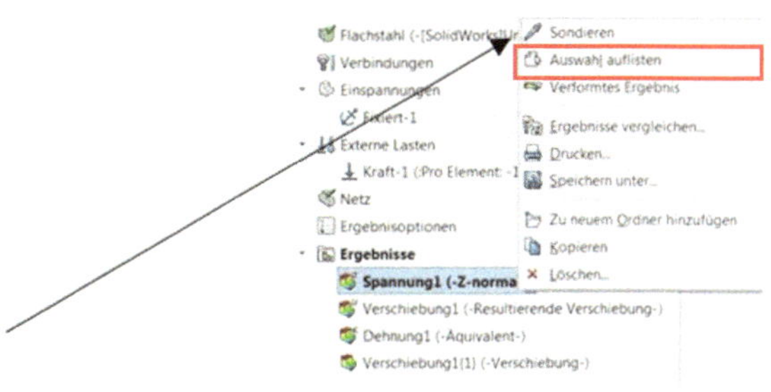

Wenn man bei Optionen *An Position* wählt, können an beliebigen Stellen des Modells die vorhandenen Spannungen jeweils am nächstliegenden Knoten gemessen werden.

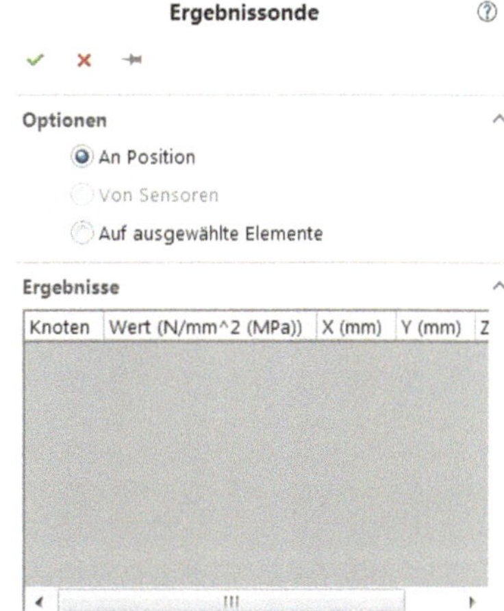

Unten sind an zwei verschiedenen Stellen jeweils ca. $50\,\dfrac{\text{N}}{\text{mm}^2}$ gemessen worden, was sehr gut mit dem berechneten Wert übereinstimmt.

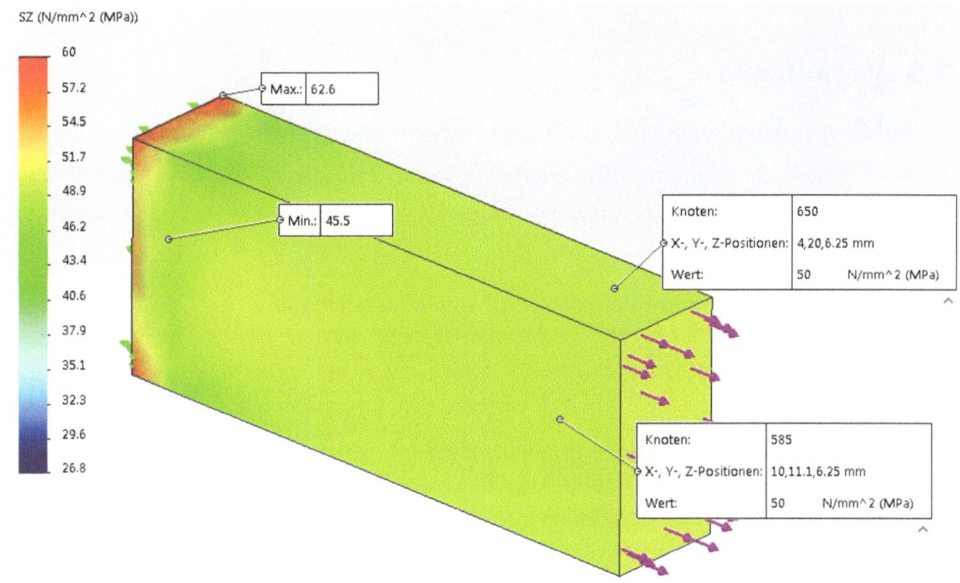

Vergleichen wir noch die Verformung. Dazu muss man die ***Verschiebung 1*** im Ergebnisordner einblenden.

Man sieht in dieser Darstellung, dass die maximale Verschiebung 0,012 mm beträgt. Auch dieser Simulationswert stimmt mit dem berechneten Wert überein.

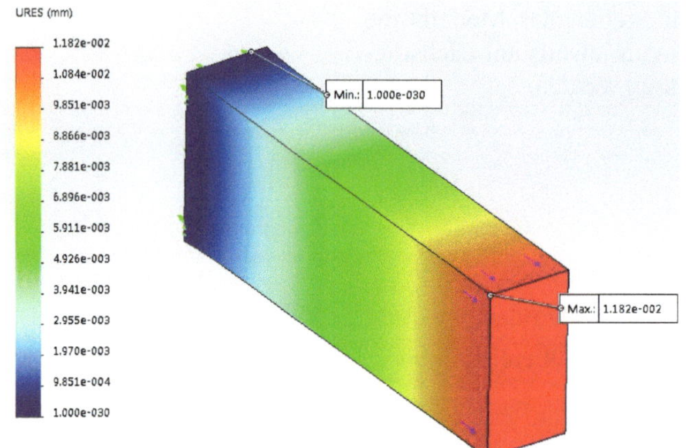

1.3 Vernetzung

In ***SolidWorks Simulation*** sind fünf verschiedene Elementtypen verfügbar:

- Tetraedische Volumenkörperelemente 1. und 2. Ordnung
- Dreieckige Schalenelemente 1. und 2. Ordnung
- Balken- und Stabelemente

Bei der Vernetzung in Entwurfsqualität handelt es sich um Elemente 1. Ordnung. Elemente 2. Ordnung werden automatisch erstellt, wenn hohe Qualität gewählt wird.

Wenn also ***Entwurfsqualität-Netz*** nicht aktiviert ist, wird automatisch eine Vernetzung 2. Ordnung erstellt.

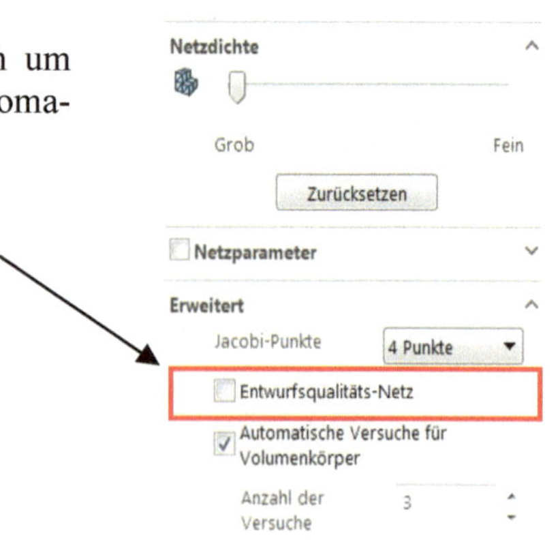

Tetraedische Volumenkörperelemente 1. Ordnung (Entwurfsqualität) verfügen in jeder Ecke genau über einen Knoten. Das kann bei einer Analyse sehr schnell zu großen Fehlern führen.

Tetraedische Volumenkörperelemente 2. Ordnung verfügen über genau 10 Knoten (4 Eckknoten und 6 Knoten jeweils in der Mitte der Kanten).

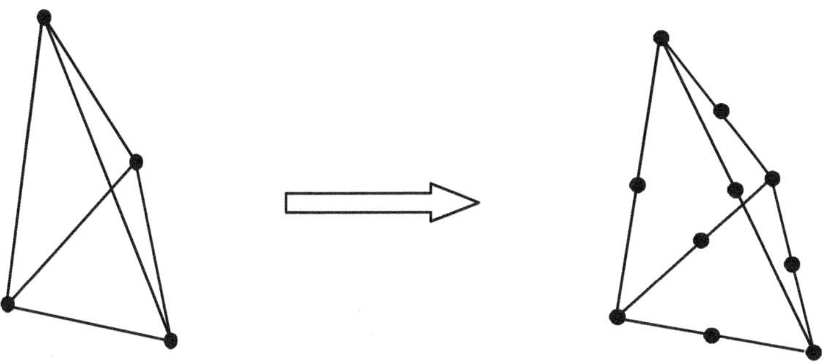

Die Elemente 2. Ordnung können abgerundete Kanten und Flächen besser vernetzen.

Analog zu tetraedischen Volumenkörperelementen 1. und 2. Ordnung gibt es die dreieckigen Schalenelemente 1. und 2. Ordnung. Die Schalenelemente werden für die Vernetzung von Blechen oder ähnlichen Bauteilen verwendet. Wir sehen in den nächsten Beispielen, wie man diese Elementtypen anwenden kann. Die Balkenelemente werden im Kapitel 2.4 Stützträger mit Einzellast erläutert.

Beispiel 2:

Das unten dargestellte Lochblech (S235) wird mit der Kraft $F = 1\,000$ N belastet. Zuerst berechnen wir die Spannung im gefährdeten Querschnitt x-x.

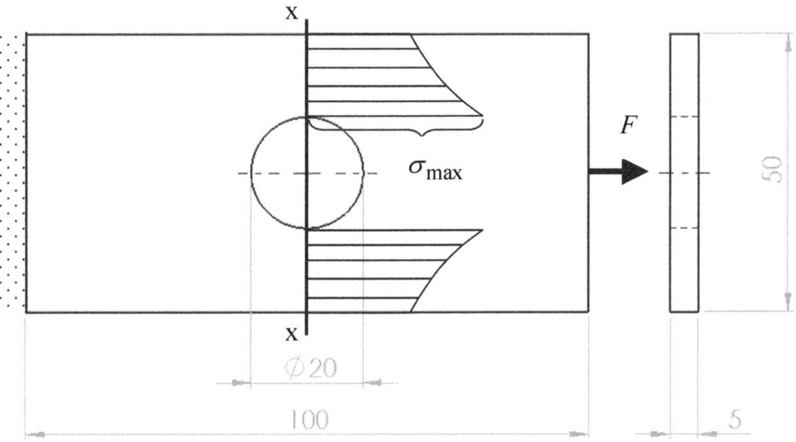

Nennspannung:
$$\sigma_\mathrm{n} = \sigma_\mathrm{z} = \frac{F}{A} = \frac{1\,000\ \text{N}}{30\ \text{mm} \cdot 5\ \text{mm}} = 6{,}7\,\frac{\text{N}}{\text{mm}^2}$$

Formzahl für Kerbwirkung [3]: $\alpha_k \approx 2{,}24$ $\left(\dfrac{a}{b} = \dfrac{10\ \text{mm}}{25\ \text{mm}} = 0{,}4 \right)$

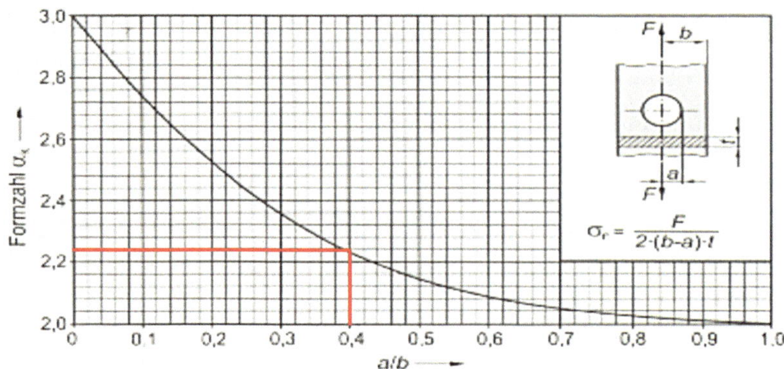

Maximalspannung mit Kerbwirkung: $\sigma_{\max} = \alpha_k \cdot \sigma_n = 14{,}9\ \dfrac{\text{N}}{\text{mm}^2}$

Es folgt nun eine FEM-Analyse mit zwei verschiedenen Elementtypen. Einmal mit tetraedischen Volumenkörperelementen 2. Ordnung und dann mit Schalenelementen 2. Ordnung.

FEM-Analyse (Tetraedische Volumenkörperelemente):

1. Öffnen Sie das Modell für das Bauteil Lochplatte.sldprt.

2. Erstellen Sie eine statische Studie.

3. Material zuweisen (unlegierter Baustahl).

4. Feste Einspannung definieren.

5. Definieren Sie die Kraft $F = 1\,000$ N auf der gegenüberliegenden Seite.

6. Erstellen Sie das Netz (Elementgröße 5 mm). Es werden automatisch tetraedische Volumenkörperelemente 2. Ordnung gewählt, wenn **Entwurfsqualität-Netz** nicht aktiviert wurde.

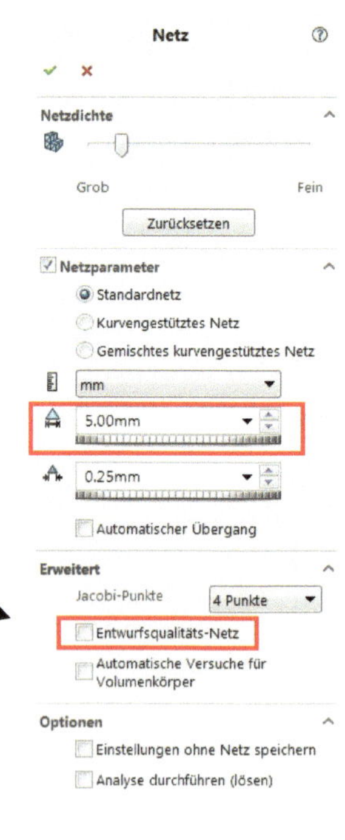

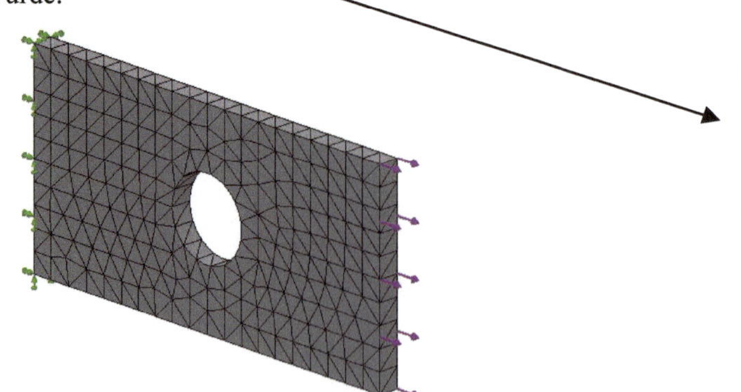

7. Führen Sie die Studie aus.

Interpretation der Ergebnisse:

Die maximale Spannung beträgt $\sigma_{max} \approx 14{,}5\ \dfrac{N}{mm^2}$. Dieser Wert stimmt sehr gut mit der analytischen Berechnung $\left(\sigma_{max} = 14{,}9\ \dfrac{N}{mm^2}\right)$ überein. Wenn man die Elementgröße auf 2,5 mm verkleinert, wird die Spannung mit $\sigma_{max} \approx 15{,}2\ \dfrac{N}{mm^2}$ etwas größer.

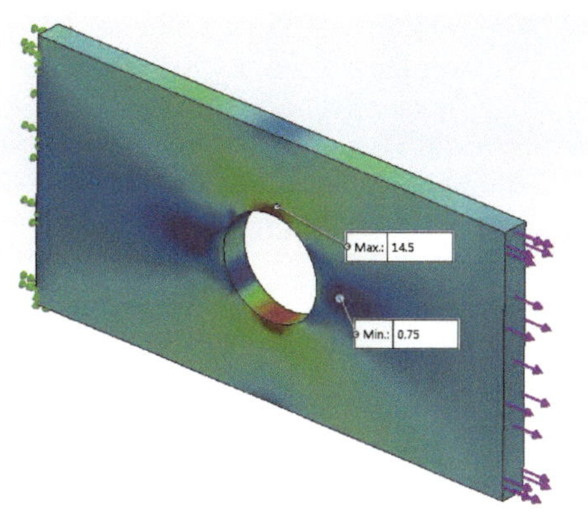

FEM-Analyse (Schalenelemente):

Zuerst müssen am Modell folgende Änderungen vorgenommen werden: Fügen Sie bei der Lochplatte eine Mittelfläche ein (*Einfügen-Oberfläche-Mittelfläche*).

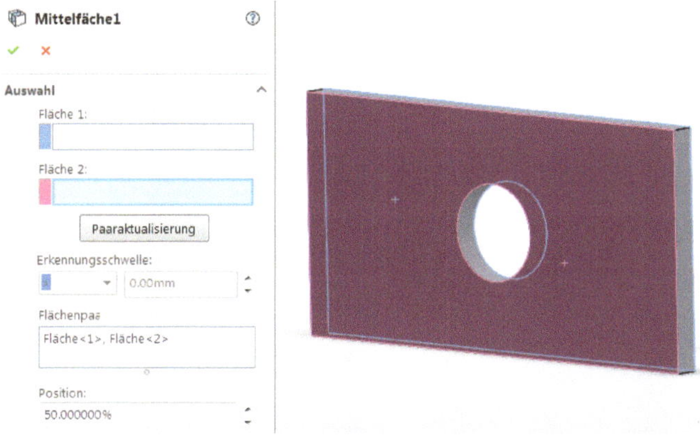

Blenden Sie im Feature Manager *Linear Austragen 1* aus. Man sieht so nur noch die Mittel-fläche.

1. Erstellen Sie eine statische Studie.

2. Schließen Sie den Volumenkörper aus der Studie aus.

3. Klicken Sie auf *Oberflächenkörper 1* und bearbeiten Sie die Definition.

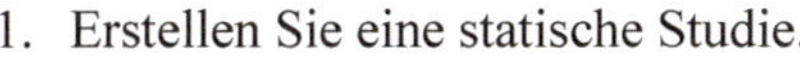

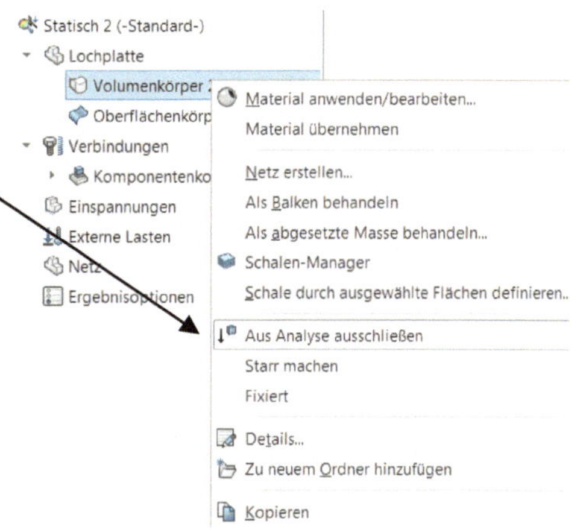

Es kann nun die Schalendefinition vorgenommen werden. Schalenelemente können nur verwendet werden, wenn es sich bei den Komponenten um Blechteile oder Flächen handelt. Zum Unterschied von **Dünn** und **Dick**: Solange das Breite-Dicke-Verhältnis größer als 20 ist, wählt man **Dünn**. Hier beträgt es $\dfrac{50 \text{ mm}}{5 \text{ mm}} = 10$, also wählt man **Dick**.

4. Material auf **Oberflächenkörper 1** anwenden (unlegierter Baustahl).

5. Feste Einspannung an der linken Kante der Schale definieren.

6. Definieren Sie die Kraft $F = 1\,000$ N an der gegenüberliegenden Kante. Wählen Sie **Ausgewählte Richtung** und dann die obere oder untere Längskante (hier Kante <2>). Dann geben Sie 1 000 N ein und aktivieren **Richtung umkehren**.

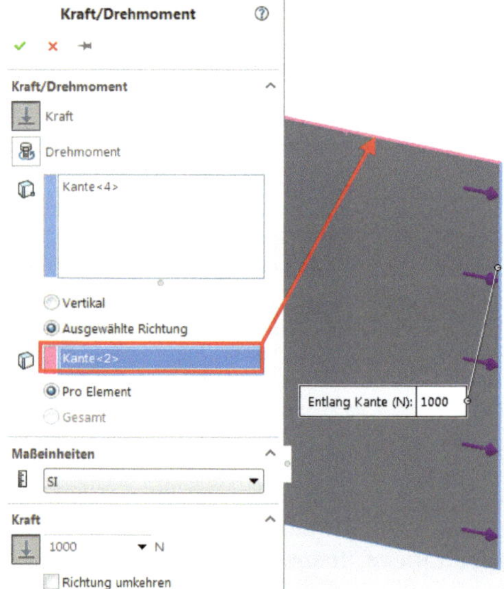

7. Vernetzen Sie mit einer Elementgröße von ca. 5 mm .

8. Führen Sie die Studie aus. Die Einheiten im Diagramm können jederzeit mit Rechtsklick auf **Spannung 1-Definition bearbeiten** geändert werden. Stellen Sie $\dfrac{\text{N}}{\text{mm}^2}$ ein.

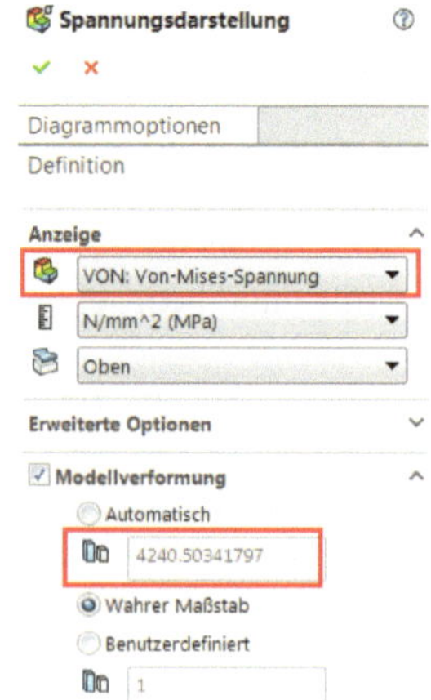

Unter Modellverformung können Sie zwischen verschiedenen Optionen wählen. Wählt man **Automatisch**, wird die Verformung mit dem darunter angegebenen Maßstab dargestellt.

Bei den Analysen im Buch verwende ich meist **Wahrer Maßstab**.

Interpretation der Ergebnisse:

Die maximale Spannung beträgt $\sigma_{max} \approx 13,3\,\dfrac{N}{mm^2}$. Dieser Wert weicht erheblich vom oben berechneten Wert ab. Wir versuchen es erneut mit einer kleineren Elementgröße von 1 mm. So erhalten wir den Wert $\sigma_{max} \approx 14,9\,\dfrac{N}{mm^2}$, welcher wieder sehr gut mit der analytischen Berechnung übereinstimmt.

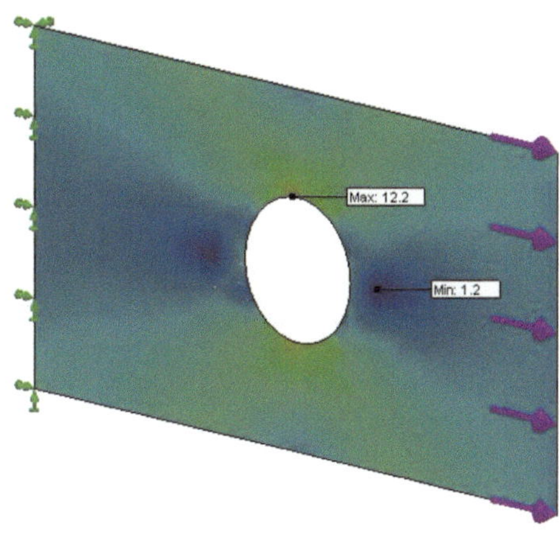

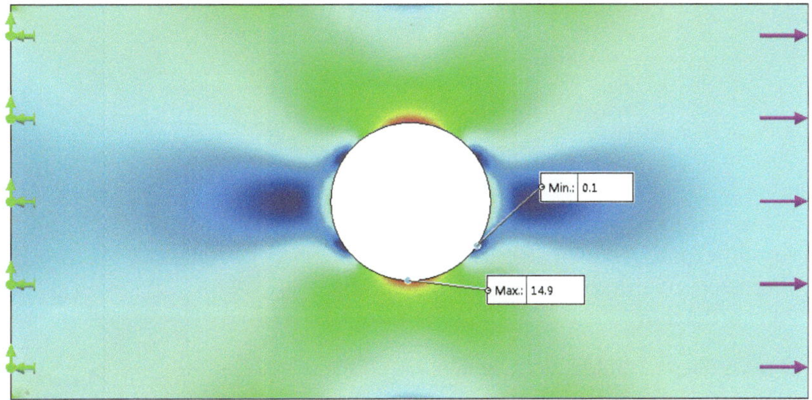

Wir sehen, ob tetraedisches Volumenkörperelement oder Schalenelement spielt für die simulierten Werte keine Rolle. Wir erhalten in beiden Fällen dieselbe maximale Spannung.

Wenn man eine bestimmte Stelle im Bauteil genauer untersuchen möchte, gibt es die Möglichkeit, speziell an dieser Stelle ein feineres Netz zu definieren. Dieses Verfahren nennt man *lokale Netzverfeinerung*. Wir wenden dieses Verfahren bei der obigen Lochplatte an.

FEM-Analyse: mit Vernetzungssteuerung

1. Öffnen Sie das Modell für das Bauteil (Lochplatte. sldprt). Wenn Sie am gleichen Modell von oben weiterarbeiten, müssen Sie zuerst den Volumenkörper wieder einblenden.

2. Erstellen Sie eine statische Studie.

3. Weisen Sie das Material zu.

4. Definieren Sie die Feste Einspannung.

5. Definieren Sie die Kraft.

6. Wenden Sie die Vernetzungssteuerung an.

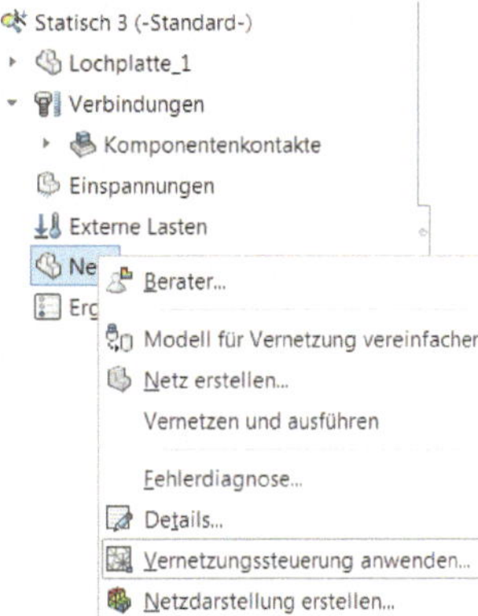

Wählen Sie als Element die Innenfläche der Bohrung. Es können grundsätzlich Eckpunkte, Flächen oder ganze Komponenten von Baugruppen verwendet werden. Als Elementgröße stellen Sie 0,3 mm ein. Durch den Parameter Verhältnis wird der Übergang vom „groben" zum „feinen" Netz definiert. Das Standardverhältnis ist 1,5.

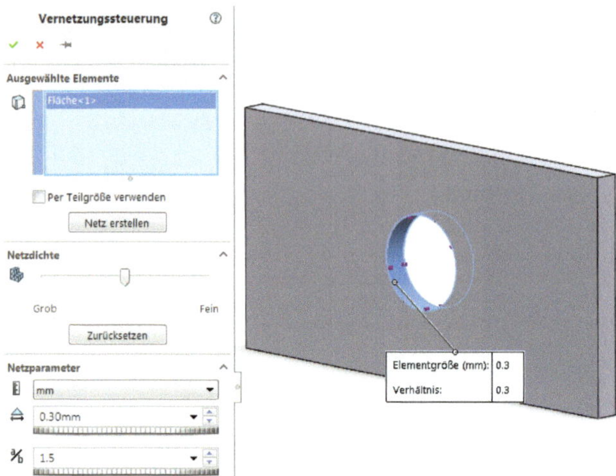

7. Anschließend können Sie wie gewohnt vernetzen. Wählen Sie eine Elementgröße von ca. 2,5 mm .

   Das vernetzte Bauteil sieht so aus:

8. Führen Sie die Studie aus.

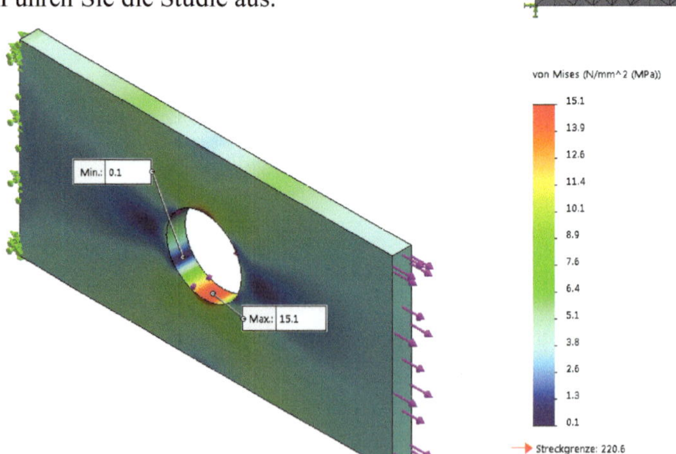

Interpretation der Ergebnisse:

Die maximale Spannung liegt jetzt bei $\sigma_{max} \approx 15{,}1 \dfrac{\text{N}}{\text{mm}^2}$.

Wir haben verschiedene Spannungswerte erhalten. Hier nochmals in der Übersicht:

	Berechnungs- bzw. Simulationsart	**Max. Spannung** $\left[\dfrac{N}{mm^2}\right]$
1	Analytische Berechnung	14,7
2	Tetraedische Volumenkörperelemente (Elementgröße 5 mm)	14,5
3	Tetraedische Volumenkörperelemente (Elementgröße 2,5 mm)	15,2
4	Schalenelemente (Elementgröße 1 mm)	14,5
5	Vernetzungssteuerung 0,3 mm mit Volumenkörperelemente (Elementgröße 5 mm)	15,1

Die Spannungswerte liegen in einem Bereich von ca. 5 %. Der Wert, der der Realität am nächsten kommt, dürfte der mit Vernetzungssteuerung (Volumenkörper) $\sigma_{max} \approx 15{,}1\,\dfrac{N}{mm^2}$ sein.

1.4 Vergleichsspannung

Wenn man im Ergebnisordner die Spannungsdarstellungen bearbeitet, sieht man folgendes Fenster:

Bei *Komponente* hat man eine große Auswahl.

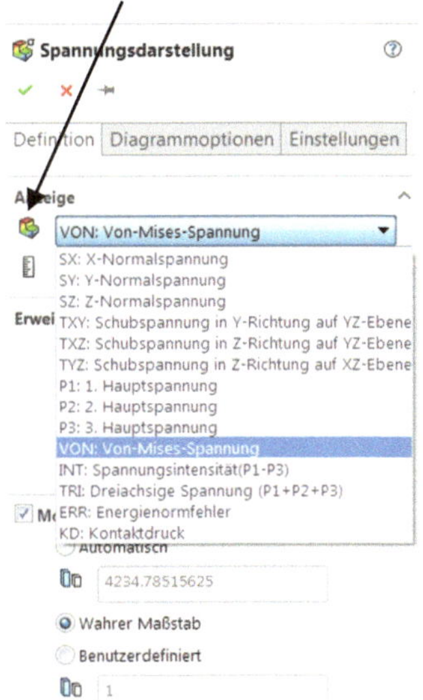

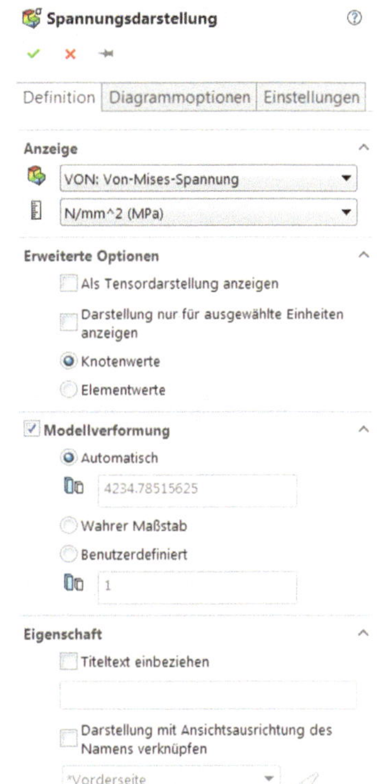

An dieser Stelle soll nur auf die Von-Mises-Spannung eingegangen werden. Es handelt sich hierbei um eine Festigkeitshypothese, die so genannte Gestaltänderungsenergiehypothese (GEH).

Wenn an einem Bauteil mehrere Beanspruchungsarten gleichzeitig wirken, z. B. Biegung und Torsion, kann man aus diesen eine so genannte Vergleichsspannung berechnen. Die Biegebeanspruchung bewirkt Normal- und die Torsionsbeanspruchung Schubspannungen. Die Umrechnung dieser beiden Spannungskomponenten auf eine einzige Normalspannung gelingt mit den Festigkeitshypothesen.

Die drei wichtigsten sind

- die Normalspannungshypothese (NH)
- die Schubspannungshypothese (SH) und
- die Gestaltänderungsenergiehypothese (GEH) = Von-Mises-Spannung

Die ersten beiden Hypothesen ergeben meist die etwas höheren Spannungen, sind also konservativer.

Kurz zur Idee der Von-Mises-Spannung:

Auf eine Getriebewelle wirken zwischen den Lagerstellen Biegung und Torsion.

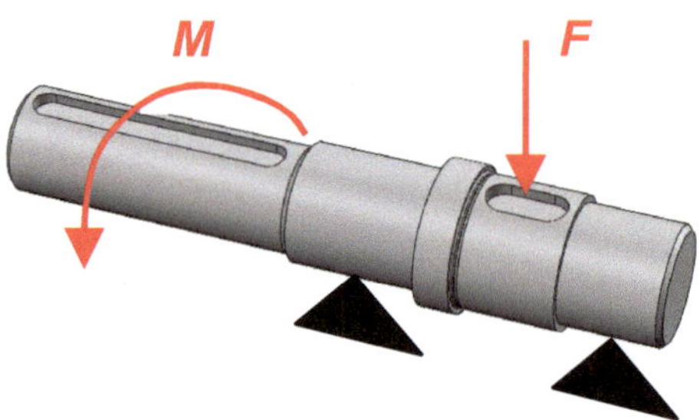

Wenn man nun Biegespannung σ_b und Torsionsspannung τ_t in einem bestimmten Querschnitt berechnet hat, kann daraus die Vergleichsspannung bestimmt werden.

Hier gilt nach Von-Mises: $\sigma_V = \sqrt{\sigma_b^2 + 3 \cdot \tau_t^2}$

Diese Formel gilt nur, wenn beide Belastungsarten den gleichen Lastfall (ruhend, schwellend oder wechselnd) haben.

In diesem Beispiel handelt es sich um einen zweiachsigen Spannungszustand. Die zulässigen Festigkeitswerte stammen aber oftmals aus einachsigen Versuchswerten. Man rechnet mit der Vergleichsspannung eigentlich die Torsionsspannung (Schubspannung) in eine Normalspannung um.

Bei einem dreiachsigen Spannungszustand sieht es etwas komplizierter aus:

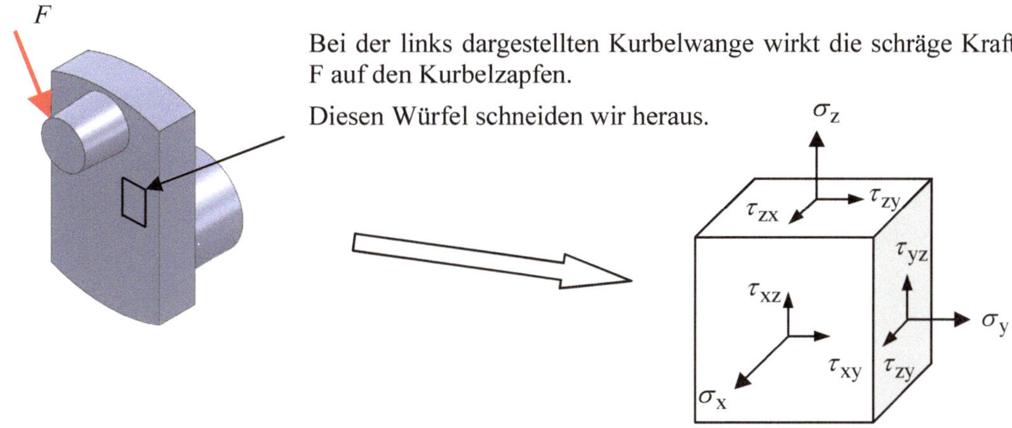

Betrachtet man den Würfel, sieht man, dass auf jeder Fläche Normal- und Schubspannungen wirken können. Wegen den Gleichgewichtsbedingungen sind es insgesamt 6 Spannungskomponenten (3 Normalspannungen: $\sigma_x, \sigma_y, \sigma_z$ und 3 Schubspannungen $\tau_{xy}, \tau_{yz}, \tau_{xz}$).

Hier gilt nach Von-Mises:

$$\sigma_V = \sqrt{0.5[(\sigma_x - \sigma_y)^2 + (\sigma_y - \sigma_z)^2 + (\sigma_z - \sigma_x)^2] + 3(\tau_{xy}^2 + \tau_{yz}^2 + \tau_{xz}^2)}$$

Damit kein Versagen im Bauteil auftritt, muss gelten: $\sigma_V \leq \sigma_{zul}$

Die zulässigen Festigkeitswerte sind den entsprechenden Tabellen zu entnehmen (z. B. Roloff/Matek).

1.5 Spannungssingularitäten

Wie wir am folgenden Beispiel sehen, sind die Spannungen an einer scharfen Einsprungkante singulär, d. h. unendlich groß. Der unten dargestellte Winkel wird ohne und mit Eckausrundung mit FEM simuliert.

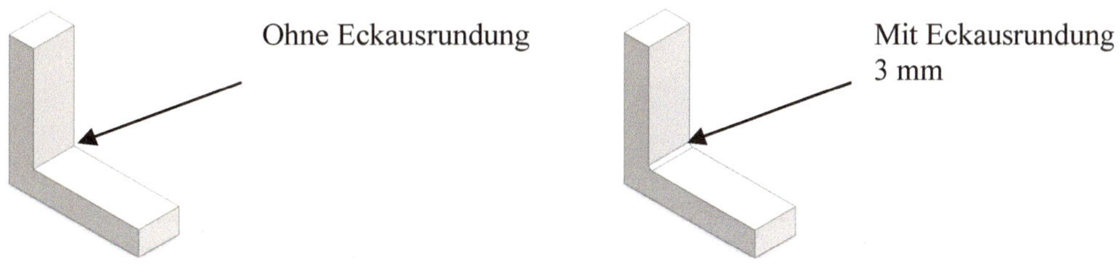

Für den Winkel ohne Eckausrundung wird definiert:

Fixierte Geometrie (an der oberen Fläche), Kraft von 900 N (an der vorderen Fläche).

Es werden die maximalen Von-Mises-Spannungen und die maximale Verschiebung ermittelt.

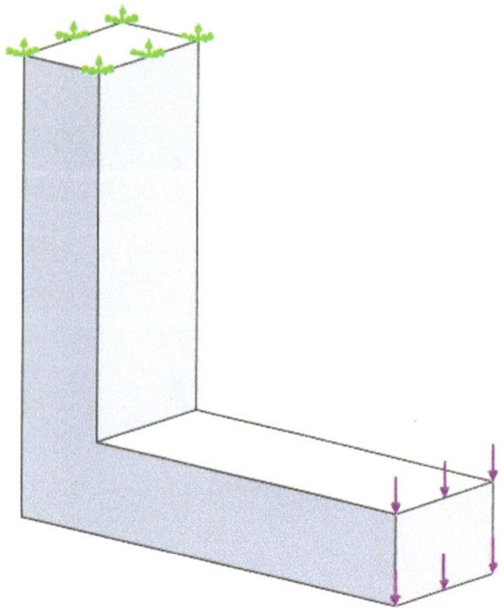

a) Mit Vernetzung Elementgröße 4 mm

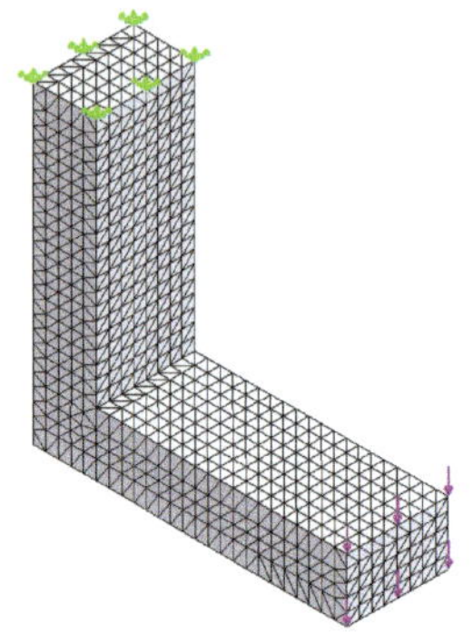

Spannungsdarstellung   Verschiebungsdarstellung

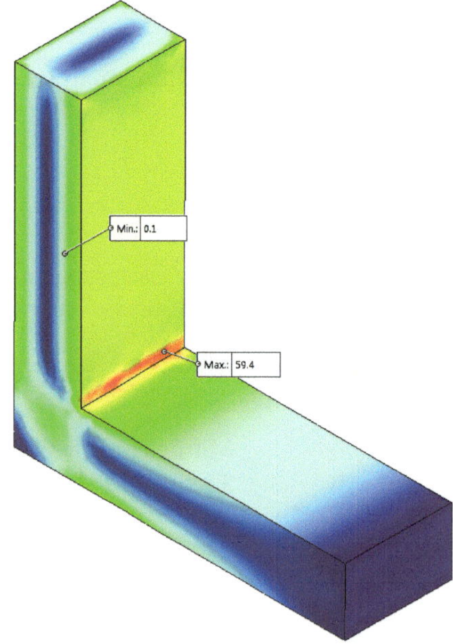

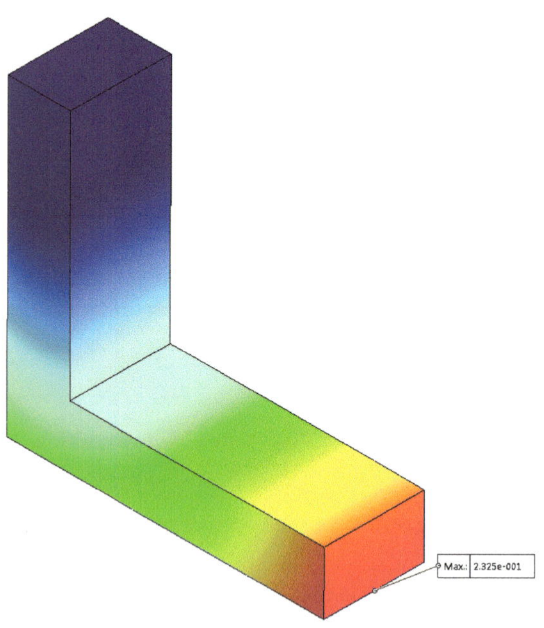

Max. Von-Mises-Spannung $59{,}4\,\dfrac{\text{N}}{\text{mm}^2}$ Max. Verschiebung 0,2325 mm

b) mit Vernetzungssteuerung Elementgröße 1 mm an der scharfen Kante (Vernetzung bleibt
   mit Elementgröße 4 mm)

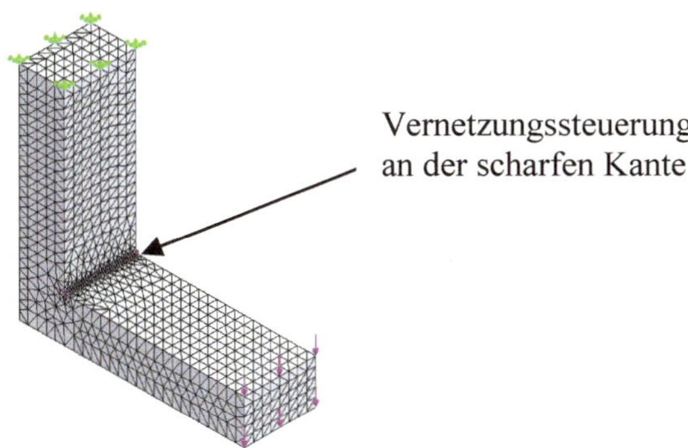

Spannungsdarstellung   Verschiebungsdarstellung

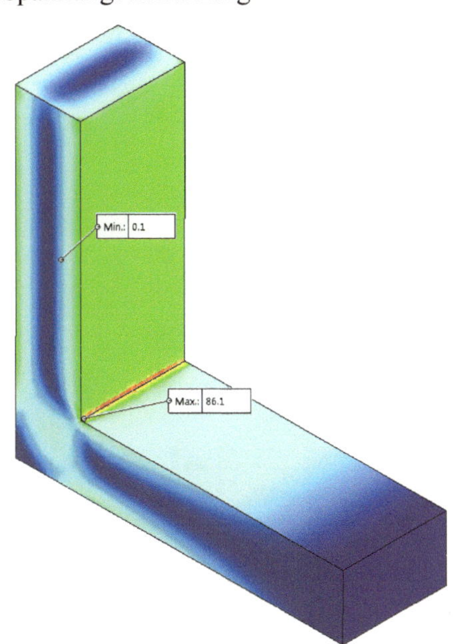

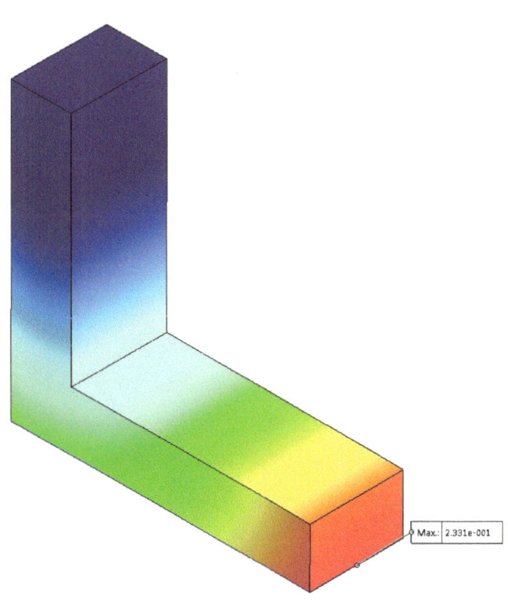

Max. Von-Mises-Spannung $86{,}1\,\dfrac{\text{N}}{\text{mm}^2}$ Max. Verschiebung $0{,}2331\,\text{mm}$

Wir beobachten, dass sich der maximale Spannungswert an der scharfen Kante von ca.
$60\,\dfrac{\text{N}}{\text{mm}^2}$ auf ca. $86\,\dfrac{\text{N}}{\text{mm}^2}$ erhöht hat.

Die Verformung ist unmerklich (weniger als $\dfrac{1}{1\,000}\,\text{mm}$) größer geworden. Wir verfeinern die
Vernetzungssteuerung weiter:

c) mit Vernetzungssteuerung Elementgröße 0,5 mm an der scharfen Kante (Vernetzung bleibt
   mit Elementgröße 4 mm)

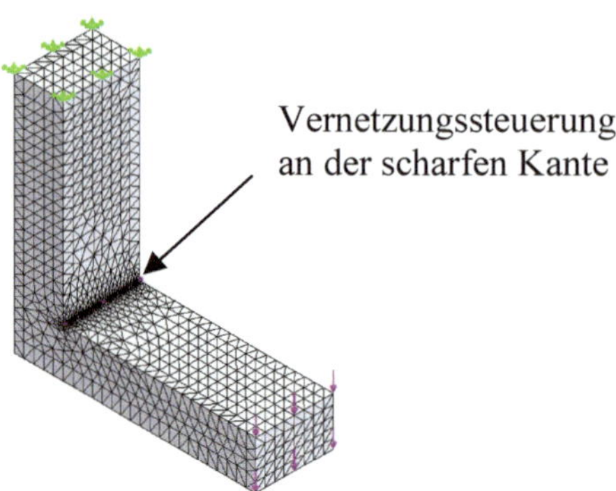

Spannungsdarstellung   Verschiebungsdarstellung

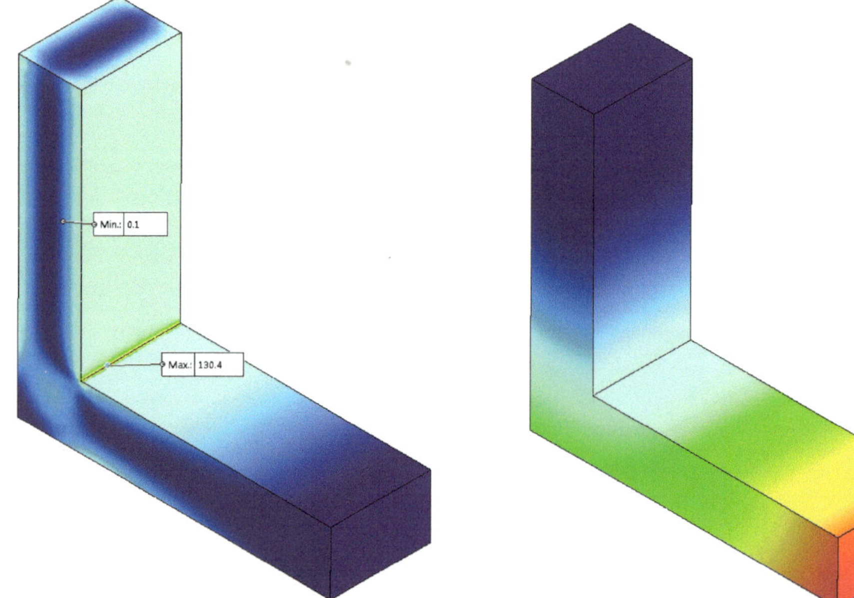

Max. Von-Mises-Spannung $130\,\dfrac{\text{N}}{\text{mm}^2}$ Max. Verschiebung $0{,}2332$ mm

Die maximale Spannung steigt weiter an und die Verformung ändert sich weiterhin unmerklich. Da die Spannungswerte immer größer werden, kann man sagen: die Spannungswerte
divergieren. Die Verformungswerte ändern sich immer weniger: die Verformungswerte konvergieren. Wir wollen herausfinden, wie sich obige Werte weiterentwickeln, wenn man die
Vernetzungssteuerung weiter verfeinert.

d) mit Vernetzungssteuerung Elementgröße 0,1 mm an der scharfen Kante (Vernetzung bleibt
   mit Elementgröße 4 mm)

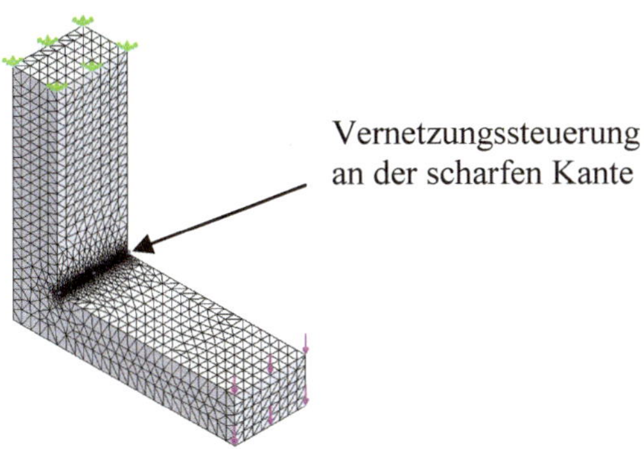

Spannungsdarstellung   Verschiebungsdarstellung

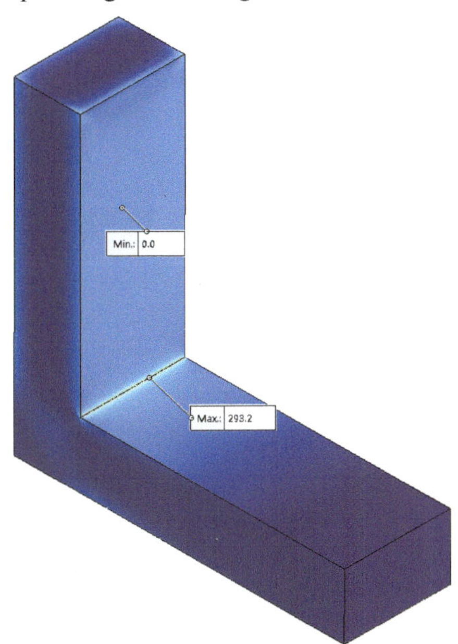

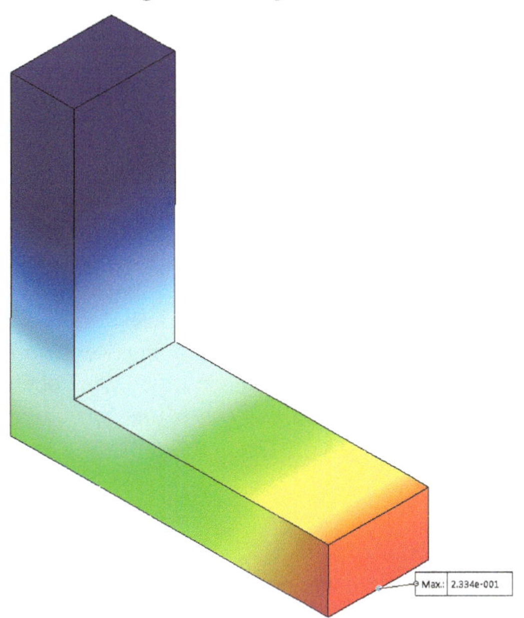

Max. Von-Mises-Spannung $293,2\,\dfrac{\text{N}}{\text{mm}^2}$ Max. Verschiebung $0,2334$ mm

Wir sehen, dass die Spannungswerte weiter zunehmen. Die Verformungswerte nehmen um
noch weniger zu. Die folgende Zusammenstellung zeigt die für alle simulierten Fällen erhaltenen Werte mit den jeweiligen Vernetzungen:

Die Von-Mises-Spannungen werden bei Verfeinerung des Netzes immer größer, das heißt sie
divergieren.

Die Verschiebungen hingegen vergrößern sich immer weniger, das heißt, sie konvergieren
gegen einen bestimmten Wert.

Zusammenstellung der Spannungs- und Verschiebungswerte:

Vernetzung Elementgröße 4 mm	Max. Von-Mises-Spannung $[\frac{N}{mm^2}]$	Max. Verschiebung [mm]
Ohne Vernetzungssteuerung	59,4	0,2325
Mit Vernetzungssteuerung Elementgröße 1 mm	86,1	0,2331
Mit Vernetzungssteuerung Elementgröße 0,5 mm	130,0	0,2332
Mit Vernetzungssteuerung Elementgröße 0,1 mm	293,2	0,2334

Der Grund für die Divergenz der Spannungswerte liegt nicht darin, dass das Finite-Elemente-Modell falsch ist, sondern dass es auf dem falschen mathematischen Modell basiert. Entsprechend der Elastizitätstheorie ist die Spannung in der einspringenden Kante unendlich groß – ein Mathematiker würde diese Spannung als singulär bezeichnen. Daher kommt der Ausdruck Spannungssingularitäten. Dieser Fehler tritt an jeder „unendlich" scharfen Kante auf. Will man diesen Fehler verhindern, muss das Modell an dieser Stelle eine kleine Rundung besitzen.

Der rechts dargestellte Winkel hat einen Radius von 3 mm an dieser Stelle. Mit dem Radius im Modell konvergieren die Spannungswerte mit derselben Vernetzungsreihenfolge wie oben gegen die maximale Von-Mises-Spannung $71,1\frac{N}{mm^2}$. Die Verschiebungen werden hier nicht kontrolliert, da sie sowieso konvergieren.

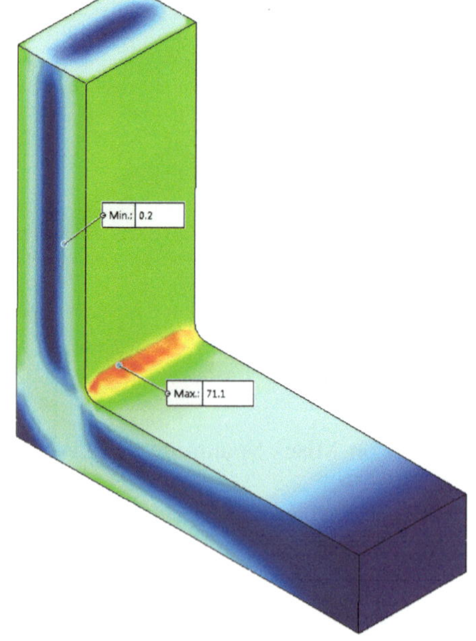

Verschiebungen sind die Hauptunbekannten in der Finite-Elemente-Analyse und werden als solche immer erheblich genauer als Spannungen und Dehnungen sein. Eine relativ grobe Vernetzung ergibt bereits zufrieden stellende Verschiebungsergebnisse, während für gute Spannungsergebnisse in der Regel erheblich feinere Netze erforderlich sind.

Hier noch ein Beispiel für scharfe Kanten, die durch Rundungen ergänzt worden sind:

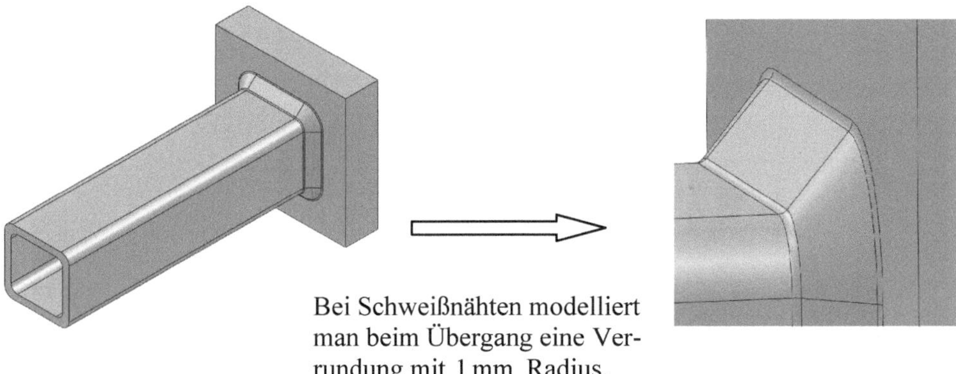

Bei Schweißnähten modelliert man beim Übergang eine Verrundung mit 1 mm Radius.

Zum Abschluss dieses Kapitels noch eine Zusammenstellung von Grundregeln für FEM-Berechnungen:

- Bei FEM-Berechnungen ist mit einem kumulierten Fehler von 7–10 % zu rechnen
- FEM-Berechnungen immer mit analytischen Abschätzungsberechnungen überprüfen
- Bei der Vernetzung überlegen, welcher Elementtyp sinnvollerweise verwendet werden soll
- Bei vermuteten Spannungskonzentrationen ein engmaschigeres Netz wählen
- Um Spannungssingularitäten zu verhindern, sollten alle scharfe Kanten mit Rundungen versehen werden.

1.6 Verständnisfragen

1. Wie lautet die Grundgleichung der Finite-Elemente-Methode?
2. Was versteht man unter der Steifigkeit eines Bauteiles und welche Einheit hat sie?
3. Liefert die Finite-Elemente-Methode exakte Ergebnisse?
4. Welche Größen berechnet ein FEM-Programm zuerst?
5. Welche Prozessstufen durchläuft man bei einer Analyse mit SolidWorks Simulation?
6. Über welche Elementtypen verfügt SolidWorks Simulation?
7. Was ist der Unterschied zwischen Elementen 1. und 2. Ordnung?
8. Wann verwenden Sie Schalenelemente und welchen Vorteil bringt das im Vergleich zu Volumenkörperelementen?
9. Welchen Einfluss hat die Netzgröße?
10. Was versteht man unter Vernetzungssteuerung und wann wendet man sie an?
11. Was versteht man unter einer Vergleichsspannung?
12. Was ist eine Spannungssingularität?

2 Beispiele zu den Grundbeanspruchungsarten

Nachdem wir die Grundlagen der FEM-Analyse und die grundsätzliche Arbeit mit SolidWorks Simulation kennen gelernt haben, kommen wir zur Anwendung und Vertiefung dieses Wissens. FEM-Simulationen eignen sich sehr gut dazu, die Theorien der Festigkeitslehre besser zu verstehen. Bei analytischen Berechnungen muss man immer zuerst eine Stelle im Bauteil wählen, dort das innere Kräftesystem und die wirkenden Spannungsarten bestimmen und berechnen. Erst im Ergebnis einer FEM-Analyse sieht man aber den Spannungsverlauf im gesamten Bauteil. Dieser Spannungsverlauf ermöglicht es, den Kraftfluss in einer Konstruktion besser zu verstehen. Oftmals findet man die kritischen Stellen in einem Bauteil erst, nachdem man sich über den Kraftfluss eingehend Gedanken gemacht hat. In diesem Kapitel wird anhand von sehr einfachen Beispielen zu den Grundbeanspruchungsarten die Anwendung von SolidWorks Simulation geübt. Weiter soll das Verständnis für die Grundlagen der Festigkeitslehre gefördert werden.

Aus der Festigkeitslehre kennt man die fünf Grundbeanspruchungsarten:

- Zug
- Druck
- Biegung
- Schub
- Torsion.

Hier eine Zusammenstellung der Grundbeanspruchungsarten nach [3]:

Zug	Druck	Biegung	Schub	Torsion
Beispiel: **Dehnschraube**	Beispiel: **Pleuel**	Beispiel: **Blattfeder**	Beispiel: **Gelenkbolzen-verbindung**	Beispiel: **Antriebswelle**

Es folgen nun einige Beispiele zur Biegung und Torsion. Zuerst wird immer die „Handrechnung" durchgeführt. Dann folgt die FEM-Analyse mit einer Interpretation und einem Vergleich der Ergebnisse.

2.1 Einseitig eingespannter Biegebalken mit Einzellast

Wir berechnen am dargestellten, einseitig eingespannten Biegebalken an der Einspannstelle die auftretenden Biegespannungen und die maximale Durchbiegung am anderen Ende.

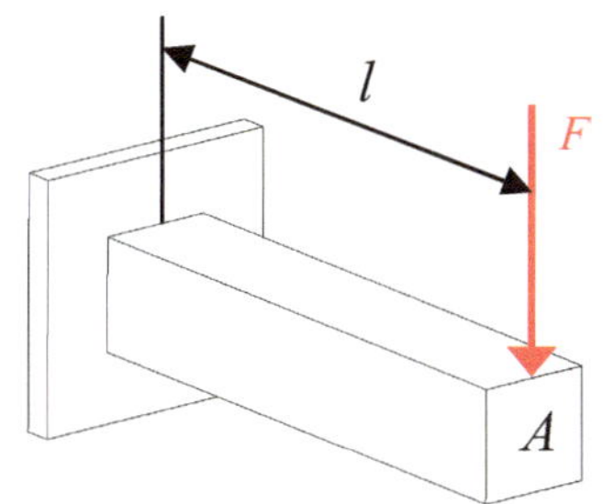

Gegebene Werte:

$F = 10\,000\ \text{N}$, $l = 200\ \text{mm}$,

$A = h \cdot h = 40\ \text{mm} \cdot 40\ \text{mm} = 1\,600\ \text{mm}^2$

Material: S275

E-Modul: $210\,000\ \dfrac{\text{N}}{\text{mm}^2}$

Lösung:

An der Einspannstelle x-x wirkt eine Biege- und eine Schubspannung (wird hier vernachlässigt). In der obersten Randfaser wirkt die Zugspannung σ_{bo}, in der untersten Randfaser die Druckspannung σ_{bu}.

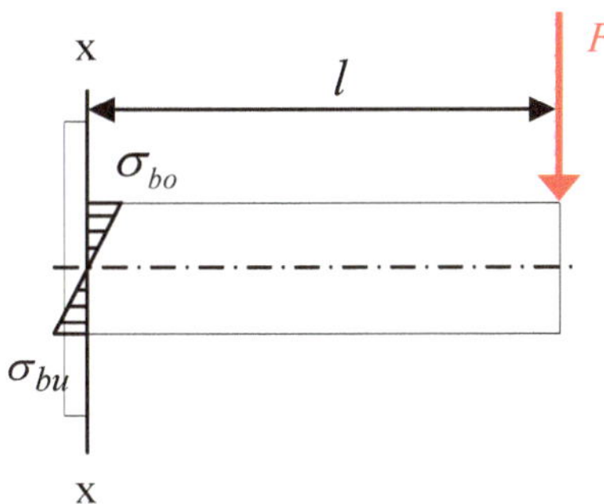

Da es sich um ein symmetrisches Bauteil handelt, sind beide Spannungen gleich groß. Sie lassen sich folgendermaßen berechnen:

Biegespannung

$$\sigma_b = \frac{M_b}{W} = \frac{F \cdot l}{\dfrac{h^3}{6}} = \frac{6 \cdot 10\,000\ \text{N} \cdot 200\ \text{mm}}{(40\ \text{mm})^3} = 187,5\ \frac{\text{N}}{\text{mm}^2}$$

Die maximale Durchbiegung kann ebenfalls einfach berechnet werden:

$$f_{max} = \frac{F \cdot l^3}{3 \cdot E \cdot I} = \frac{10\,000\ \text{N} \cdot (200\ \text{mm})^3}{3 \cdot 210\,000\ \dfrac{\text{N}}{\text{mm}^2} \cdot \dfrac{(40\ \text{mm})^4}{12}} = 0,595\ \text{mm}$$

Dabei berechnet man das Flächenmoment 2. Grades mit der Formel: $I = \dfrac{h^4}{12}$

Überprüfen wir die erhaltenen Resultate mit einer **FEM-Analyse**:

1. Öffnen Sie das Modell für das Bauteil (Biegebalken.sldprt).
2. Erstellen Sie eine statische Studie.
3. Weisen Sie das Material zu (unlegierter Baustahl).
4. Definieren Sie die Feste Einspannung.
5. Definieren Sie die Kraft.

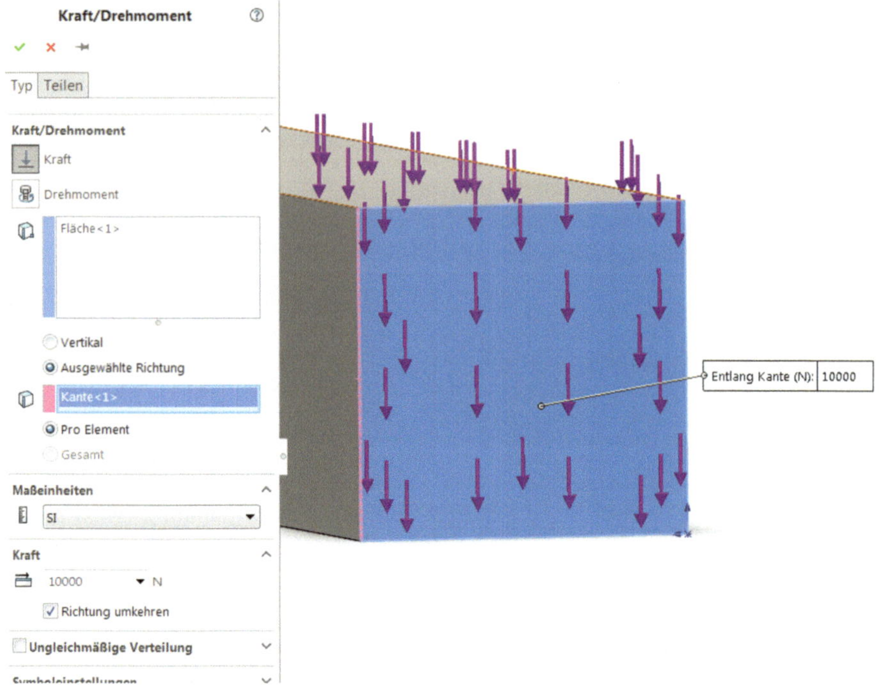

6. Vernetzen Sie mit einer Elementgröße von 7 mm.

7. Führen Sie die Studie aus und interpretieren Sie die Ergebnisse.

    Zuerst die Spannungsverteilung:

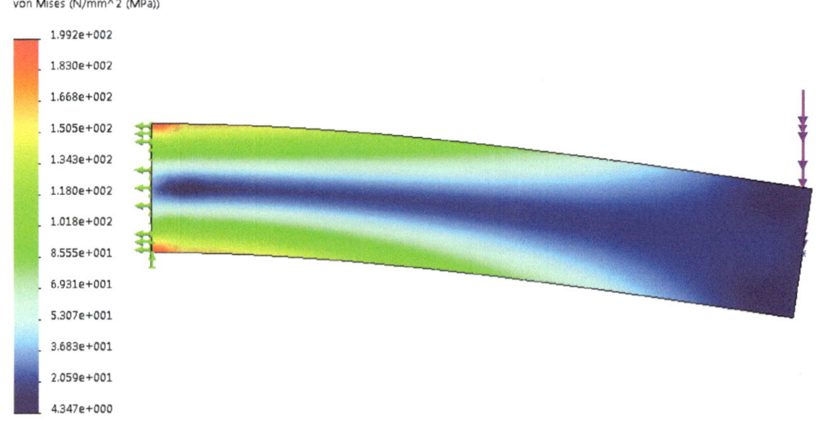

Bei der dargestellten Spannungsverteilung sieht man, dass die neutrale Faser in der Mitte des Bauteiles praktisch spannungsfrei ist. In den beiden äußersten Randfasern werden sich die gleichen Spannungsbeträge aufbauen.

Wenn die übermäßig dargestellte Verformung stört, kann man das mit Rechtsklick auf **Spannung 1** (Definition bearbeiten) ändern.

Aktivieren Sie bei Modellverformung **Wahrer Maßstab**.

Obige Darstellung sieht dann wie folgt aus:

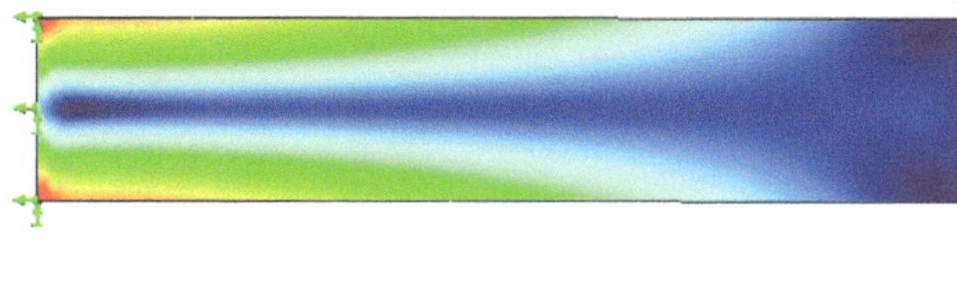

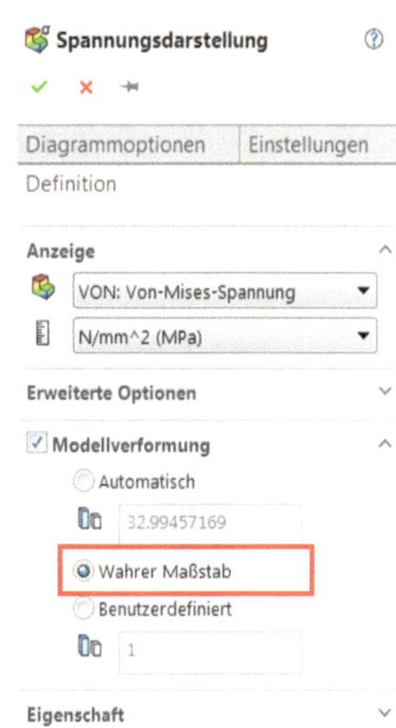

Messen Sie nun mit **Sondieren** einige Spannungswerte an der Einspannstelle.

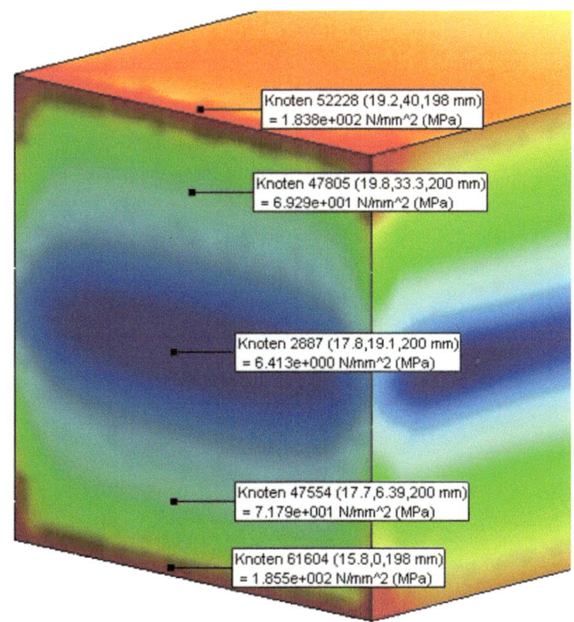

Der oberste sondierte Wert von $184\,\frac{\mathrm{N}}{\mathrm{mm}^2}$ liegt nahe beim berechneten Wert von $187{,}5\,\frac{\mathrm{N}}{\mathrm{mm}^2}$ und entspricht der Biegezugspannung. Man muss aber berücksichtigen, dass dies der Von-Mises-Spannungswert ist. In diesem sind auch die vorhandenen Schubspannungen, die in diesem Fall sehr klein sind, enthalten. In der Mitte der Einspannstelle nehmen die Spannungswerte ab, und dann in Richtung zur unteren Kante als Biegedruckspannung wieder zu. Der unterste Wert von $186\,\dfrac{\text{N}}{\text{mm}^2}$ entspricht der größten Biegedruckspannung. An den scharfen Kanten würde man noch höhere Spannungswerte finden, da dort Spannungssingularitäten entstehen.

Nun zur Verformung:

Der maximale Verformungswert liegt bei $0{,}61\,\text{mm}$. Dieser Wert liegt nahe am analytisch berechneten Wert $0{,}595\,\text{mm}$.

2.2 Einseitig eingespannter Biegebalken mit Streckenlast

Auf denselben einseitig eingespannten Biegebalken wirkt nun eine auf die ganze Länge gleichmäßig verteilte Streckenlast. Auch hier sollen die an der Einspannstelle wirkenden Biegespannungen und die maximale Durchbiegung berechnet werden.

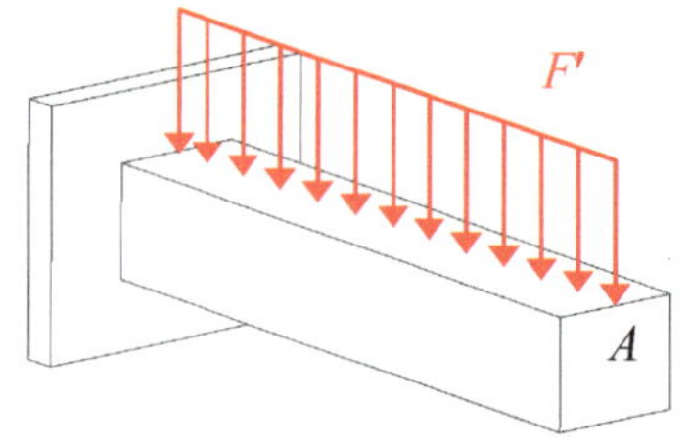

Gegebene Werte:

Streckenlast $\;F' = 50\,\dfrac{\text{N}}{\text{mm}}$, Balkenlänge $\;l = 200\,\text{mm}$,

$A = 40\,\text{mm} \cdot 40\,\text{mm} = 1\,600\,\text{mm}^2$

Material: S275

E-Modul: $210\,000\,\dfrac{\text{N}}{\text{mm}^2}$

Lösung:

An der Einspannstelle x-x wirkt eine Biegespannung. In der obersten Randfaser wirkt die Zugspannung σ_{bo} und in der untersten Randfaser die Druckspannung σ_{bu}.

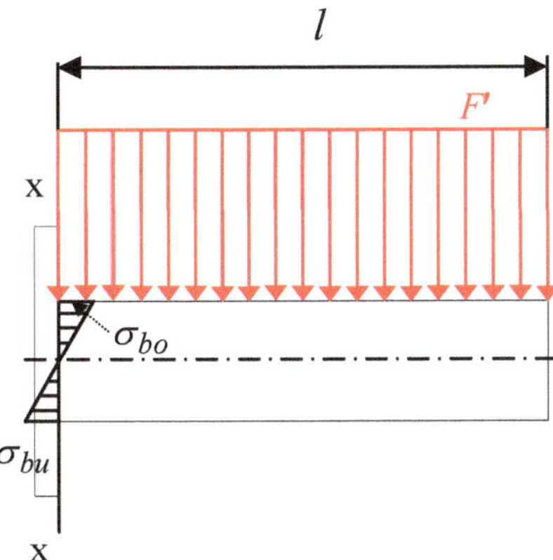

Da es sich um ein symmetrisches Bauteil handelt, sind beide Spannungen gleich groß.
Sie lassen sich folgendermaßen berechnen:

$$\sigma_b = \frac{M_b}{W} = \frac{F' \cdot l \cdot \dfrac{l}{2}}{\dfrac{h^3}{6}} = \frac{6 \cdot 50\,\dfrac{N}{mm} \cdot 200\,mm \cdot \dfrac{200\,mm}{2}}{(40\,mm)^3} = 93{,}8\,\frac{N}{mm^2}$$

Die maximale Durchbiegung kann ebenfalls einfach berechnet werden:

$$f_{max} = \frac{F' \cdot l^4}{8 \cdot E \cdot I} = \frac{50\,\dfrac{N}{mm} \cdot (200\,mm)^4}{8 \cdot 210\,000\,\dfrac{N}{mm^2} \cdot \dfrac{(40\,mm)^4}{12}} = 0{,}223\,mm$$

Überprüfen wir die erhaltenen Resultate mit einer **FEM-Analyse**:

1. Öffnen Sie das Modell für das Bauteil (Biegebalken.sldprt).
2. Erstellen Sie eine statische Studie.
3. Weisen Sie das Material zu (unlegierter Baustahl).
4. Definieren Sie die Feste Einspannung.
5. Definieren Sie die Kraft (siehe nächste Seite).
6. Vernetzen Sie mit einer Elementgröße von 7 mm.
7. Führen Sie die Studie aus.

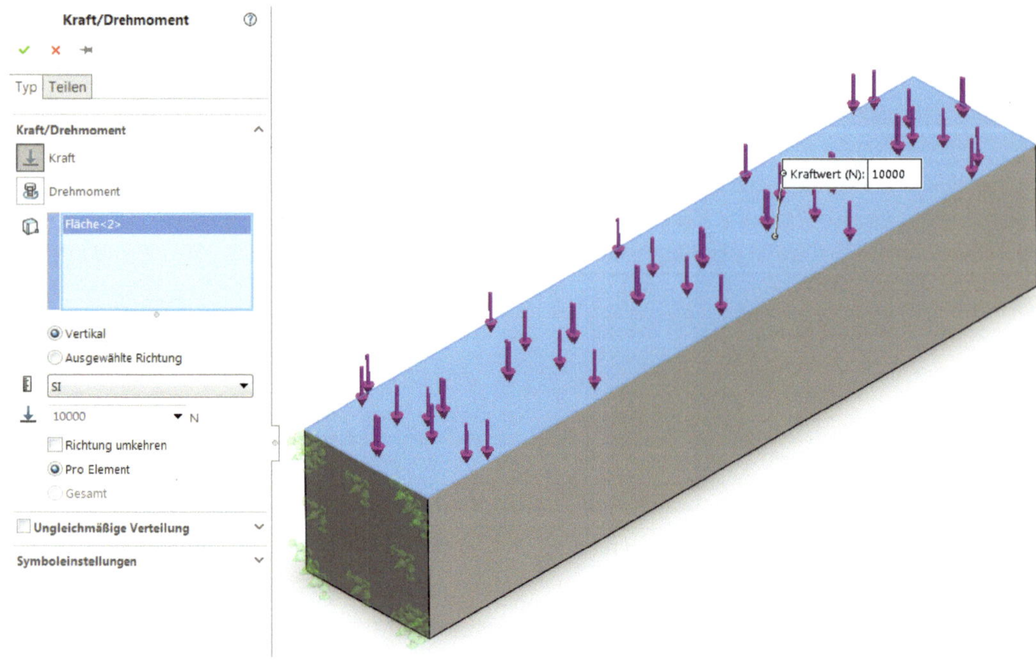

Interpretieren Sie die Ergebnisse. Zuerst die Spannungswerte – sie entsprechen den berechneten Werten ziemlich gut.

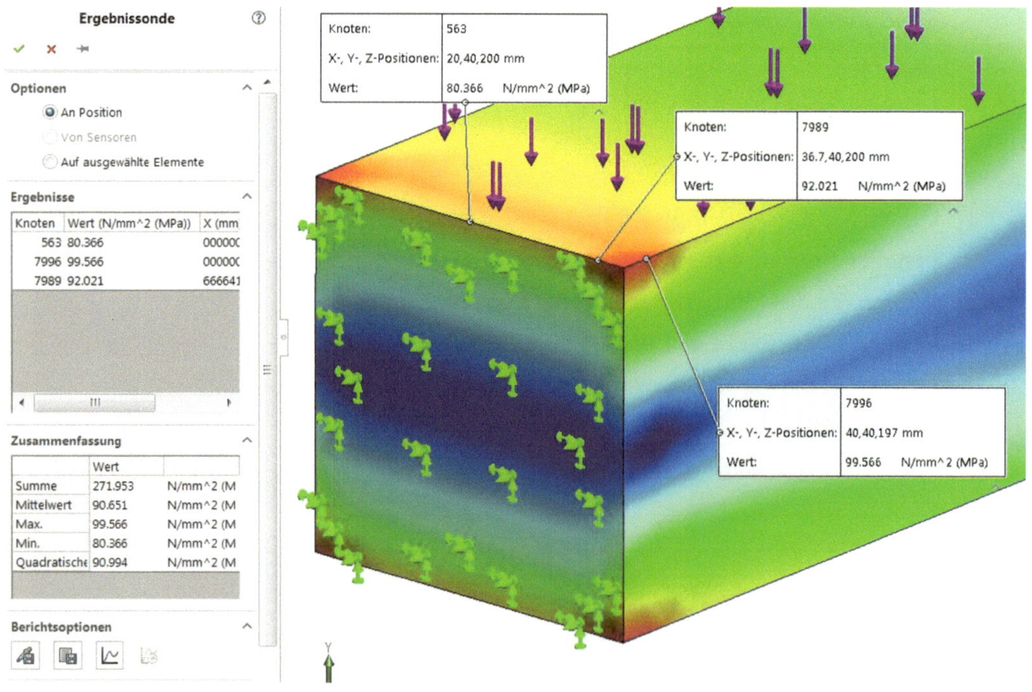

Die maximal simulierte Verschiebung liegt bei $0{,}232\ \mathrm{mm}$, was ebenfalls sehr nahe am berechneten Wert liegt.

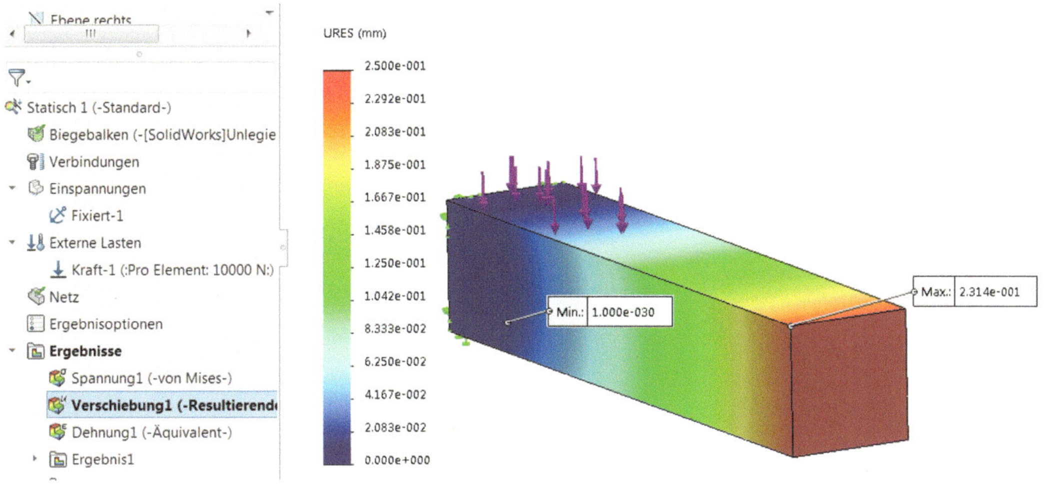

2.3 Vollwelle mit Torsionsmoment

Der dargestellte Torsionsstab wird mit einem Torsionsmoment $M_t = 1\,000\ \mathrm{Nm}$ belastet. Es sind die maximale Torsionsspannung und der Verdrehwinkel zu bestimmen.

Gegebene Werte:

Durchmesser $d = 44\ \mathrm{mm}$

Stablänge $l = 150\ \mathrm{mm}$

Material: S275

Schubmodul: $G = 81\,000\ \dfrac{\mathrm{N}}{\mathrm{mm}^2}$

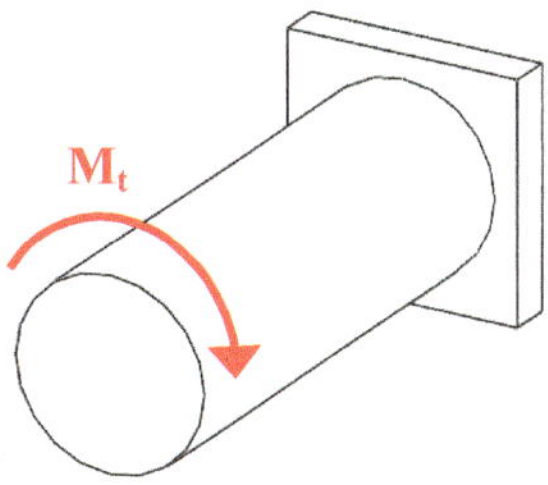

Lösung:

Für die Torsionsspannung an der Einspannstelle erhält man:

$$\tau_\mathrm{t} = \frac{M_\mathrm{t}}{W_\mathrm{p}} = \frac{1\,000\,000\ \mathrm{Nmm}}{\dfrac{\pi \cdot d^3}{16}} = 59{,}8\ \frac{\mathrm{N}}{\mathrm{mm}^2}$$

Der Verdrehwinkel wird:

$$\varphi = \frac{M_\mathrm{t} \cdot l}{G \cdot I_\mathrm{p}} \cdot \frac{180°}{\pi} = \frac{1\,000\,000\ \mathrm{Nmm} \cdot 150\ \mathrm{mm}}{81\,000\ \dfrac{\mathrm{N}}{\mathrm{mm}^2} \cdot \dfrac{\pi \cdot (44\ \mathrm{mm})^4}{32}} \cdot \frac{180°}{\pi} = 0{,}288°$$

FEM-Analyse:

1. Öffnen Sie das Bauteil (Torsionsstab.sldprt).

2. Weisen Sie das Material zu (unlegierter Baustahl).

3. Definieren Sie die Feste Einspannung.

4. Definieren Sie das Drehmoment.

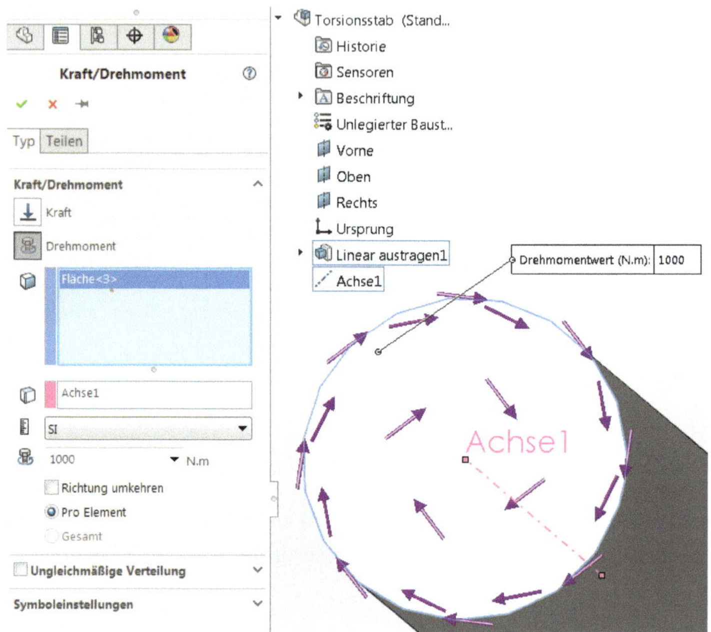

5. Vernetzen Sie mit einer Elementgröße von 7 mm .

6. Führen Sie die Studie aus und interpretieren Sie die Spannungswerte.

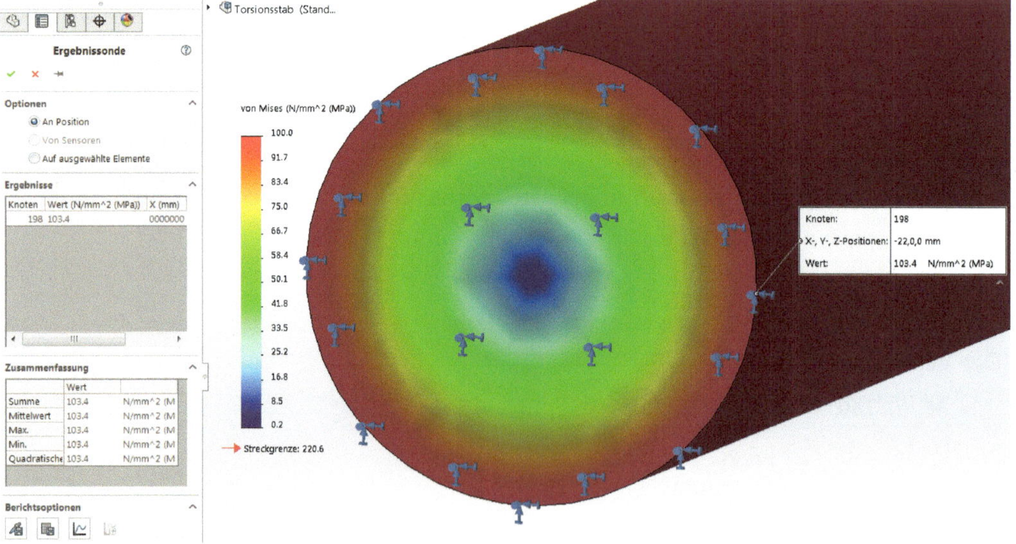

Die maximale Von-Mises-Spannung beträgt $103,4\,\dfrac{\text{N}}{\text{mm}^2}$. Wenn man die obige Torsionsspannung mit der Festigkeitshypothese Von-Mises in eine Normalspannung mit $\sigma_b = 0\,\dfrac{\text{N}}{\text{mm}^2}$ umrechnet, erhält man:

$$\sigma_V = \sqrt{\sigma_b{}^2 + 3\tau_t{}^2} = \sqrt{3 \cdot (59,8\,\tfrac{\text{N}}{\text{mm}^2})^2} = 103,6\,\frac{\text{N}}{\text{mm}^2}\,,$$

was sehr gut mit dem simulierten Wert übereinstimmt.

Bei der Verschiebung erhält man mit **Sondieren** den Maximalwert $0{,}1103$ mm .

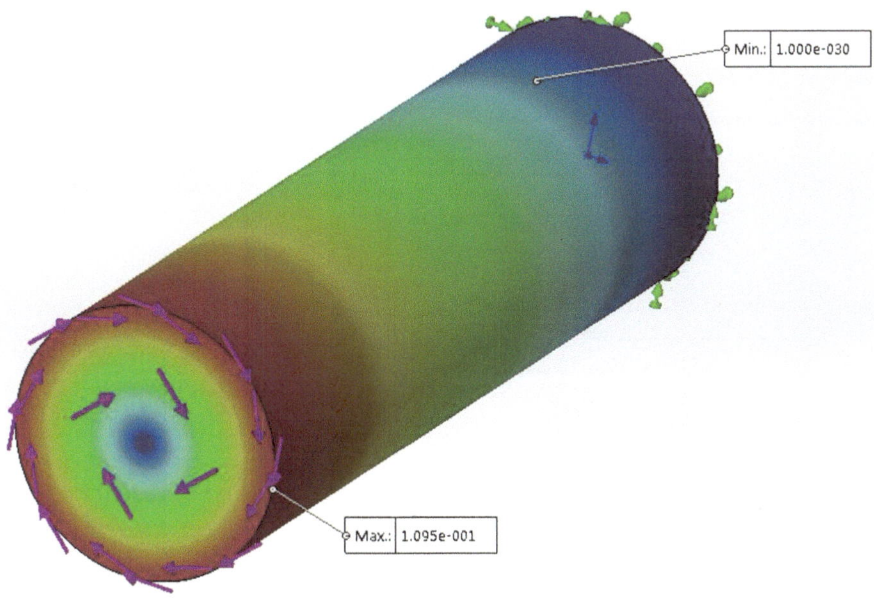

Um diesen Wert mit dem berechneten Verdrehwinkel vergleichen zu können, muss man ihn noch umrechnen.

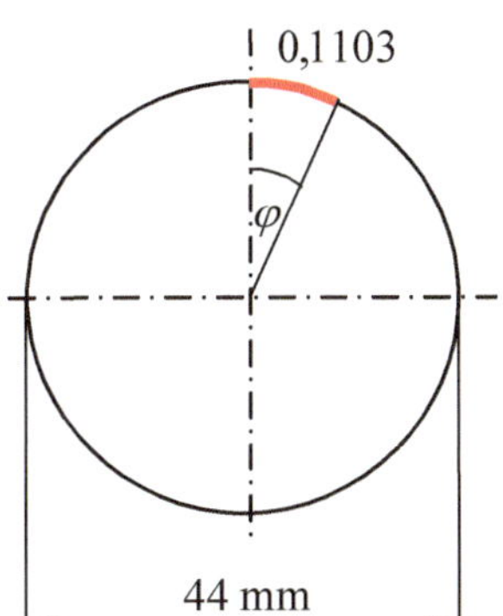

$$\frac{0{,}11\ \text{mm}}{\pi \cdot 44\ \text{mm}} = \frac{\varphi}{360°} \quad \Rightarrow \quad \varphi = 0{,}286°$$

Auch hier gibt es eine sehr gute Übereinstimmung zwischen berechnetem und simuliertem Wert.

2.4 Stützträger mit Einzellast

Der dargestellte Träger IPE 80 (S235) wird in der Mitte mit einer
Kraft $F = 10\,000$ N belastet. Auf der linken Seite befindet sich ein
Festlager und auf der rechten Seite ein Loslager. Es sind die ma-
ximalen Biegespannungen und die maximale Durchbiegung (ohne
Berücksichtigung des Eigengewichts) zu berechnen und mit einer
Simulation zu überprüfen.

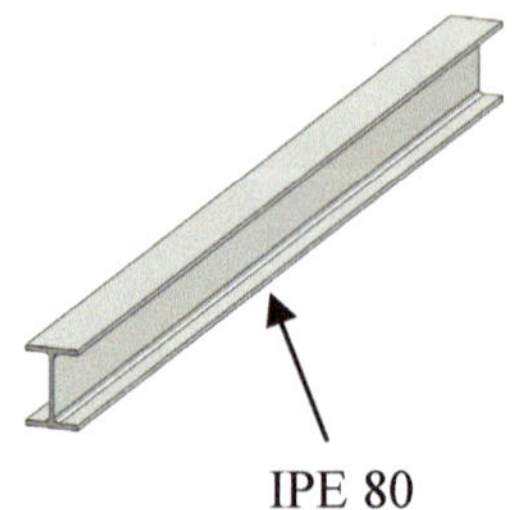

IPE 80

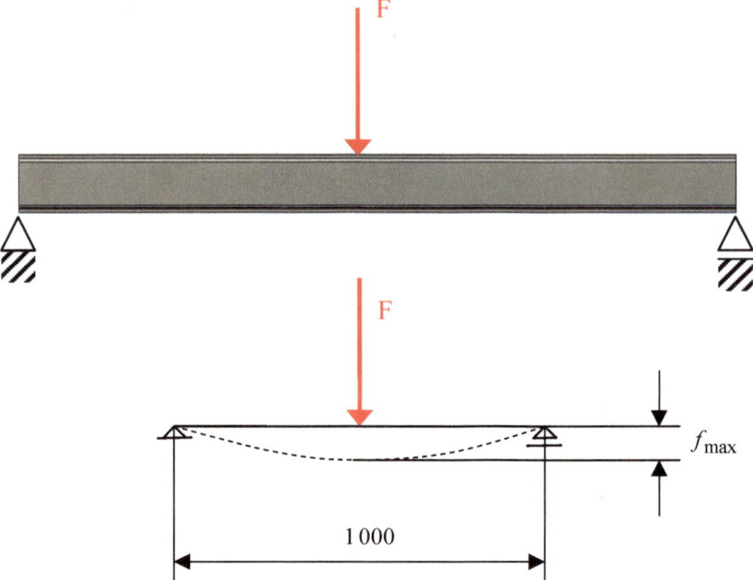

Lösung:

Zuerst berechnen wir die maximale Biegespannung. Sie tritt in der Mitte des Trägers auf. Die
Flächen- und Widerstandsmomente entnehmen Sie geeigneten Tabellen.

$$\sigma_b = \frac{M_b}{W} = \frac{\dfrac{F \cdot l}{4}}{W} = \frac{\dfrac{10\,000 \text{ N} \cdot 1000 \text{ mm}}{4}}{20 \cdot 10^3 \text{ mm}^3} = 125 \frac{\text{N}}{\text{mm}^2}$$

Die maximale Durchbiegung kann ebenfalls einfach berechnet werden:

$$f_{max} = \frac{F \cdot l^3}{48 \cdot E \cdot I} = \frac{10\,000 \text{ N} \cdot \left(1000 \text{ mm}\right)^3}{48 \cdot 210\,000 \dfrac{\text{N}}{\text{mm}^2} \cdot 80.1 \cdot 10^4 \text{ mm}^4} = 1{,}239 \text{ mm}$$

Die Simulation wird zuerst mit der Volumenkörper-Vernetzung durchgeführt. Dann wird zum
Vergleich mit Balkenelement-Vernetzung simuliert. Wir werden sehen, dass die simulierten
Werte auf beide Arten gut mit den berechneten Werten übereinstimmen. An dieser Stelle soll
darauf hingewiesen werden, dass es oftmals mehrere Möglichkeiten gibt, die Randbedingungen wie Last- und Lagerdefinitionen festzulegen.

FEM-Analyse (Volumenkörper-Vernetzung, d. h. mit tetraedischen Volumenkörperelementen) – Versuch 1:

1. Öffnen Sie das Bauteil (Stützträger mit Einzellast.sldprt).

2. Erstellen Sie eine statische Studie.

3. Weisen Sie das Material zu (unlegierter Baustahl).

4. Definieren Sie das Festlager mit *Fixierter Geometrie* an der dargestellten Fläche. Dies ist eine vereinfachende Annahme, da ein Festlager als Gelenk wirkt. Die Fläche wurde über eine Trennlinie mit 5 mm Breite erstellt. Natürlich ist diese gewählte Breite ebenfalls eine Annahme. Man müsste detailliertere Informationen über die konstruktive Gestaltung der Lagerung haben.

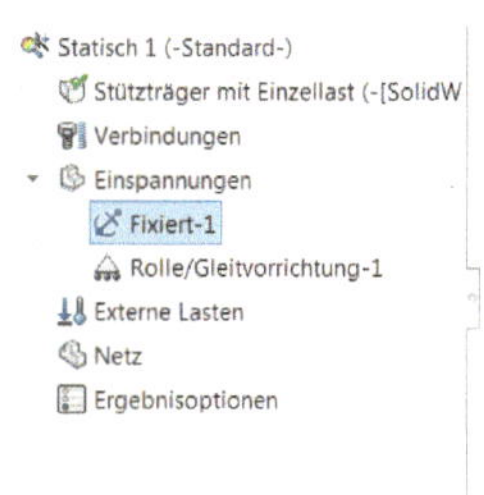

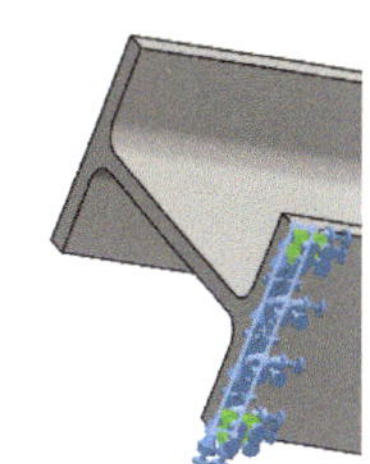

5. Definieren Sie das Loslager mit *Rolle/ Gleitvorrichtung* an der ebenfalls 5 mm breiten Fläche auf der gegenüberliegenden Seite.

6. Definieren Sie eine Kraft von $F = 10\,000\ \text{N}$ auf der Oberseite des Trägers auf der ebenfalls vorbereiteten Fläche.

7. Vernetzen Sie mit einer Elementgröße von 7 mm.

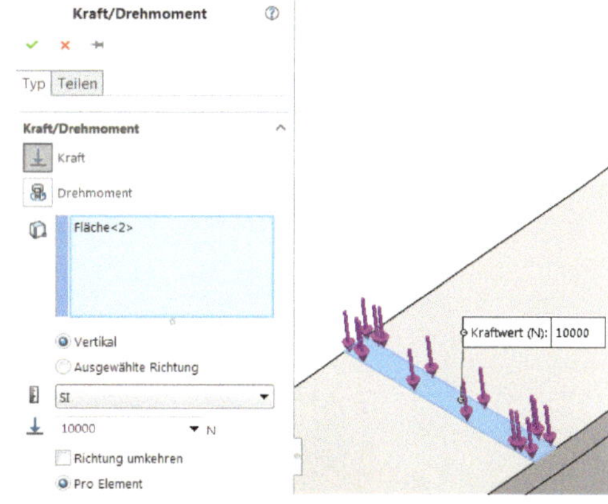

8. Führen Sie die Studie aus.

9. Interpretation der Ergebnisse:

   Misst man mit *Sondieren* die Spannungen an der Oberseite, erhält man Von-Mises-Spannungen (z. B. $\sigma_V = 254{,}1\ \dfrac{\text{N}}{\text{mm}^2}$), die weit über dem analytisch berechneten Wert liegen. Misst man die Spannungen an der Un-

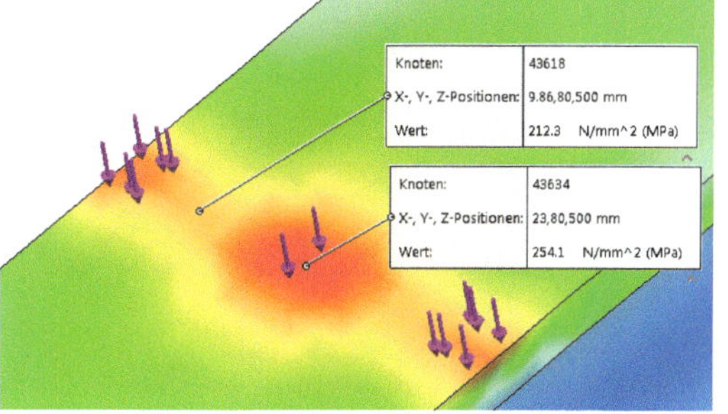

terseite, stimmen sie sehr gut überein. Das liegt daran, dass an der Oberseite durch die Kraftdefinition auf die doch recht kleine Fläche Spannungssingularitäten entstehen.

Der unten sondierte Von-Mises-Spannungswert $123\,\dfrac{\text{N}}{\text{mm}^2}$ liegt nahe beim oben be-

rechneten Wert $\sigma_b = 125\,\dfrac{\text{N}}{\text{mm}^2}$.

Für die Verformung erhält man mit **Sondieren** eine maximale Verformung von ca. 1,27...1,29 mm in der Balkenmitte. Der berechnete Wert 1,24 mm liegt sehr nahe am simulierten Wert.

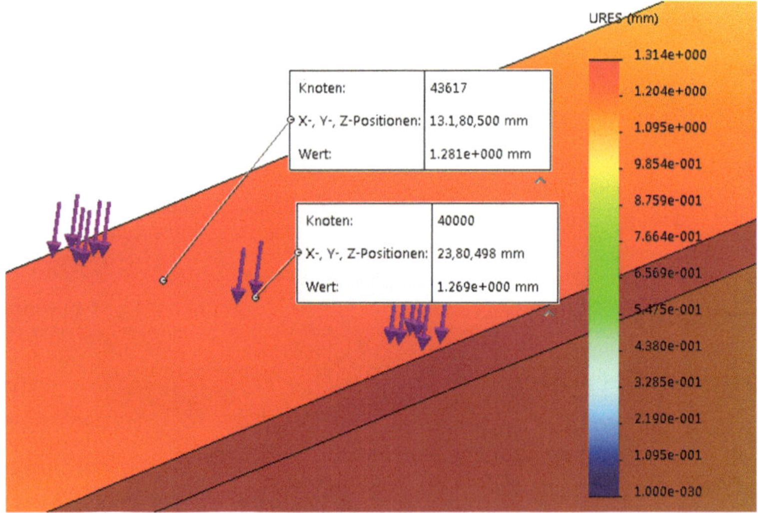

FEM-Analyse (Volumenkörper-Vernetzung, d. h. mit tetraedischen Volumenkörperelementen) – Versuch 2:

Die Lagerdefinitionen kann man auch anders ausführen. Wir steigen bei der eben durchgeführten Simulation beim 4. Schritt ein und ändern wie folgt (löschen Sie aber zuerst die bereits definierten Einspannungen):

4. Wählen Sie in der Studie unter ***Externe Lasten*** mit Rechtsklick ***Abgesetzte Last/Masse***. Für das Festlager links müssen alle ***Translationen*** auf Null gesetzt werden (aktivieren Sie durch Anklicken).

Die Position der ***Abgesetzten Last*** sollte sich im Schwerpunkt der Fläche befinden. Geben Sie deshalb die unter ***Speicherort*** dargestellten Werte ein. Sie beziehen sich auf den Ursprung des Trägers. Das heißt: Der Schwerpunkt der Fläche <1> hat die Koordinaten (23 mm/40mm/1 000 mm).

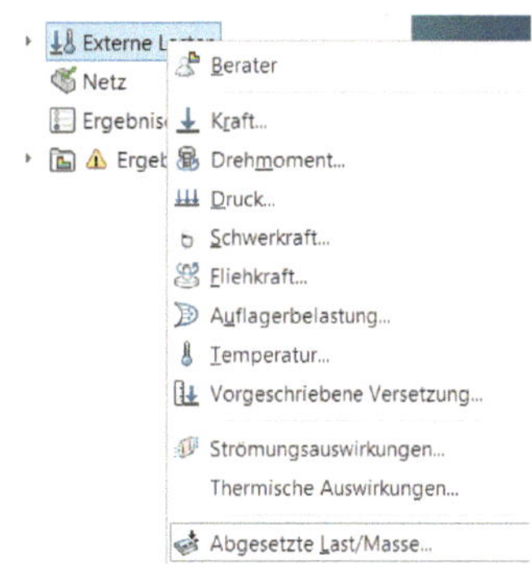

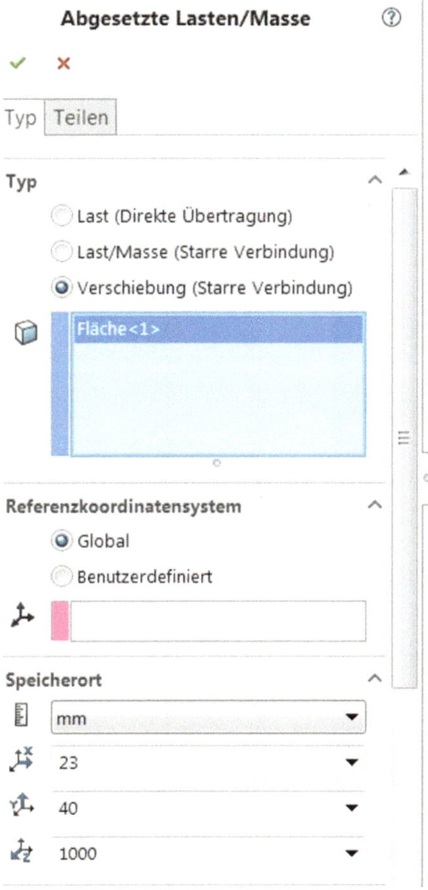

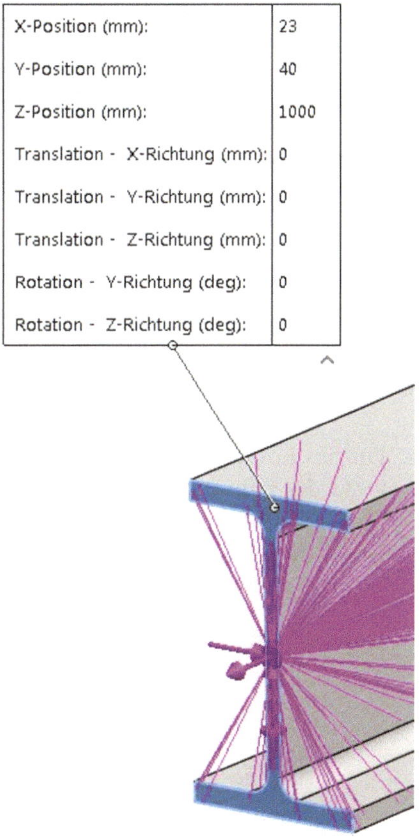

X-Position (mm):	23
Y-Position (mm):	40
Z-Position (mm):	1000
Translation - X-Richtung (mm):	0
Translation - Y-Richtung (mm):	0
Translation - Z-Richtung (mm):	0
Rotation - Y-Richtung (deg):	0
Rotation - Z-Richtung (deg):	0

Zusätzlich müssen noch die Translationen und Rotationen definiert werden. Die Translationen beim Festlager müssen in x-, y- und z-Richtung Null betragen. Die Rotationen um die y- und die z-Achse werden ebenfalls Null gesetzt. Nur die Rotation um die x-Achse wird zugelassen, weil ein Festlager gelenkig wirkt.

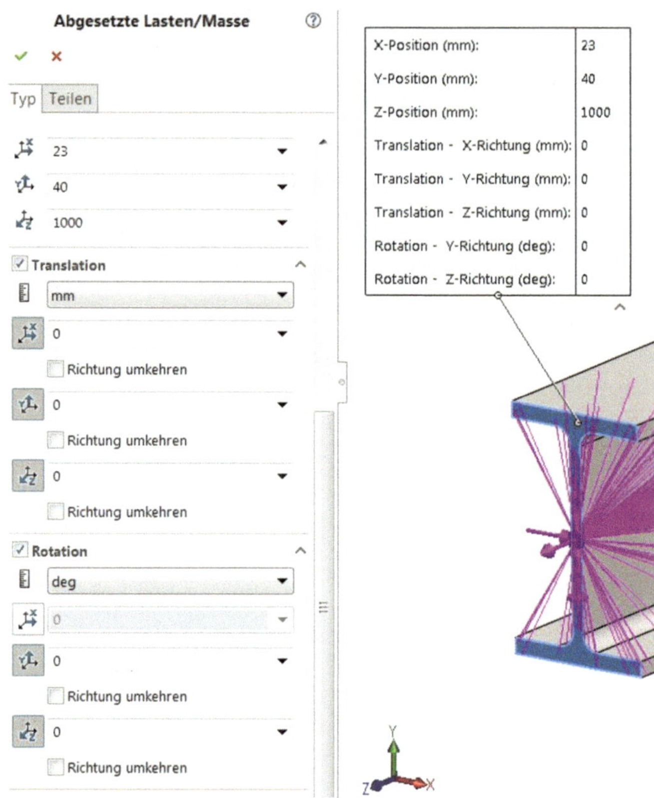

5. Für das Loslager rechts gehen Sie gleich vor. Nur beim Speicherort müssen Sie die folgenden Werte eingeben. Der Schwerpunkt dieser Fläche befindet sich nämlich in der x-y-Ebene. Die Translationen für die x- und y-Achsen sind wieder Null. Die Translation in z-Richtung soll aber ermöglicht werden. Die Rotationen werden gleich definiert wie beim Festlager.

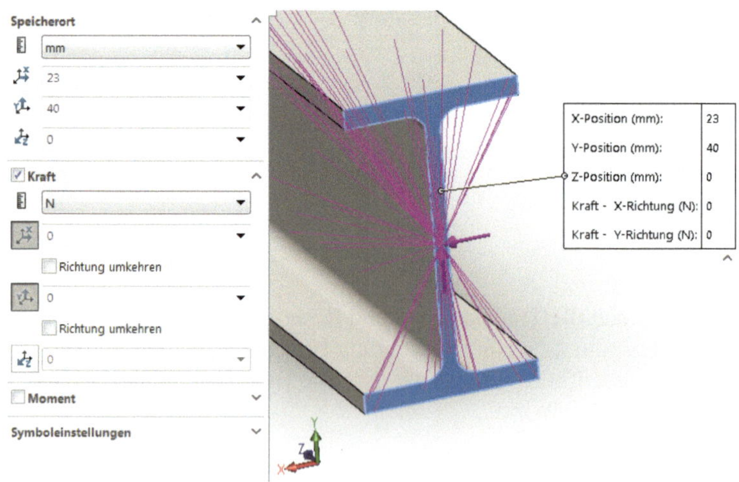

6. Die Kraft haben wir bereits definiert. Die Vernetzung kann ebenfalls übernommen werden. Führen Sie nun die Studie aus.

7. Interpretation der Ergebnisse:

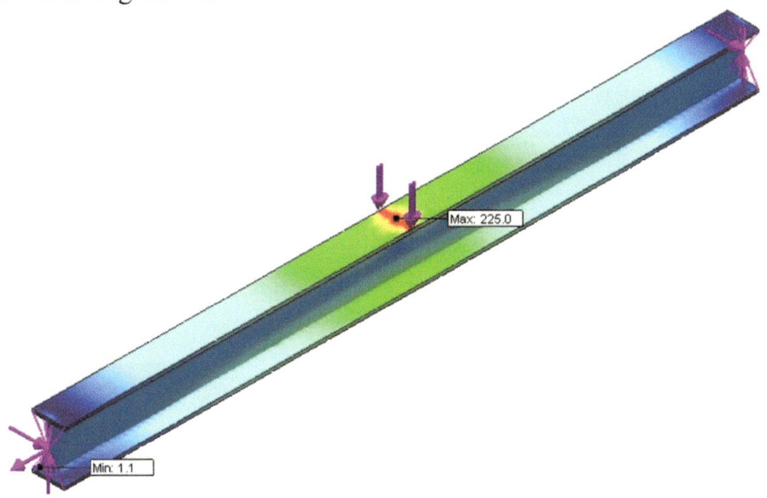

Man erkennt am linken Ende das Festlager, das alle drei Translationen einschränkt, und am rechten Ende das Loslager, das eine Bewegung in axialer Richtung zulässt. An der Krafteinleitungsstelle entstehen wieder Spannungssingularitäten, die keine weitere Bedeutung haben.

Um die Spannungen und Verformungen genau in der Mitte des Trägers sondieren zu können, kann man mit Rechtsklick auf Spannung1 *Profil-Clipping* anwählen.

Wählen Sie die *Ebene 1* für den Schnitt.

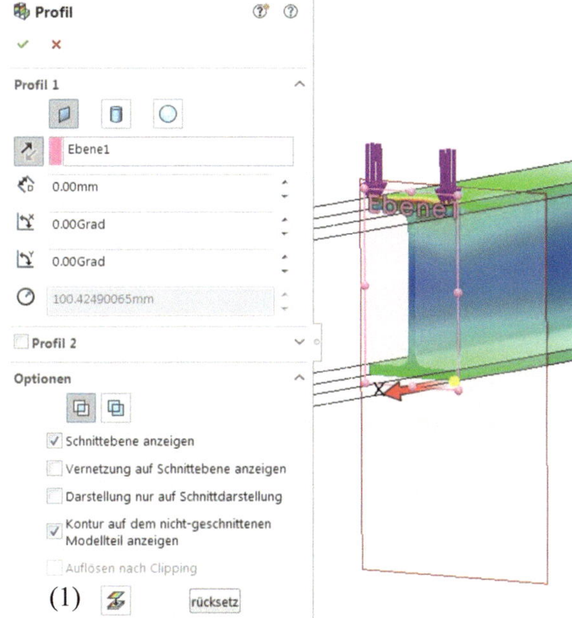

Jetzt kann man mit **Sondieren** die Spannungswerte bestimmen.

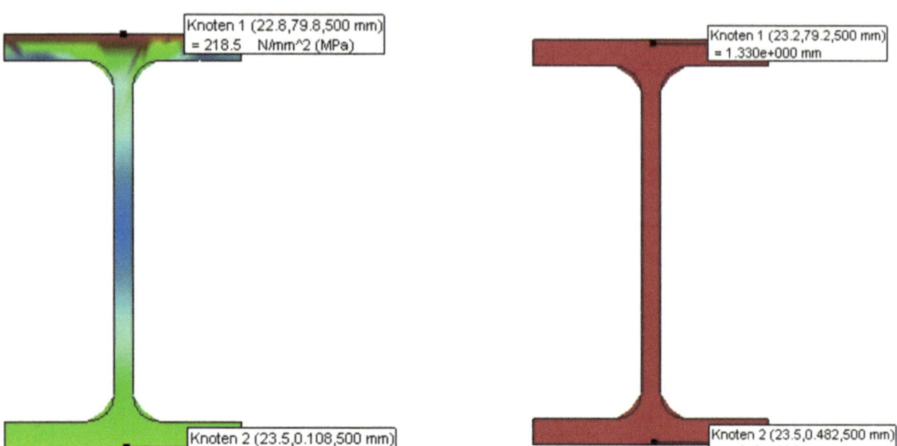

An der Unterkante liegt der Spannungswert von $124{,}2\ \dfrac{\mathrm{N}}{\mathrm{mm}^2}$ sehr nahe beim analytischen Wert $\sigma_b = 125\,\dfrac{\mathrm{N}}{\mathrm{mm}^2}$. Die simulierte Verformung $1{,}32...1{,}33\,\mathrm{mm}$ kann analog ermittelt werden. Sie weicht weniger als ein Zehntel Millimeter vom analytischen Wert ab.

Um das **Profil-Clipping** wieder aufzuheben, müssen Sie das Menü nochmals öffnen und hier (1) aufheben.

FEM-Analyse (Balken-Vernetzung, d. h. mit Balkenelementen):

SolidWorks Simulation verfügt auch über Balkenelemente. Im Folgenden wird gezeigt, wie man obige Simulation mit diesem Vernetzungselement durchführt.

1. Öffnen Sie das Bauteil (Stützträger mit Einzellast Balkenelement.sldprt). Beim Betrachten des Modells fällt auf, dass es keine **Trennlinie** mehr gibt. Der Träger wurde aber durch **Abspalten** mit **Ebene 1** in zwei Volumenkörper aufgeteilt. Dieses Abspalten ist für die Vernetzung mit Balkenelementen und das Definieren von Lasten erforderlich.

2. Erstellen Sie eine statische Studie.

3. Wählen Sie für beide Volumenkörper **Als Balken behandeln** und anschließend **Verbindungsgruppe Bearbeiten**. Stellen Sie auf **Alle** bei **Balken suchen** und dann **Berechnen**.

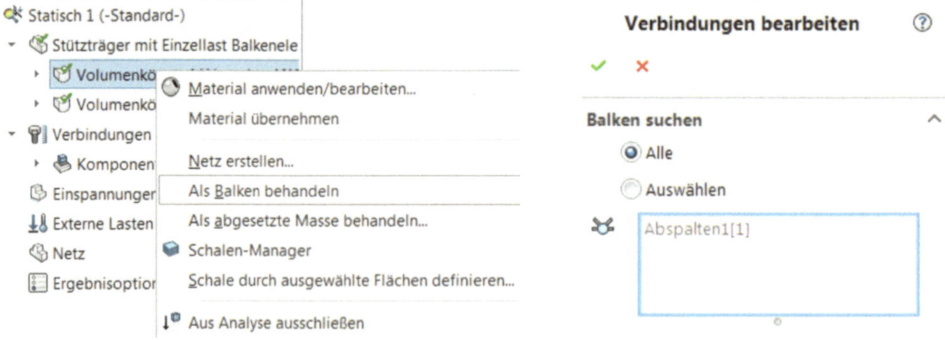

Nun sehen Sie das Symbol für Balken. Da es sich um zwei Volumenkörper handelt, wurde standardmäßig ein ***Globaler Kontakt (-Verbunden-)*** zwischen diesen festgelegt.

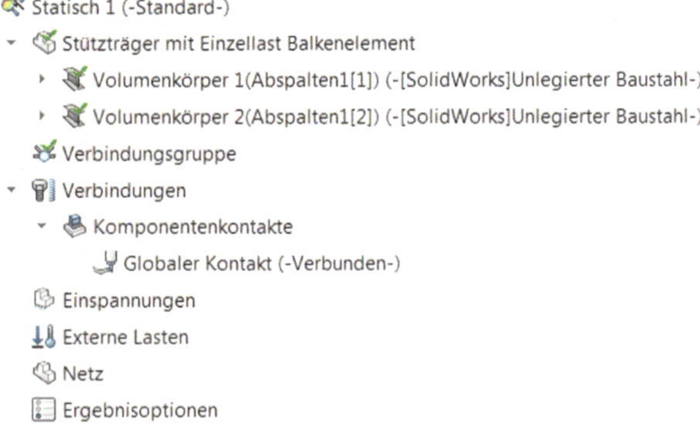

4. Weisen Sie das Material zu (unlegierter Baustahl).

5. Definieren Sie das Festlager links. Wählen Sie unter ***Einspannungen-Fixierte Geometrie-Nicht verschiebbar (keine Translation)*** für den linken Knoten. Unter ***Symboleinstellungen*** können Sie sowohl die Farbe als auch die Größe der Pfeile ändern.

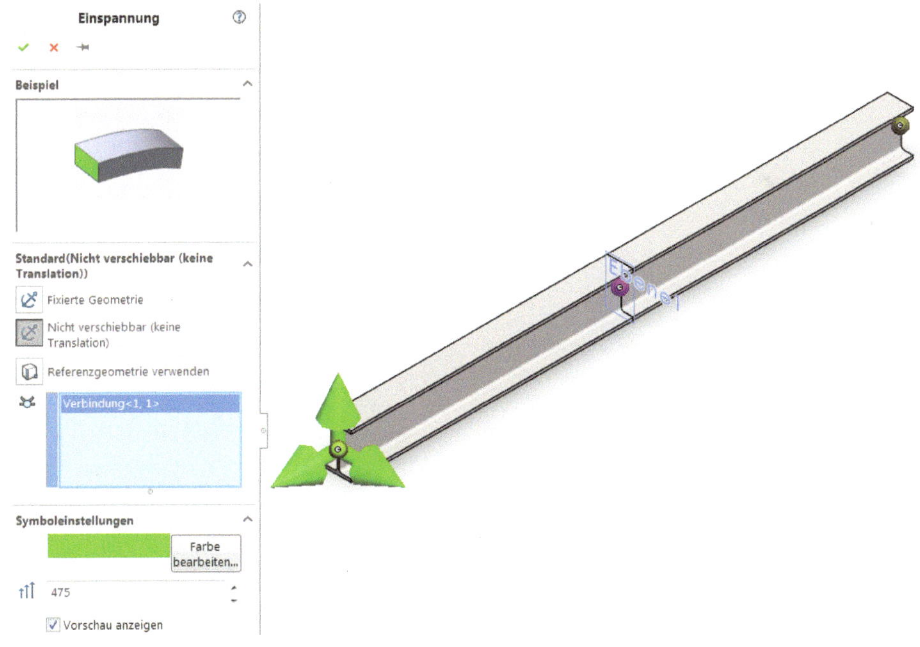

6. Nun die Definition des Loslagers rechts. Wählen Sie dazu unter ***Einspannungen-Fixierte Geometrie-Referenzgeometrie verwenden*** für den rechten Knoten. Wählen Sie ***Ebene oben*** (es können auch andere Ebenen verwendet werden) und setzen Sie die Translationen wie unten dargestellt auf Null. Die Translation in axialer Richtung muss auf jeden Fall möglich bleiben. Die Rotationen müssen auch möglich sein, deshalb aktivieren wir sie nicht bzw. setzen Sie nicht auf Null. Auch hier können Sie die Symboleinstellungen anpassen.

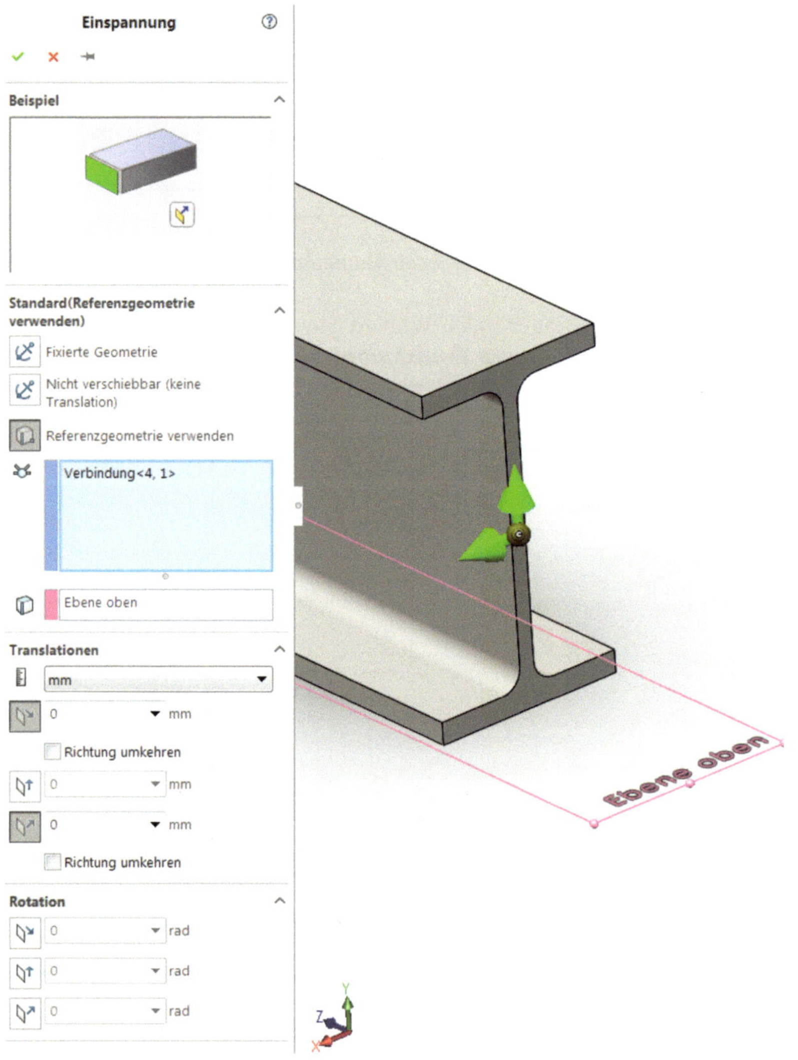

7. Definieren Sie die Last $F = 10\,000$ N mit **Externe Lasten-Kraft**. Auch hier können Sie auf verschiedene Arten Einstellungen vornehmen. Die Kraft muss auf jeden Fall so wirken, wie in der rechten Grafik dargestellt: im mittleren Knoten nach unten.

8. Vernetzen Sie und führen Sie die Studie aus.

9. Interpretation der Ergebnisse: Zuerst vergleichen wir die Spannungswerte. Blenden Sie **Spannung1** ein. Wenn Sie die Einheiten im Diagramm ändern wollen, können Sie dies mit Rechtsklick auf **Spannung1-Definition bearbeiten** tun. In der Mitte des Trägers erkennen Sie die maximale Von-Mises-Spannung $124{,}8\ \dfrac{\text{N}}{\text{mm}^2}$.

Der berechnete Wert $\sigma_\text{b} = 125\ \dfrac{\text{N}}{\text{mm}^2}$ stimmt sehr gut überein.

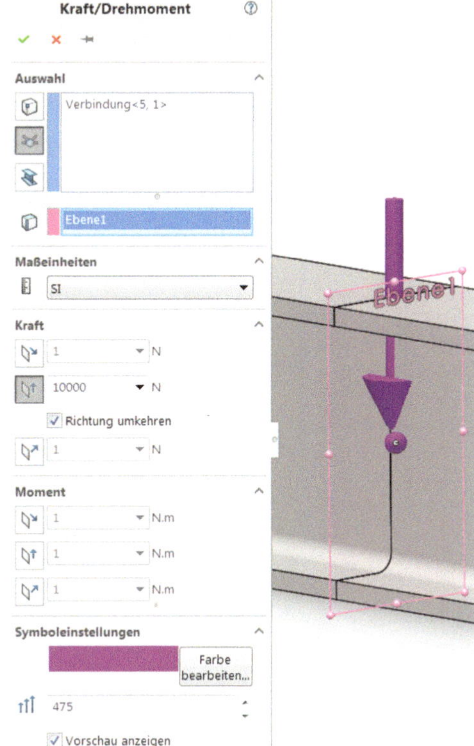

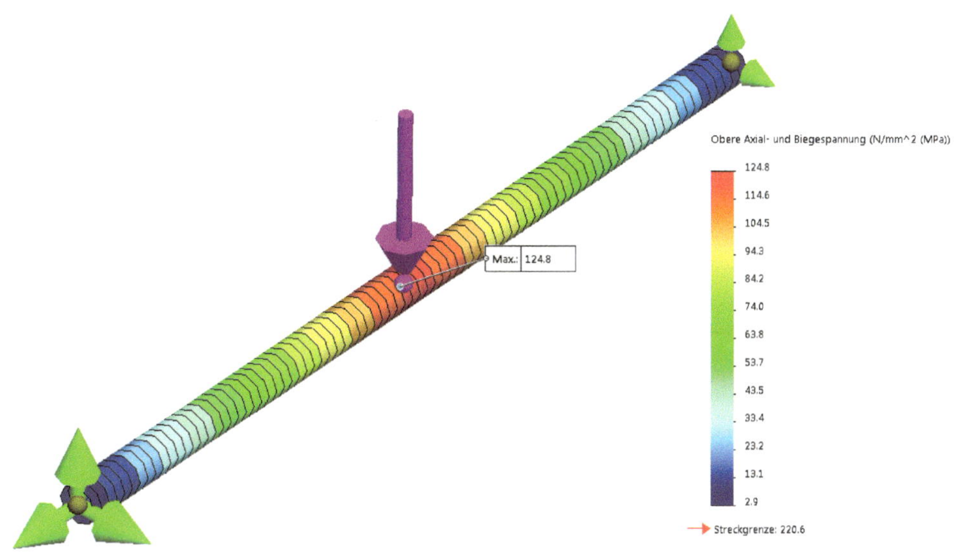

Der Träger sieht jetzt ganz anders aus. Jeder hohle Zylinder entspricht einem Element.

10. Jetzt vergleichen wir die Verformung. Dazu blenden Sie **Verschiebung1** ein. Die simulierte maximale Verformung 1,34 mm liegt ebenfalls nahe am berechneten Wert 1,24 mm .

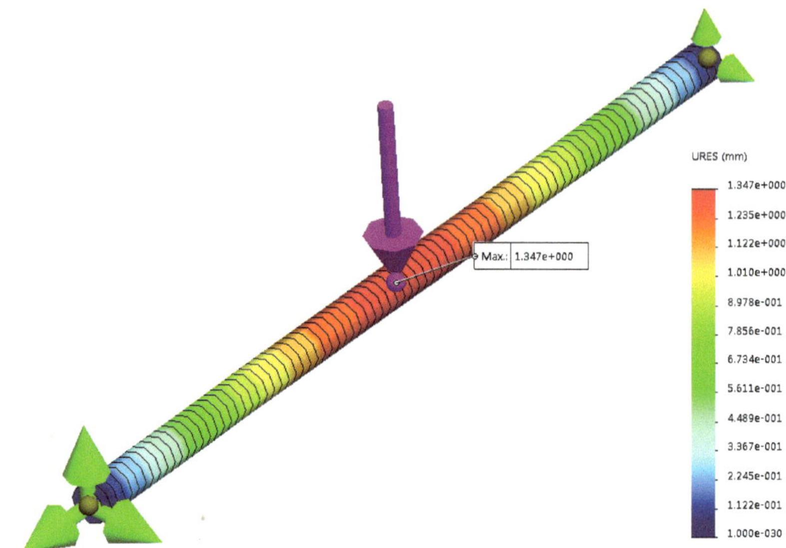

Wenn Sie mit Balkenelementen arbeiten, können auch Querkraft- und Biegemomenten-Verläufe dargestellt werden. Mit Rechtsklick auf **Ergebnisse** wählen Sie **Balkendiagramme definieren**. In diesem Menü können Sie nun auswählen, welches Balkendiagramm dargestellt werden soll. Für den Querkraft-Verlauf wählt man **Schubkraft in Richtung 1**:

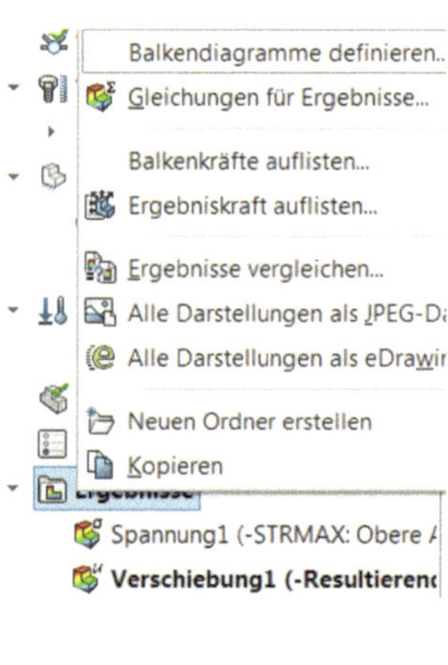

Für den Biegemomenten-Verlauf wählt man ***Moment in Richtung 2***:

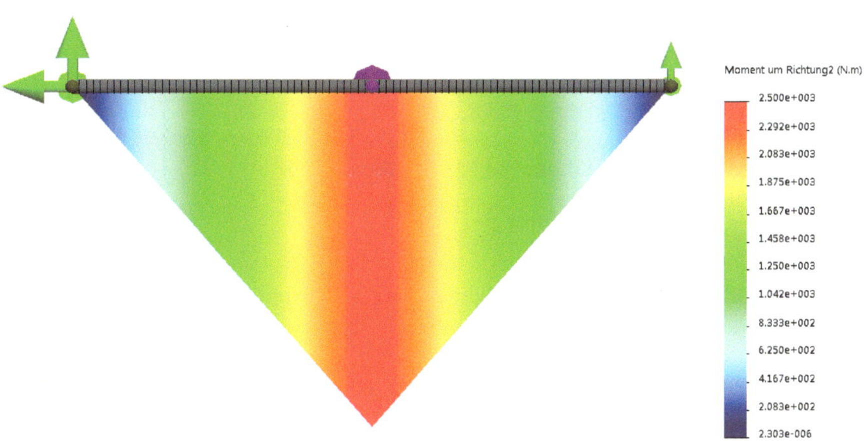

Warum wählt man beim Querkraft-Verlauf ***Schubkraft in Richtung 1*** und beim Biegemomenten-Verlauf ***Moment in Richtung 2***?

Dazu eine Erklärung aus dem SolidWorks Lehrbuch zur statischen Analyse (siehe in der rechten Abbildung).

Beim obigen Biegemomenten-Verlauf sieht man, dass das maximale Biegemoment in der Mitte des Trägers 2 500 Nm beträgt. Man kann dies mit einer einfachen Kontrollrechnung überprüfen:

$$M_{\text{bmax}} = 5\,000\ \text{N} \cdot 0.5\ \text{m} = 2\,500\ \text{Nm}\,.$$

Richtungen in Balken-Ergebnisdarstellungen und Diagrammen

Die Richtungen 1 und 2 für einen Balken werden über die Begrenzung des Quershnitts definiert. Für Querschnitte mit einer rechteckigen Begrenzung, ist Richtung 1 die längere der beiden Begrenzungsseiten. Die Richtungen 1 und 2 ändern sich für jeden Balken und liegen nicht relativ zum globalen Koordinatensystem des Modells. Beachten Sie die Richtungen 1 und 2 in den folgenden Bildern:

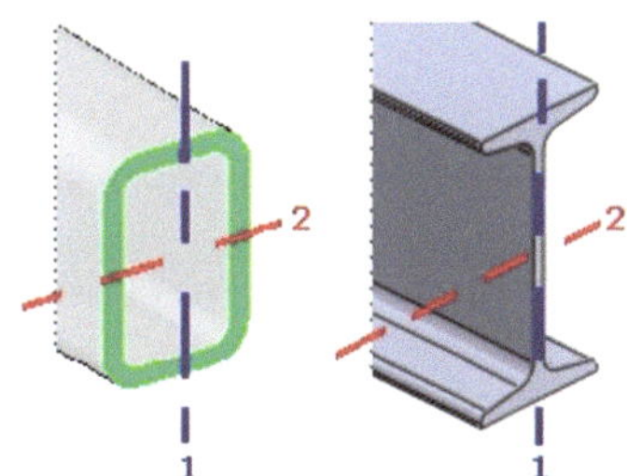

Die Balken in diesem Lehrbuch haben einen rechteckigen Querschnitt. Die lange Seite des Rechtecks ist Richtung 1, die kurze ist Richtung 2.

Sie erstellen ein Schubdiagramm in Richtung 1, da die Kräfte parallel auf die lange Seite des rechteckigen Querschnitts wirken. Sie erstellen ein Momentdiagramm in Richtung 2 und eine Darstellung von Biegespannung in Richtung 2, da die Kräfte um die Richtung 2 des rechteckigen Querschnitts wirken.

2.5 Stützträger mit Streckenlast

Der dargestellte Träger IPE 80 (S235) wird auf die ganze Länge mit der Streckenlast $F' = 10\,000\,\frac{N}{m}$ belastet. Auf der linken Seite befindet sich ein Festlager und auf der rechten Seite ein Loslager. Es sind die maximalen Biegespannungen und die maximale Durchbiegung zu berechnen und mit einer Simulation zu überprüfen:

a) nur mit Streckenlast $F' = 10\,000\,\frac{N}{m}$

b) mit Streckenlast $F' = 10\,000\,\frac{N}{m}$ und dem Eigengewicht.

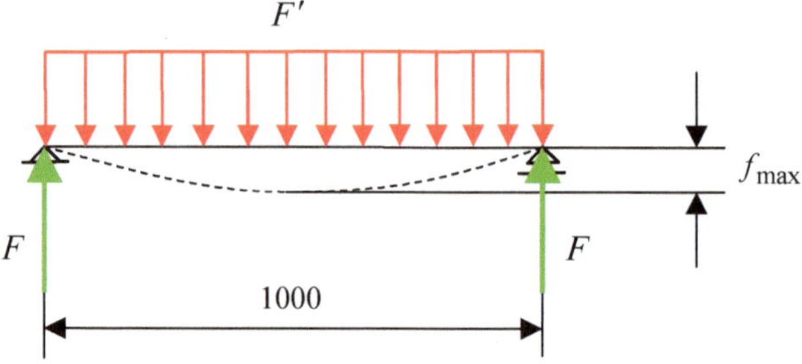

Lösung:

a) Zuerst berechnen wir die maximale Biegespannung. Sie tritt in der Mitte des Trägers auf.

$$\sigma_b = \frac{M_b}{W} = \frac{\dfrac{F \cdot l}{8}}{W} = \frac{\dfrac{10\,000\,\text{N} \cdot 1000\,\text{mm}}{8}}{20 \cdot 10^3\,\text{mm}^3} = 62{,}5\,\frac{N}{mm^2}\ (\text{mit } F = F' \cdot l)$$

Die maximale Durchbiegung kann ebenfalls einfach berechnet werden:

$$f_{max} = 0{,}013 \cdot \frac{F \cdot l^3}{E \cdot I} = 0{,}013 \cdot \frac{10\,000\,\text{N} \cdot (1000\,\text{mm})^3}{210\,000\,\dfrac{N}{mm^2} \cdot 80{,}1 \cdot 10^4\,\text{mm}^4} = 0{,}773\,\text{mm}$$

Die Simulation wird zuerst als Volumenkörper und anschließend mit Balkenelementen durchgeführt.

FEM-Analyse zu a) (Volumenkörper-Vernetzung, d. h. mit tetraedischen Volumenkörperelementen):

1. Öffnen Sie das Bauteil (Stützträger mit Streckenlast.sldprt).
2. Erstellen Sie eine statische Studie.

3. Weisen Sie das Material zu (un-legierter Baustahl).

4. Wählen Sie in der Studie unter **Externe Lasten** mit Rechtsklick **Abgesetzte Last/Masse**. Für das Festlager links müssen alle **Translationen** auf Null gesetzt werden (aktivieren durch Anklicken). Die **Rotationen** sind mög-lich, deshalb lassen wir sie zu. Die Position der **Abgesetzten Last** sollte sich im Schwerpunkt der Fläche befinden. Geben Sie deshalb die unter **Speicherort** dargestellten Werte ein. Sie be-ziehen sich auf den Ursprung des Trägers. Das heißt: Der Schwer-punkt der Fläche <1> hat die Koordinaten (23 mm/40 mm/1 000 mm).

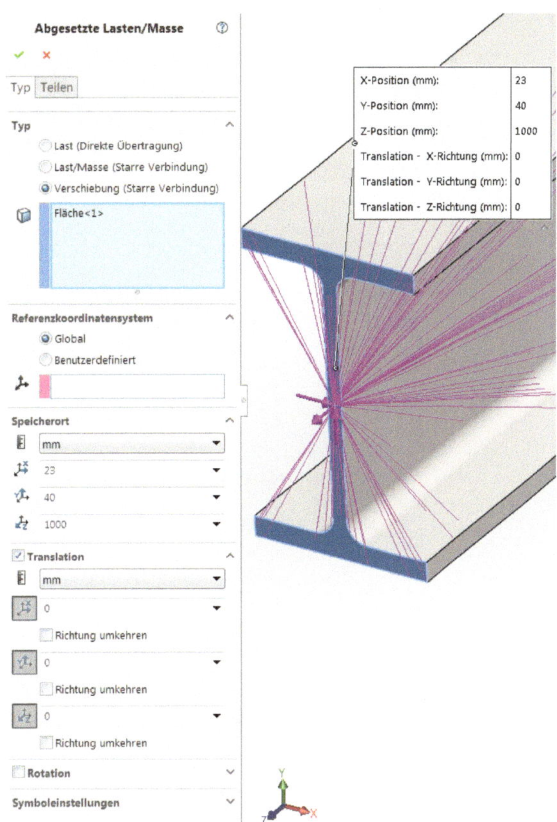

5. Für das Loslager rechts gehen Sie gleich vor. Nur beim Spei-cherort müssen Sie die folgen-den Werte eingeben. Der Schwerpunkt dieser Fläche be-findet sich nämlich in der x-y-Ebene. Die Translationen für die x- und y-Achsen sind wieder Null. Die Translation in z-Rich-tung soll aber ermöglicht wer-den. Die Rotationen um die y-und z-Achse sind nicht möglich.

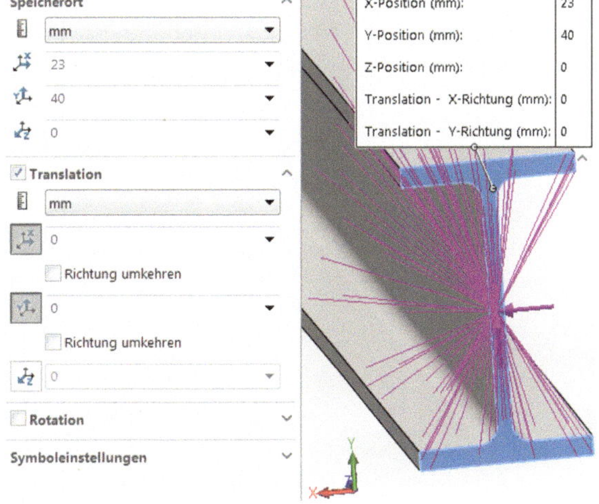

6. Definieren Sie eine Kraft von $F = 10\,000\ \mathrm{N}$ auf der gesamten Oberseite des Trägers.

7. Vernetzen Sie mit einer Elementgröße von $7\ \mathrm{mm}$.

8. Führen Sie die Studie aus.

9. Interpretation der Ergebnisse:

Die Von-Mises-Spannungen in der Mitte des Trägers betragen ca. $63{,}6\ \dfrac{\mathrm{N}}{\mathrm{mm}^2}$.

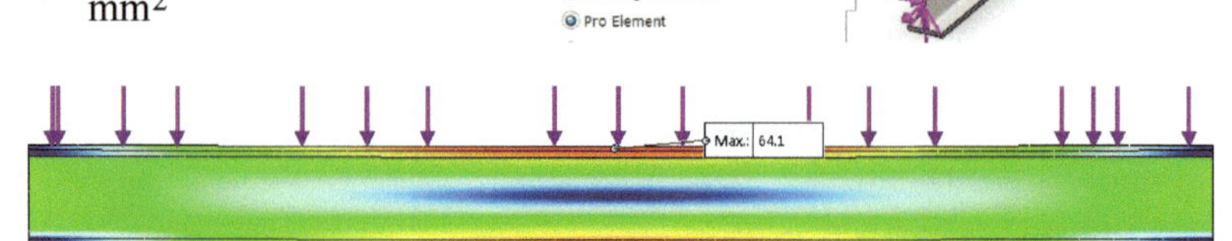

Die maximale Durchbiegung in der Mitte beträgt ca. $0{,}83\ \mathrm{mm}$.

Sowohl Spannungen als auch Verformungen stimmen mit der analytischen Berechnung gut überein.

FEM-Analyse zu a) (Balken-Vernetzung, d. h. mit Balkenelementen):

Gehen Sie genau gleich vor, wie bei der oben bereits mit Balkenelementen durchgeführten Analyse. Bei der Lastdefinition nehmen Sie aber folgende Einstellungen vor:

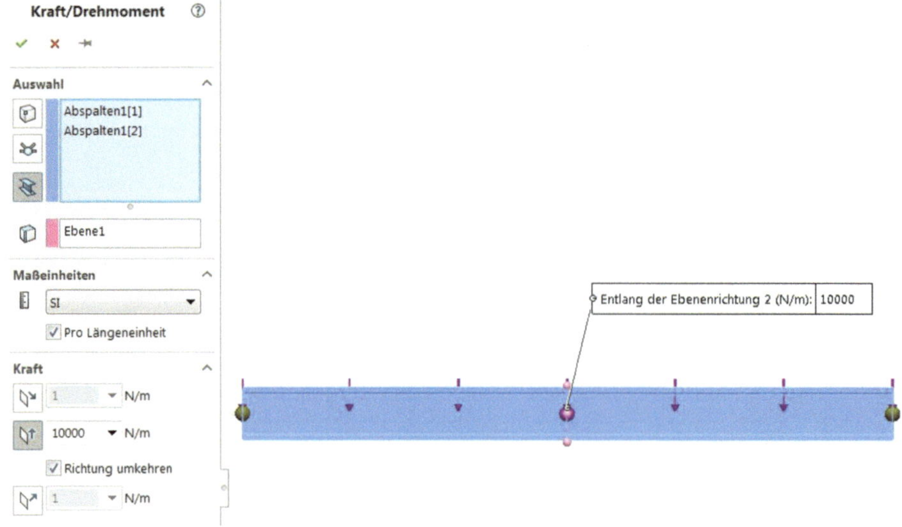

Da wir nur an beiden Enden des Trägers Knoten haben, wählt man den ganzen Balken, um die Streckenlast richtig festzulegen. So erhält man die folgenden Werte:

Die Von-Mises-Spannung in der Mitte des Trägers beträgt $62,4\,\dfrac{\text{N}}{\text{mm}^2}$.

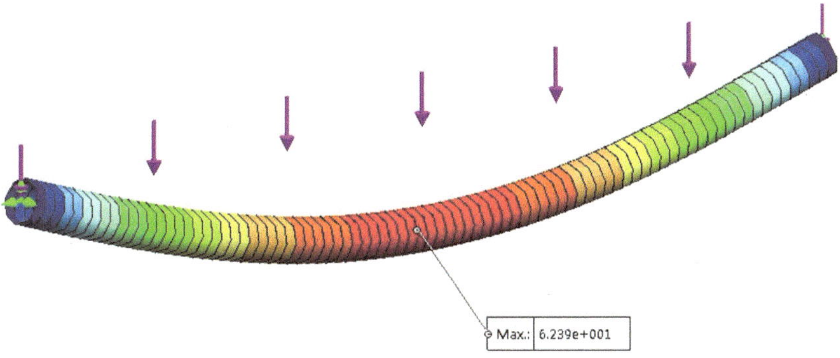

Die maximale Durchbiegung in der Mitte beträgt ca. $0,83\,\text{mm}$.

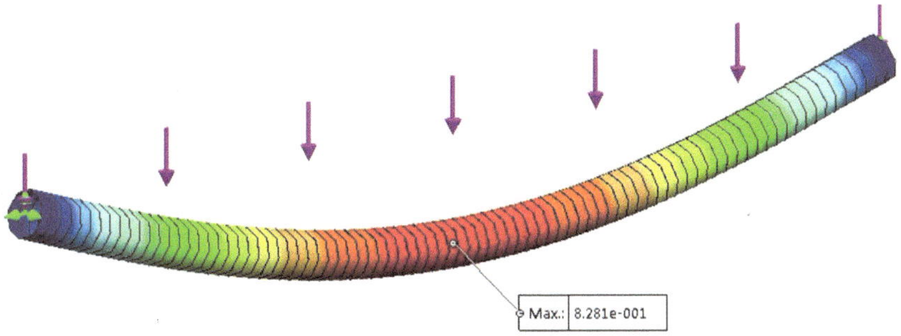

b) Das Profil IPE 80 hat eine Gewichtskraft je Meter Länge von $F_G{}' = 59\,\dfrac{\text{N}}{\text{m}}$. Diese beiden Streckenlasten kann man zusammenfassen:

$$F_{\text{ges}}{}' = F' + F_G{}' = 10\,000\,\frac{\text{N}}{\text{m}} + 59\,\frac{\text{N}}{\text{m}} = 10\,059\,\frac{\text{N}}{\text{m}}$$

Für die Biegespannung erhält man so:

$$\sigma_{\text{b}} = \frac{M_{\text{b}}}{W} = \frac{\dfrac{F \cdot l}{8}}{W} = \frac{\dfrac{10\,059\,\text{N} \cdot 1000\,\text{mm}}{8}}{20 \cdot 10^3\,\text{mm}^3} = 62,9\,\frac{\text{N}}{\text{mm}^2} \quad (\text{mit } F = F_{\text{ges}}{}' \cdot l\,)$$

Die maximale Durchbiegung kann ebenfalls einfach berechnet werden:

$$f_{\text{max}} = 0,013 \cdot \frac{F \cdot l^3}{E \cdot I} = 0,013 \cdot \frac{10\,059\,\text{N} \cdot (1000\,\text{mm})^3}{210\,000\,\dfrac{\text{N}}{\text{mm}^2} \cdot 80,1 \cdot 10^4\,\text{mm}^4} = 0,777\,\text{mm}$$

Die Berücksichtigung des Eigengewichtes hat hier keinen großen Einfluss.

FEM-Analyse zu b):

Das Eigengewicht kann auf zwei Arten in der Simulation berücksichtigt werden:

1. Man definiert eine von außen wirkende Streckenlast.
2. Man definiert eine *Schwerkraft*.

Es werden beide Varianten mit der letzten Studie (Balkenelemente) gezeigt:

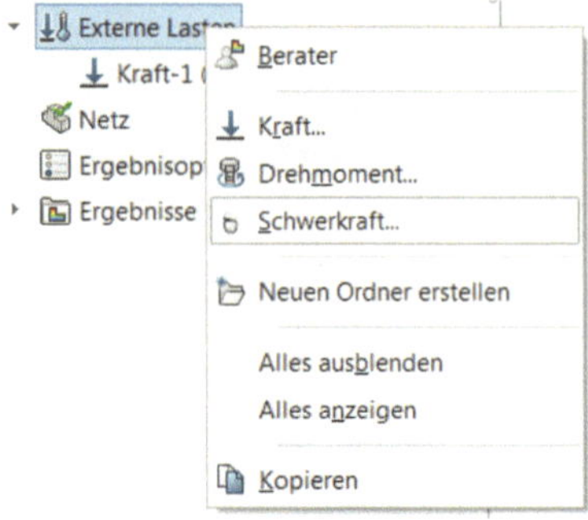

1. Eigengewicht als äußere Streckenlast

Nehmen Sie die zuletzt durchgeführte Studie und erhöhen Sie die Kraft auf $F = 10\,059\ \mathrm{N}$. Führen Sie die Analyse durch und interpretieren Sie die Ergebnisse.

Die maximale Von-Mises-Spannung beträgt $62{,}8\ \dfrac{\mathrm{N}}{\mathrm{mm}^2}$.

Die maximale Verformung beträgt $0{,}80\ \mathrm{mm}$.

2. Eigengewicht als Schwerkraft

Nehmen Sie dieselbe Studie mit der Kraft $F = 10\,000\ \mathrm{N}$ und fügen Sie die Schwerkraft in y-Richtung dazu. Führen Sie die Studie aus und vergleichen Sie mit den oben erhaltenen Simulationswerten.

Man erhält in beiden Fällen praktisch dieselben Werte. Auf jeden Fall erkennen wir, dass die Berücksichtigung des Eigengewichtes hier nicht erforderlich wäre.

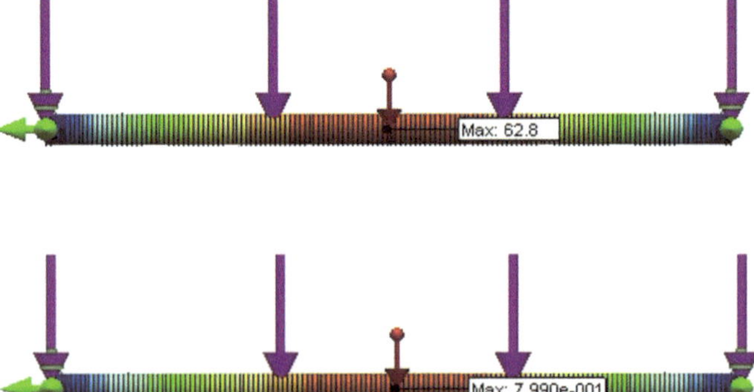

2.6 Stützträger mit Mischlast

Der dargestellte Träger IPE 80 (S235) wird mit der Streckenlast $F_2' = 10\,000\,\dfrac{\text{N}}{\text{m}}$ und der Einzellast $F_1 = 6\,000\,\text{N}$ belastet. Auf der linken Seite befindet sich ein Festlager und auf der rechten Seite ein Loslager. Es sind die maximalen Biegespannungen ohne Berücksichtigung des Eigengewichts zu berechnen und mit einer Simulation zu überprüfen.

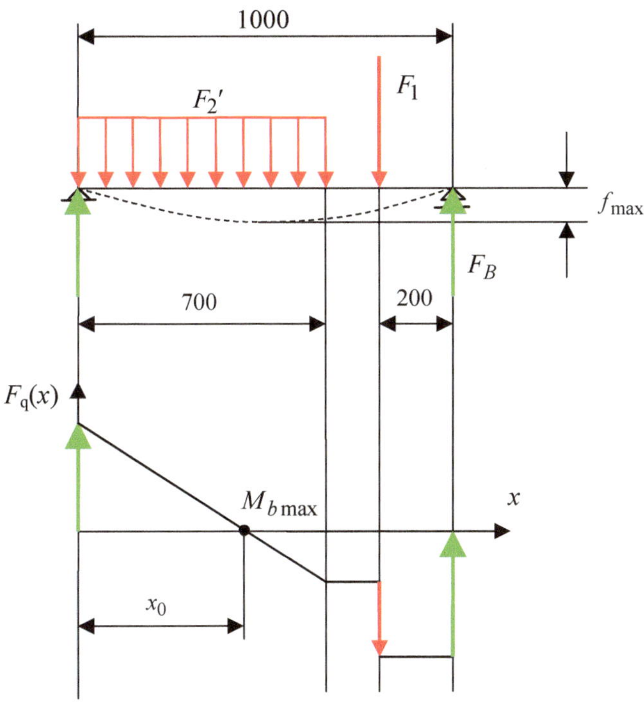

Lösung:

Die maximale Biegespannung tritt nicht in der Mitte des Trägers auf. Wir müssen deshalb das maximale Biegemoment und dessen Position bestimmen. Als Erstes werden die Auflagerkräfte F_A und F_B aus den Gleichgewichtsbedingungen berechnet:

$$\sum F_y = 0 = F_A + F_B - F_2' \cdot 0{,}7\,\text{m} - F_1$$

$$\sum M_A = 0 = F_B \cdot 1\,000\,\text{mm} - F_1 \cdot 800\,\text{mm} - F_2' \cdot 0{,}7\,\text{m} \cdot 350\,\text{mm}$$

$$F_A = 5\,750\,\text{N} \quad \text{und} \quad F_B = 7\,250\,\text{N}\,.$$

Aus dem Querkraft-Verlauf $F_q(x)$ kann das maximale Biegemoment $M_{b\max}$ berechnet werden (es tritt an der Nullstelle des Graphen auf).

Zuerst aber noch die Nullstelle x_0 mit dem Strahlensatz:

$$\frac{x_0}{5\,750\ \text{N}} = \frac{700\ \text{mm} - x_0}{1\,250\ \text{N}} \Rightarrow x_0 = 575\ \text{mm} \qquad M_{\text{bmax}} = \frac{5\,750\ \text{N} \cdot 575\ \text{mm}}{2} = 1\,653\,125\ \text{Nmm}$$

$$\sigma_{\text{b}} = \frac{M_{\text{bmax}}}{W} = \frac{1\,653\,125\ \text{Nmm}}{20 \cdot 10^3\ \text{mm}^3} = 82{,}7\ \frac{\text{N}}{\text{mm}^2}$$

FEM-Analyse (als Volumenkörper):

1. Öffnen Sie das Bauteil (Stützträger mit Mischlast.sldprt).
2. Erstellen Sie eine statische Studie.
3. Weisen Sie das Material zu (unlegierter Baustahl).
4. Definieren Sie Fest- und Loslager genau gleich wie bei Stützträger mit Streckenlast (hier nur Festlager dargestellt).

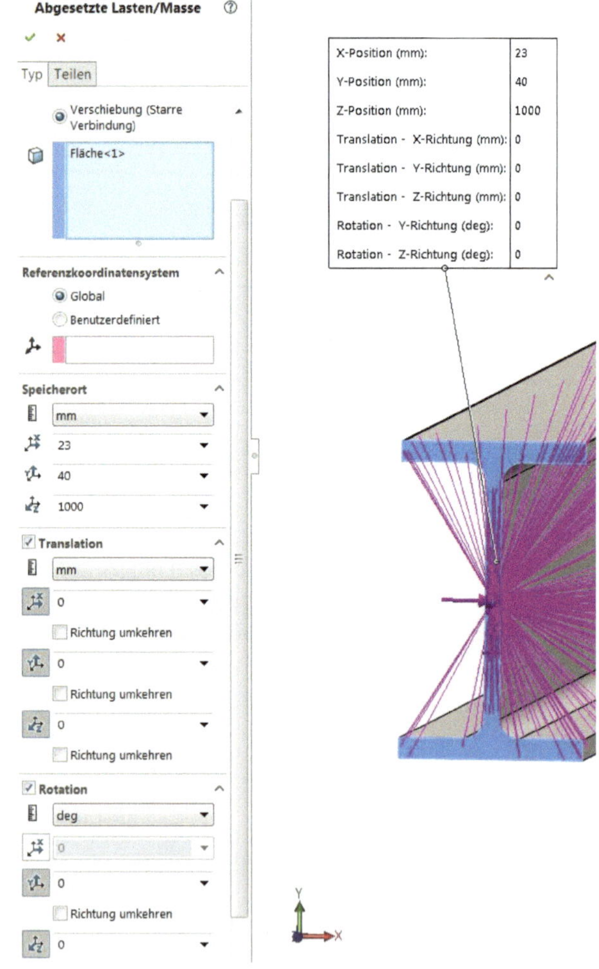

5. Um die Streckenlast auf den ersten 700 mm definieren zu können, kann man die bereits vorhandene **Trennlinie1** verwenden. Geben Sie dazu die Kraft 7 000 N ein (weil

$$10\,000\,\frac{\mathrm{N}}{\mathrm{m}}\cdot 0,7\,\mathrm{m} = 7\,000\,\mathrm{N}\,).$$

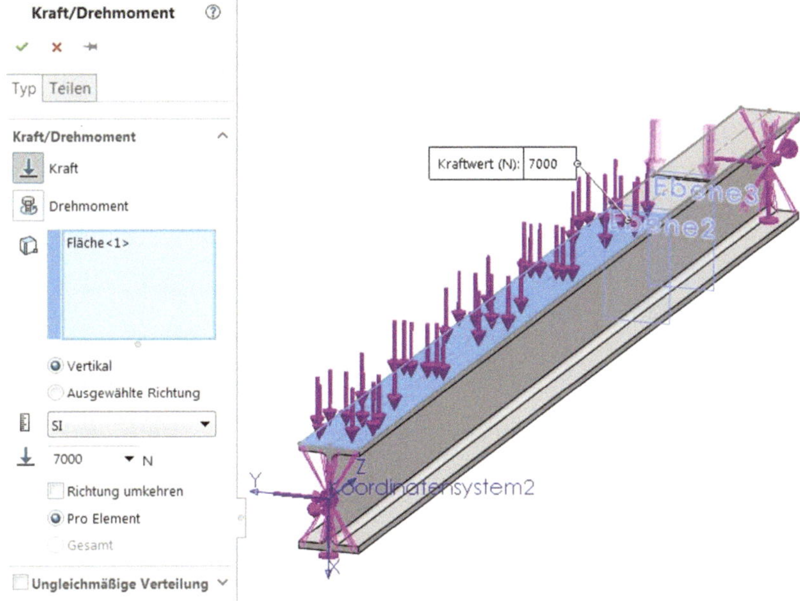

6. Definieren Sie die Einzellast $F_1 = 6\,000\,\mathrm{N}$ auf die bereits vorbereitete **Trennlinie2**. Diese Fläche ist 5 mm breit. Natürlich könnte man die Einzellast auch auf eine Linie definieren. Das würde dann aber zu noch größeren Spannungssingularitäten führen und entspricht auch weniger der Realität. Der Kraftangriff wird immer über eine Fläche stattfinden.

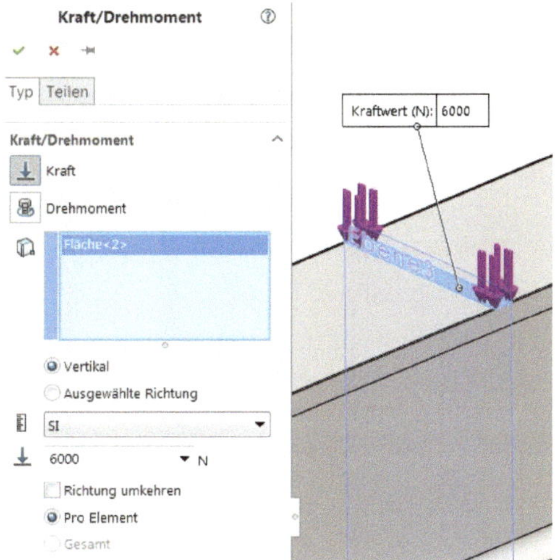

7. Vernetzen Sie mit einer Elementgröße von 7 mm und führen Sie die Studie aus.

8. Interpretieren Sie das Ergebnis: Wählen Sie *Profil-Clipping* (Rechtsklick auf *Spannung1*) bei der *Ebene Max Biegemoment* und *Sondieren* Sie dort die Spannungswerte.

   Um das *Profil-Clipping* wieder aufzuheben, klicken Sie wieder mit Rechtsklick auf *Spannung1-Profil-Clipping* und dann klicken Sie auf (1).

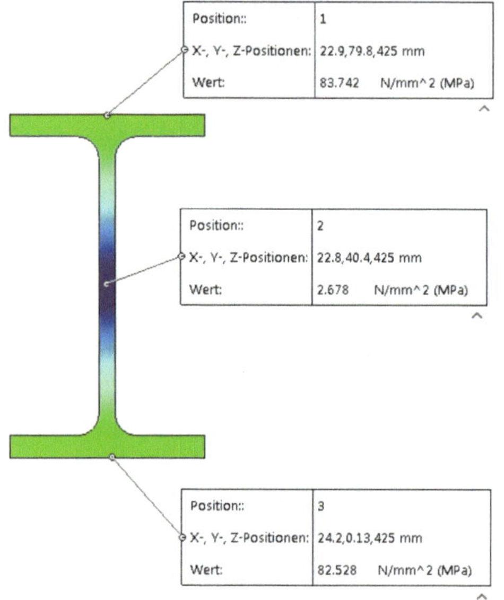

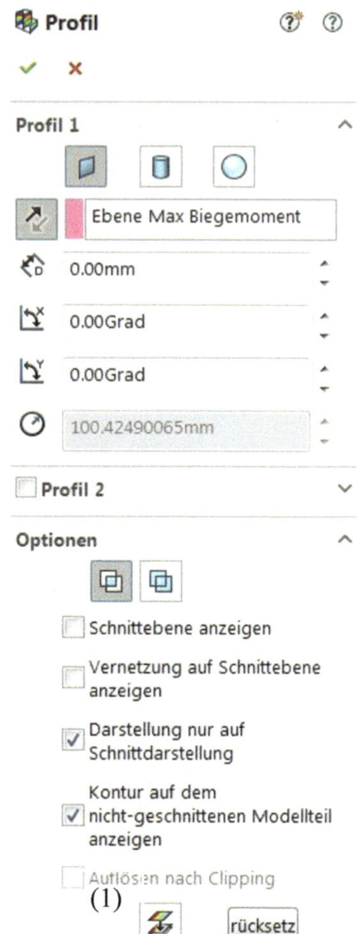

Die maximalen Von-Mises-Spannungen liegen etwa bei $83\,\dfrac{\text{N}}{\text{mm}^2}$.

Bei den durchgeführten Berechnungen und den anschließenden Simulationen erkennen wir meistens eine sehr gute Übereinstimmung der Resultate. Ein Vorteil der Simulation ist der, dass man die Spannung im gesamten Bauteil sieht.

Nehmen wir zum Beispiel den Biegebalken:

Man sieht sehr gut, wie die Spannung in der obersten Faser von links nach rechts abnimmt, weil nämlich das Biegemoment nach rechts immer kleiner wird. In der oberen Faser handelt es sich dabei um Zugspannungen, in der unteren Faser um Druckspannungen. Der mittlere Teil ist zudem ziemlich spannungsfrei.

Auch beim Torsionsstab sieht man, wie die Spannungen gegen die Mitte immer kleiner werden:

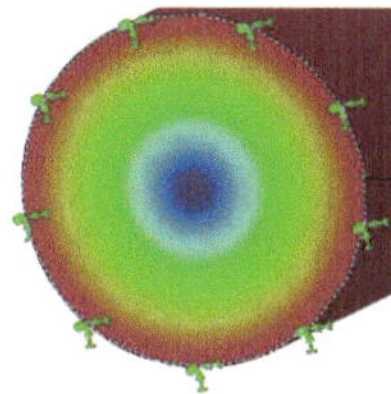

Es folgen nun ein paar Übungen, bei denen Sie das Erlernte anwenden und festigen können.

2.7 Übungen

1. Der dargestellte Freiträger ist ein IPE-300-Profil. Er soll die Lasten $F_1 = 15\,\text{kN}$, $F_2 = 9\,\text{kN}$ und $F_3 = 20\,\text{kN}$ aufnehmen. Ermitteln Sie die im Freiträger auftretenden Höchstspannungen. Führen Sie sowohl eine Handrechnung als auch eine Simulation dazu durch. (bei der Simulation spielen Sie beide Varianten durch: Volumenkörper/Balkenelemente).

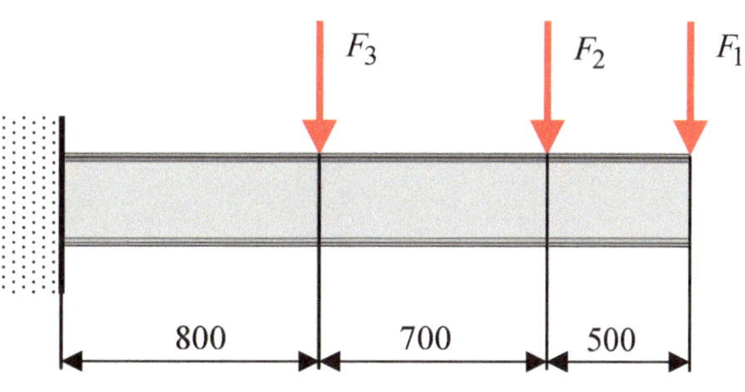

2. Der dargestellte Freiträger ist ein IPE-100-Profil. Er wird durch eine Einzellast $F = 1\,\text{kN}$ und die Streckenlast $F' = 4\,\dfrac{\text{kN}}{\text{m}}$ belastet. Ermitteln Sie die im Freiträger auftretenden Höchstspannungen.

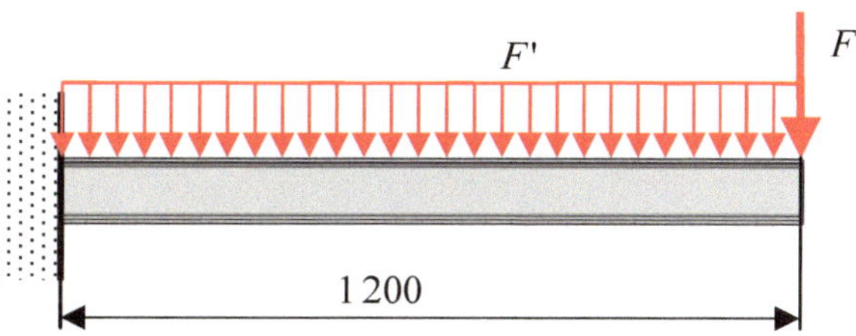

3. Der Träger mit skizziertem Profil wird durch die beiden Einzellasten $F = 20\,\text{kN}$ und die Streckenlast $F' = 4\,\dfrac{\text{kN}}{\text{m}}$ belastet. Ermitteln Sie die maximale Biegespannung. An welcher Stelle im Träger tritt sie auf?

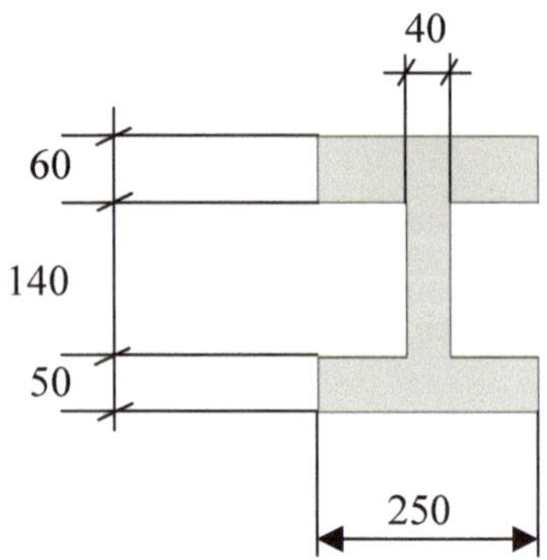

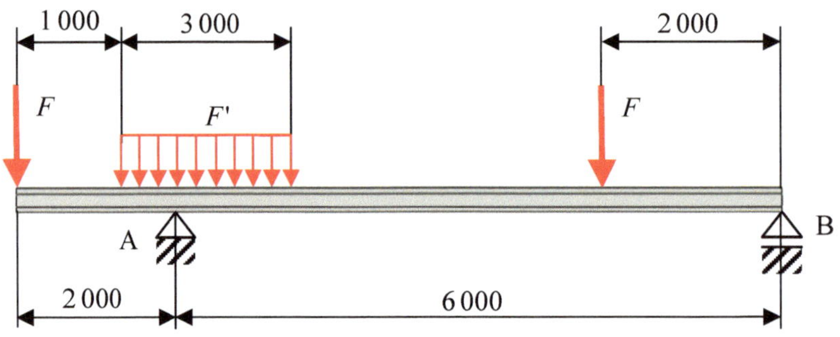

3 Beispiele zur zusammengesetzten Beanspruchung

In der Praxis wirken an Bauteilen oftmals mehrere Beanspruchungen gleichzeitig. Man bezeichnet diese Fälle als zusammengesetzte Beanspruchung. So können zum Beispiel gleichzeitig

- Zug und Biegung

- Druck und Biegung

- Biegung und Torsion etc.

an einer bestimmten Stelle im Bauteil wirken. Auch diese Spannungsverhältnisse können mit Simulationen sehr anschaulich dargestellt werden. Wir lösen im Folgenden Beispiele zu Biegung/Zug, Biegung/Torsion, Biegung in zwei Richtungen und dann noch ein komplexeres Beispiel mit Biegung/Druck/Abscheren und Torsion.

3.1 Träger mit Biegung und Zug

Am unten dargestelltem Träger (IPE 120) ist ein Blech 14 mm x 64 mm angeschweißt. Der Träger ist oben fest eingespannt. Das Blech wird mittig mit einer Kraft $F = 70\,\text{kN}$ belastet. Wie groß ist die Vergleichsspannung nach Von-Mises im Querschnitt x-x? (Material: S235)

Lösung:

Im Schnitt x-x wirken Zug- und Biegespannung.

Die Zugspannung beträgt:

$$\sigma_z = \frac{F}{A} = \frac{70\,000\,\text{N}}{1\,321\,\text{mm}^2} = 53\,\frac{\text{N}}{\text{mm}^2}$$

Die Biegspannung beträgt:

$$\sigma_b = \frac{M_b}{W} = \frac{70\,000\,\text{N} \cdot 67\,\text{mm}}{53\,000\,\text{mm}^3} = 88,5\,\frac{\text{N}}{\text{mm}^2}$$

(Werte für Fläche A und Widerstandsmoment W z. B. aus [6])

Die resultierende Zugspannung beträgt:

$$\sigma_{zres} = \sigma_z + \sigma_b = 141,5\,\frac{\text{N}}{\text{mm}^2}$$

Die resultierende Druckspannung beträgt:

$$\sigma_{dres} = \sigma_b - \sigma_z = 35,5\,\frac{\text{N}}{\text{mm}^2}$$

FEM-Analyse:

1. Öffnen Sie das Bauteil (TrägerBiegZug.sldprt).
2. Weisen Sie das Material zu (unlegierter Baustahl).
3. Definieren Sie die Feste Einspannung.
4. Definieren Sie die Kraft $F = 70\ \text{kN}$.
5. Vernetzen Sie mit einer Elementgröße 4 mm .
6. Führen Sie die Studie aus.
7. Interpretation der Ergebnisse:

   Der Spannungsverlauf im Bauteil ist in nebenstehender Grafik sehr gut zu sehen. Die Position des Schnitts x-x ist in der Aufgabenstellung nicht definiert. Wenn man nun rechts und links außen mit Sondieren die Von-Mises-Spannungswerte misst, stellt man fest, dass die Werte sich verändern.

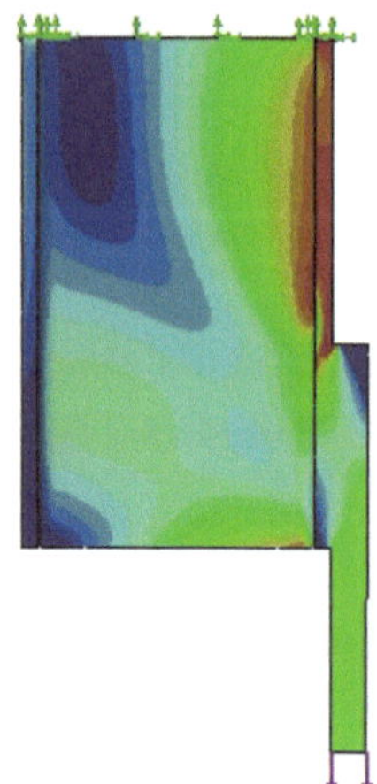

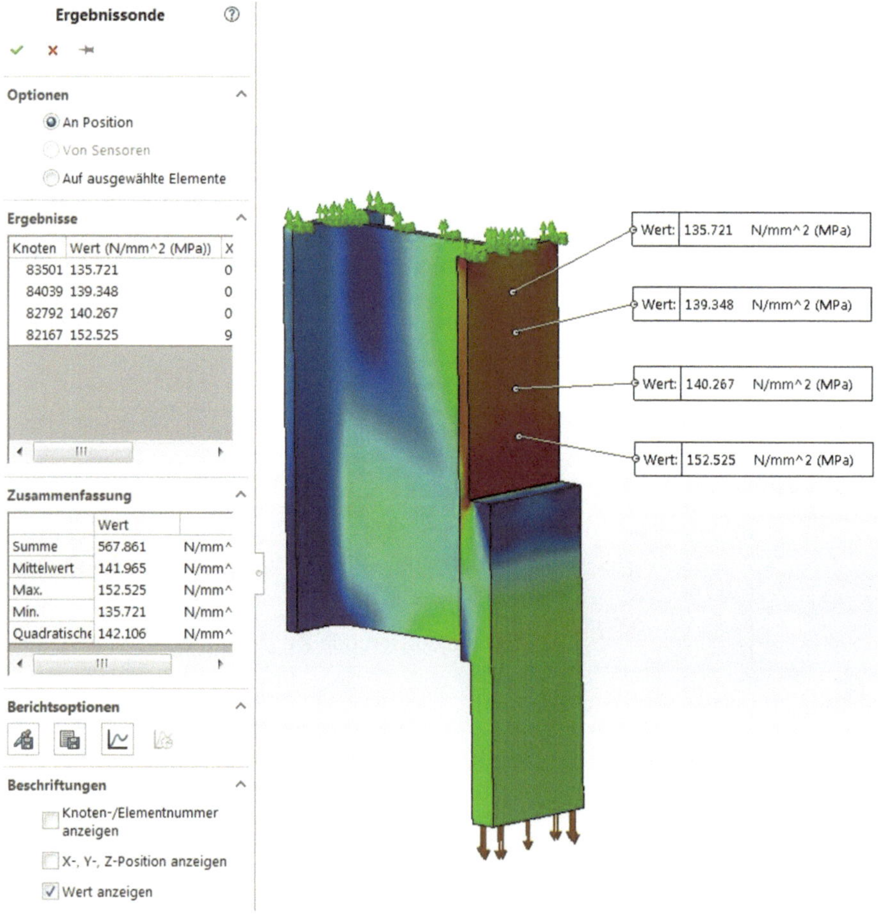
Ergebnissonde
Optionen
An Position
Von Sensoren
Auf ausgewählte Elemente
Ergebnisse
Knoten
Wert (N/mm^2 (MPa))
X
83501 135.721 0
84039 139.348 0
82792 140.267 0
82167 152.525 9
Zusammenfassung
Wert
Summe 567.861 N/mm^
Mittelwert 141.965 N/mm^
Max. 152.525 N/mm^
Min. 135.721 N/mm^
Quadratische 142.106 N/mm^
Berichtsoptionen
Beschriftungen
Knoten-/Elementnummer anzeigen
X-, Y-, Z-Position anzeigen
Wert anzeigen
Wert: 135.721 N/mm^2 (MPa)
Wert: 139.348 N/mm^2 (MPa)
Wert: 140.267 N/mm^2 (MPa)
Wert: 152.525 N/mm^2 (MPa)

Auf der rechten Seite liegen die gemessenen Werte zwischen $135...152\,\dfrac{\text{N}}{\text{mm}^2}$. Diese Werte stimmen sehr gut mit dem berechneten Wert $141,5\,\dfrac{\text{N}}{\text{mm}^2}$ überein. Auf der linken Seite liegen die Werte zwischen $35-37\,\dfrac{\text{N}}{\text{mm}^2}$. Auch diese Werte stimmen gut mit dem berechneten Wert $35,5\,\dfrac{\text{N}}{\text{mm}^2}$ überein.

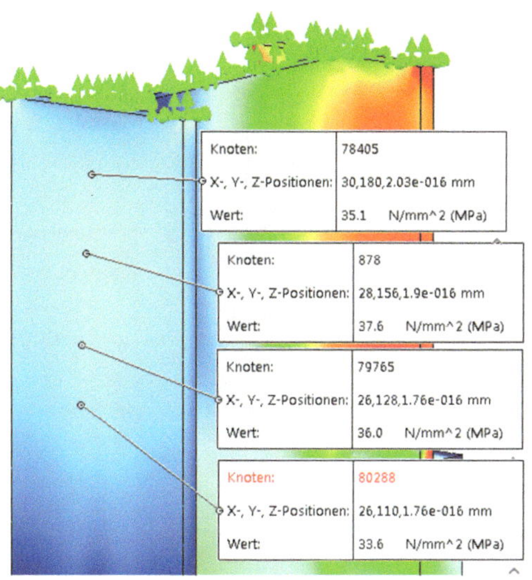

Man erkennt in den obigen Grafiken sehr gut, wie sich die Spannung im gesamten Bauteil aufbaut. Das gibt dem Anwender einen viel klareren Eindruck über den Kraftfluss in der zu analysierenden Konstruktion. Gerade in Hinblick auf mögliche Materialeinsparungen ist das natürlich eine große Hilfe. Möchte man noch wissen, wie groß die zu erwartende Verformung ist, muss man die *Verschiebung1* anzeigen lassen. Die maximale simulierte resultierende Verformung beträgt $0,37\,\text{mm}$ am unteren Ende des angeschweißten Bleches. Diesen Wert von Hand zu berechnen ist gar nicht mehr so einfach. Als Überschlagsrechnung versuchen wir, die Längenänderungen beider Einzelteile unter der Annahme reiner Zugbelastung zu berechnen und nach dem Superpositionsprinzip zu addieren:

Die Längenänderung wird dabei nach dem Hook'schen Gesetz berechnet: $\Delta l = \dfrac{F \cdot l_0}{A \cdot E}$

$$\Delta l_{\text{ges}} = \Delta l_1 + \Delta l_2 = \frac{70\,000\,\text{N} \cdot 200\,\text{mm}}{1\,320\,\text{mm}^2 \cdot 210\,000\,\dfrac{\text{N}}{\text{mm}^2}} + \frac{70\,000\,\text{N} \cdot 160\,\text{mm}}{(14 \cdot 64)\,\text{mm}^2 \cdot 210\,000\,\dfrac{\text{N}}{\text{mm}^2}} = 0,11\,\text{mm}$$

Der simulierte Wert ist mehr als dreimal so groß. Einen besseren Vergleich kann man anstellen, wenn man sich die Verschiebung nur in y-Richtung anzeigen lässt. So erhält man eine Verschiebung von 0,17 mm .

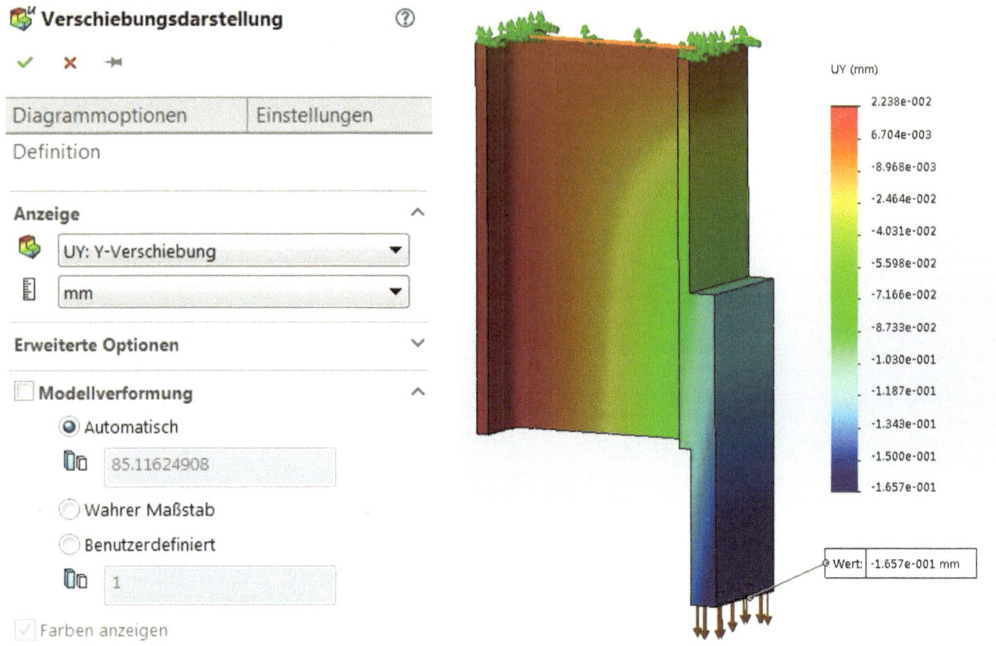

3.2 Welle mit Biegung und Torsion

Der unten dargestellte Schalthebel aus S235 ist an der Fläche A fest eingespannt. Er wird mit der Kraft $F = 200$ N ruhend an der bezeichneten Stelle belastet. Wie groß ist die Von-Mises-Spannung im Einspannquerschnitt (Durchmesser $d = 30$ mm)?

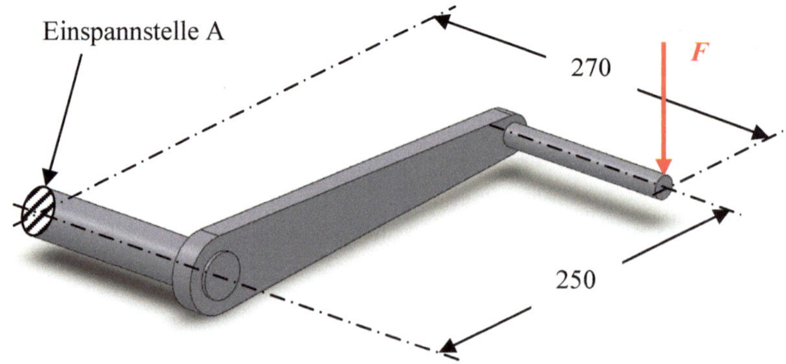

Lösung:

Biegespannung an Einspannstelle:

$$\sigma_b = \frac{M_b}{W} = \frac{200\ \text{N} \cdot 270\ \text{mm}}{\dfrac{\pi \cdot (30\ \text{mm})^3}{32}} = 20{,}4\ \frac{\text{N}}{\text{mm}^2}$$

Torsionsspannung an Einspannstelle:

$$\tau_t = \frac{M_t}{W_p} = \frac{200\ \text{N} \cdot 250\ \text{mm}}{\dfrac{\pi \cdot (30\ \text{mm})^3}{16}} = 9{,}4\ \frac{\text{N}}{\text{mm}^2}$$

Vergleichsspannung nach Von-Mises:

$$\sigma_V = \sqrt{\sigma_b^2 + 3 \cdot \tau_t^2} = \sqrt{(20{,}4\ \frac{\text{N}}{\text{mm}^2})^2 + 3 \cdot (9{,}4\ \frac{\text{N}}{\text{mm}^2})^2} = 26{,}1\ \frac{\text{N}}{\text{mm}^2}$$

FEM-Analyse:

1. Öffnen Sie das Bauteil (WelleBiegTorsion.sldprt).

2. Weisen Sie das Material zu (unlegierter Baustahl).

3. Definieren Sie die Feste Einspannung.

4. Definieren Sie die Kraft $F = 200\ \text{N}$.

5. Wenden Sie eine Vernetzungssteuerung mit Elementgröße ca. $3{,}25\ \text{mm}$ auf die Welle (Einspannstelle) an.

6. Vernetzen Sie mit einer Elementgröße $6\ \text{mm}$.

7. Führen Sie die Studie aus und ***Sondieren*** Sie.

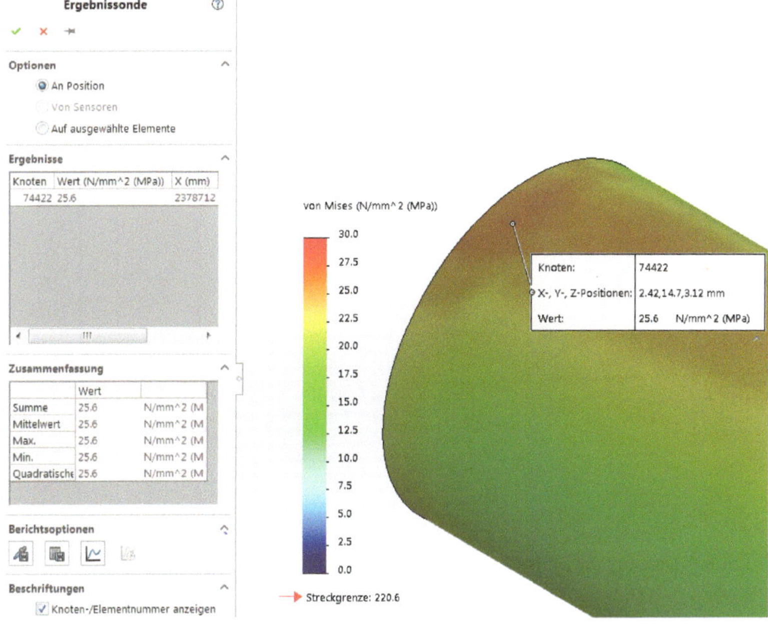

Die sondierte Von-Mises-Spannung beträgt $25{,}6\ \dfrac{\text{N}}{\text{mm}^2}$. Die Abweichung zum berechneten Wert $\sigma_V = 26{,}1\ \dfrac{\text{N}}{\text{mm}^2}$ liegt bei ca. 1,9 %.

3.3 Flachstahl mit Biegung und Biegung

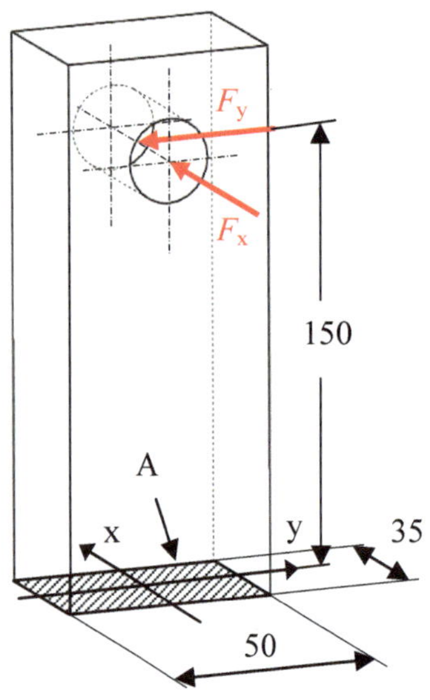

Der links dargestellte Flachstahl (S235) wird durch zwei Kräfte belastet. Die Kräfte betragen $F_x = 2\,750$ N und $F_y = 3\,629$ N. Man berechne in der Querschnittsfläche A die maximale Normalspannung (Schubspannungen vernachlässigbar klein).

Lösung:

Biegung um x-Achse:

$$\sigma_{bx} = \frac{M_{bx}}{W_x} = \frac{F_y \cdot 150 \text{ mm}}{\dfrac{35 \text{ mm} \cdot (50 \text{ mm})^2}{6}} = 37,3 \, \frac{\text{N}}{\text{mm}^2}$$

Biegung um y-Achse:

$$\sigma_{by} = \frac{M_{by}}{W_y} = \frac{F_x \cdot 150 \text{ mm}}{\dfrac{50 \text{ mm} \cdot (35 \text{ mm})^2}{6}} = 40,4 \, \frac{\text{N}}{\text{mm}^2}$$

Die so berechneten Werte kann man sich folgendermaßen vorstellen:

Die Biegespannungen sind Normalspannungen und können einfach addiert bzw. subtrahiert werden. An der Stelle (1) wirkt die resultierende Biegedruckspannung:

$$\sigma_{resb1} = \sigma_{bx} + \sigma_{by} = 77,7 \, \frac{\text{N}}{\text{mm}^2} \text{ An}$$

der Stelle (2) die resultierende Biegezugspannung:

$$\sigma_{resb2} = \sigma_{by} - \sigma_{bx} = 3,1 \, \frac{\text{N}}{\text{mm}^2}$$

An der Stelle (3) die resultierende Biegedruckspannung:

$$\sigma_{resb3} = \sigma_{by} - \sigma_{bx} = 3,1 \, \frac{\text{N}}{\text{mm}^2}$$

Und an der Stelle (4) die resultierende Biegezugspannung:

$$\sigma_{resb4} = \sigma_{bx} + \sigma_{by} = 77,7 \, \frac{\text{N}}{\text{mm}^2}$$

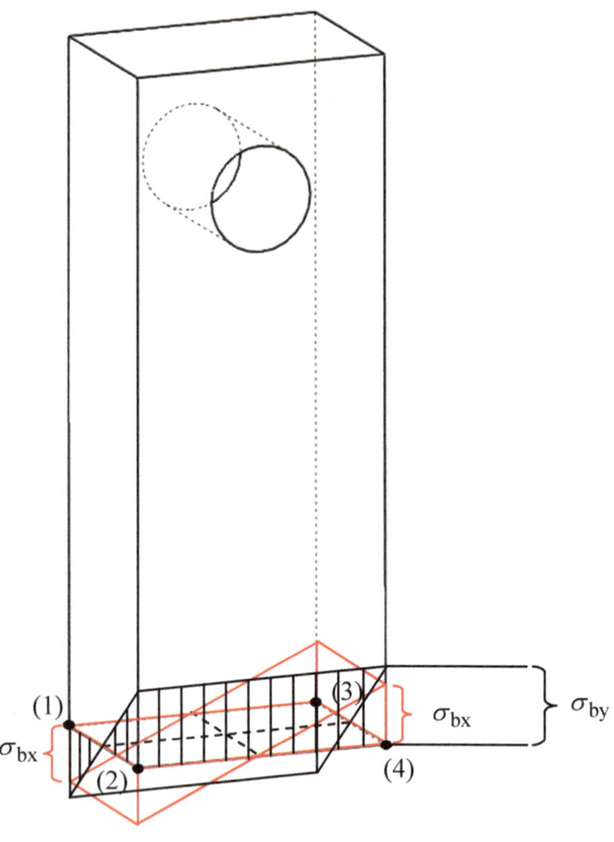

Jetzt folgt die ***FEM-Analyse*** zu dieser Aufgabe:

1. Öffnen Sie das Bauteil (FlachstahlBiegBieg.sldprt).

2. Weisen Sie das Material zu (unlegierter Baustahl).

3. Definieren Sie die Feste Einspannung.

4. Definieren Sie die Kräfte F_x = 2 750 N und F_y = 3 629 N.

5. Vernetzen Sie mit Elementgröße 3 mm.

6. Führen Sie die Studie aus.

7. Interpretation der Ergebnisse:

   Im nebenstehenden Bild sieht man die Spannungsverteilung im gesamten Flachstahl. Mit ***Sondieren*** misst man die Von-Mises-Spannungswerte an den Stellen (1)–(4). Da die feste Einspannung unendlich starr ist und an den scharfen Kanten Spannungssingularitäten auftreten, dürfen die Werte nicht unmittelbar an der Ecke des Flachstahls sondiert werden. Beim Messen von Spannungswerten ***An Position*** können nur vorhandene Knotenpunkte gewählt werden.

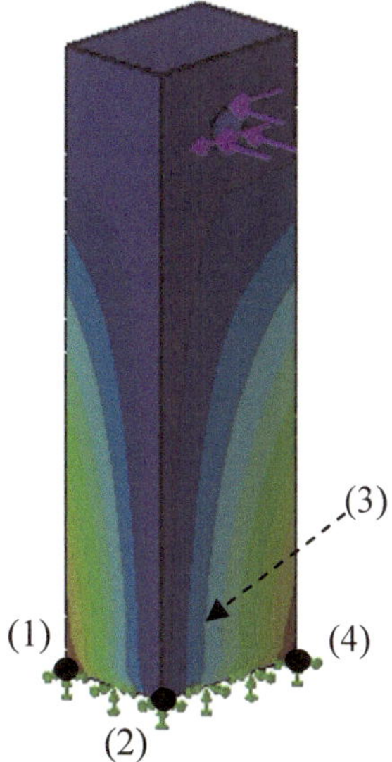

Weiter unten wird gezeigt, wie man die Spannungswerte von ganzen Elementen bestimmt.

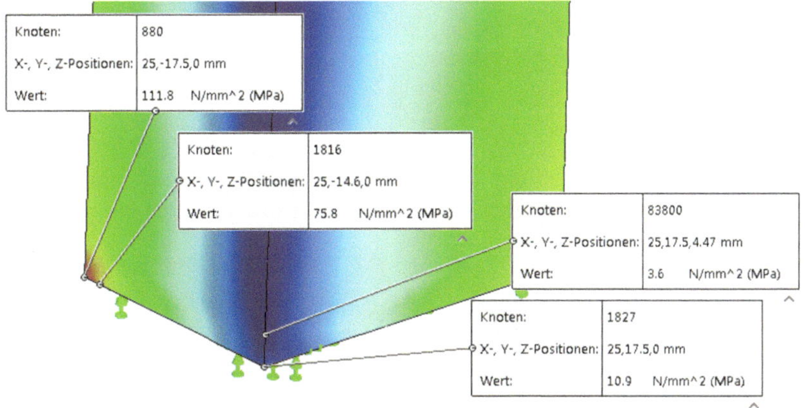

In der Nähe von Stelle (1) findet man z. B. den Wert $75{,}8\,\dfrac{\text{N}}{\text{mm}^2}$, welcher dem analytischen Wert $77{,}7\,\dfrac{\text{N}}{\text{mm}^2}$ ziemlich nahe kommt. Der Spannungswert $111{,}8\,\dfrac{\text{N}}{\text{mm}^2}$ im Eckpunkt darf nicht berücksichtigt werden (Spannungssingularität). Dasselbe gilt für die Stelle (2). Auch die Werte an den Stellen (3) und (4) stimmen gut überein.

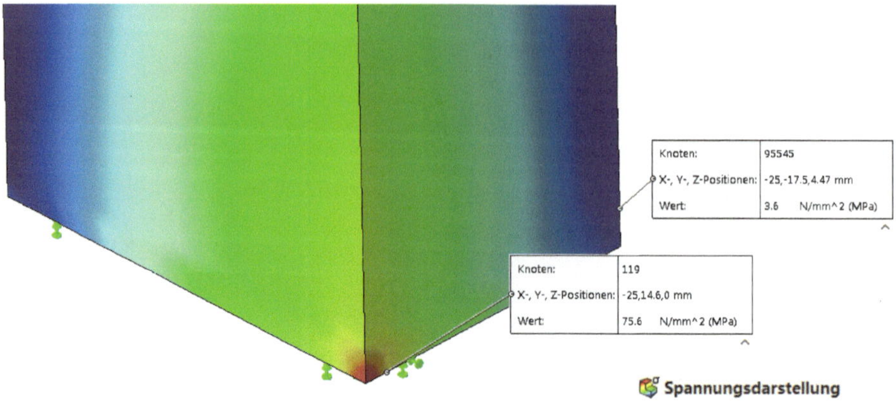

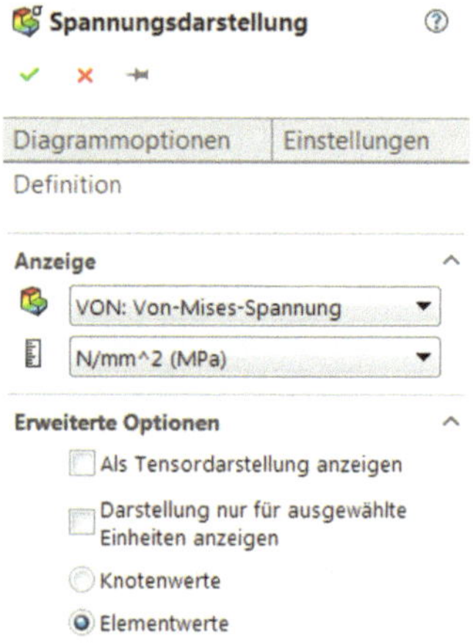

Nun kann man mit Rechtsklick auf *Spannung1-Definition bearbeiten* unter Erweiterte Optionen *Elementwerte* aktivieren.

Die Spannungsdarstellung sieht dann bei Stelle (1) folgendermaßen aus. Beim Sondieren werden Mittelwerte der Von-Mises-Spannung pro Element angezeigt.

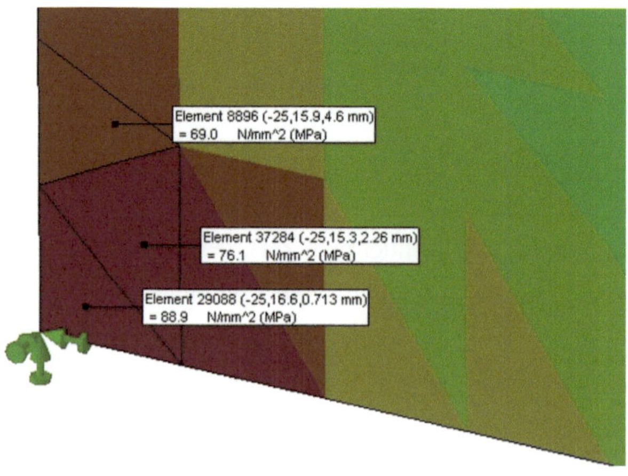

3.4 Kurbelwange mit Biegung, Druck, Abscheren und Torsion

Die unten dargestellte Kurbelwange aus S235 wird durch die Kraft $F = 20\,000$ N unter einem Winkel $\alpha = 60°$ zur Horizontalen belastet. Bestimmen Sie die Von-Mises-Vergleichsspannung in der Querschnittsfläche A an den Stellen 1–4.

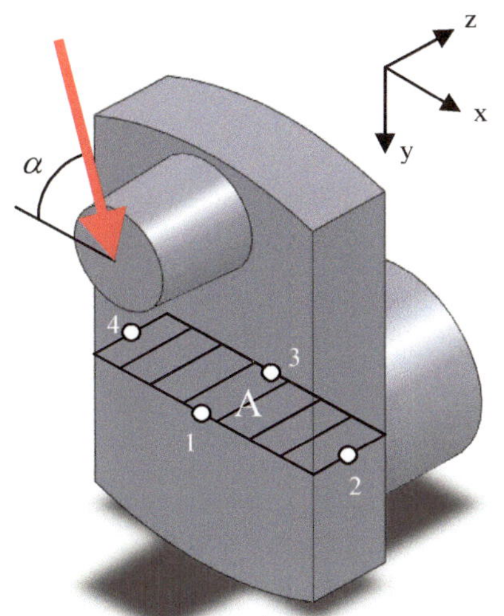

Lösung:

$$F_\text{y} = F \cdot \sin\alpha = 17\,320,5\ \text{N}$$

$$F_\text{x} = F \cdot \cos\alpha = 10\,000\ \text{N}$$

Es wirken im Querschnitt A:

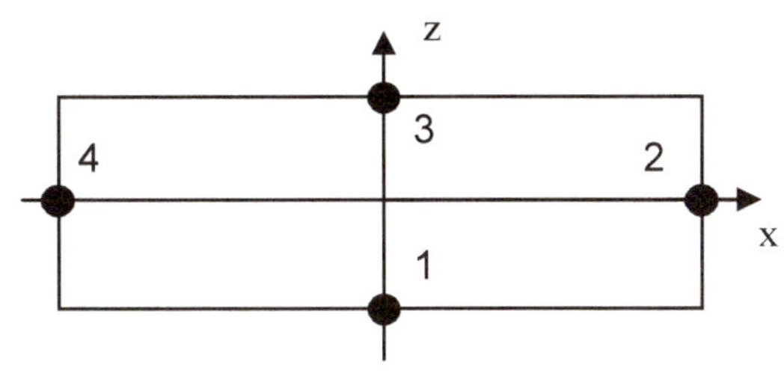

a) Normalkraft F_y $\rightarrow$ Druckspannung σ_d

b) Querkraft F_x $\rightarrow$ Abscherspannung τ_a

c) Biegemoment $M_\text{bx} = F_\text{y} \cdot 50\ \text{mm}$ $\rightarrow$ Biegespannung $\sigma_\text{b2-4}$

d) Biegemoment $M_{bz} = F_x \cdot 60\ \text{mm}$ $\rightarrow$ Biegespannung $\sigma_\text{b1-3}$

e) Torsionsmoment $M_\text{t} = F_\text{x} \cdot 50\ \text{mm}$ $\rightarrow$ Torsionsspannung τ_t

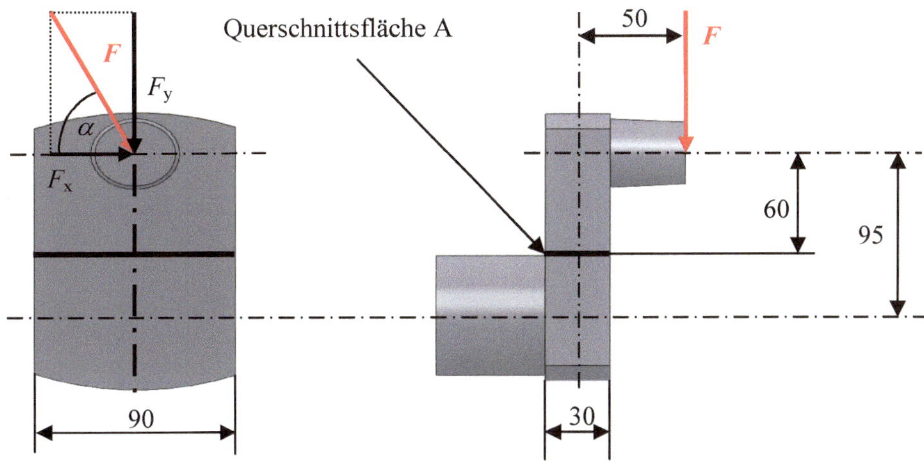

Es werden nun alle Spannungen einzeln berechnet und anschließend mit der Festigkeitshypothese nach Von-Mises zu einer Vergleichsspannung zusammengefasst.

a) Druckspannung
$$\sigma_{\mathrm{d}} = \frac{F_{\mathrm{y}}}{A} = \frac{17\,320{,}5\ \mathrm{N}}{90\ \mathrm{mm} \cdot 30\ \mathrm{mm}} = 6{,}4\ \frac{\mathrm{N}}{\mathrm{mm}^2}$$

b) Abscherspannung
$$\tau_{\mathrm{a}} = \frac{F_{\mathrm{x}}}{A} = \frac{10\,000\ \mathrm{N}}{90\ \mathrm{mm} \cdot 30\ \mathrm{mm}} = 3{,}7\ \frac{\mathrm{N}}{\mathrm{mm}^2}$$

Hier handelt es sich um die Nennspannung. In der Literatur findet man für den den Rechteck-querschnitt die Formel:

$$\tau_{\mathrm{amax}} = \frac{3}{2} \cdot \tau_{\mathrm{a}} = 5{,}6\ \frac{\mathrm{N}}{\mathrm{mm}^2}$$

Diese wirkt an den Stellen 1 und 3.

c) Biegespannung Stellen 2 und 4
$$\sigma_{\mathrm{b2-4}} = \frac{M_{\mathrm{bx}}}{W_{\mathrm{x}}} = \frac{F_{\mathrm{y}} \cdot 50\ \mathrm{mm}}{\dfrac{90\ \mathrm{mm} \cdot (30\ \mathrm{mm})^2}{6}} = 64{,}2\ \frac{\mathrm{N}}{\mathrm{mm}^2}$$

d) Biegespannung Stellen 1 und 3
$$\sigma_{\mathrm{b1-3}} = \frac{M_{\mathrm{bz}}}{W_{\mathrm{z}}} = \frac{F_{\mathrm{x}} \cdot 60\ \mathrm{mm}}{\dfrac{30\ \mathrm{mm} \cdot (90\ \mathrm{mm})^2}{6}} = 14{,}8\ \frac{\mathrm{N}}{\mathrm{mm}^2}$$

e) Torsionsspannung:

Zuerst berechnen wir das Widerstandsmoment nach [1]:
$$\frac{h}{b} = \frac{90\ \mathrm{mm}}{30\ \mathrm{mm}} = 3$$

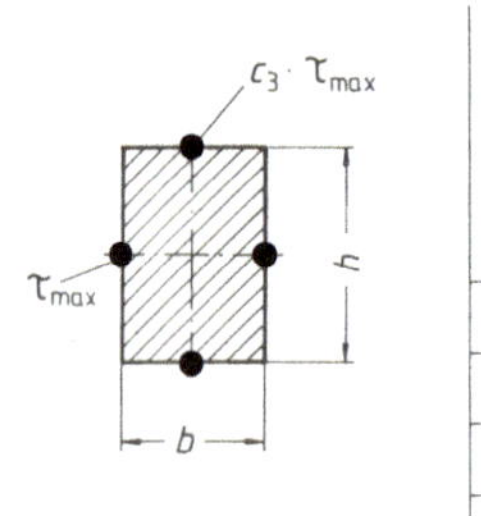

I_t

$c_1 h b^2$

W_t

$c_2 h b^2$

Voraussetzung : $h/b \geq 1$

$\tau = 0$ in den Ecken

h/b	1,0	1,5	2,0	3,0	4,0	6,0	8,0	10,0	∞
c_1	0,141	0,196	0,229	0,263	0,281	0,298	0,307	0,312	0,333
c_2	0,208	0,231	0,246	0,267	0,282	0,299	0,307	0,312	0,333
c_3	1,0	0,858	0,796	0,753	0,745	0,743	0,743	0,743	0,743

Widerstandsmoment
$$W_{\mathrm{t1-3}} = c_2 \cdot h \cdot b^2 = 0.267 \cdot 90\ \mathrm{mm} \cdot (30\ \mathrm{mm})^2 = 21\,627\ \mathrm{mm}^3$$

Torsionsspannungen an Stellen 1 und 3
$$\tau_{\max} = \tau_{\mathrm{t1-3}} = \frac{M_{\mathrm{t}}}{W_{\mathrm{p}}} = \frac{F_{\mathrm{x}} \cdot 50\ \mathrm{mm}}{21\,627\ \mathrm{mm}^3} = 23{,}1\ \frac{\mathrm{N}}{\mathrm{mm}^2}$$

Torsionsspannungen an Stellen 2 und 4
$$\tau_{\mathrm{t2-4}} = c_3 \cdot \tau_{\mathrm{1-3}} = 0.753 \cdot 23.1\ \frac{\mathrm{N}}{\mathrm{mm}^2} = 17{,}4\ \frac{\mathrm{N}}{\mathrm{mm}^2}$$

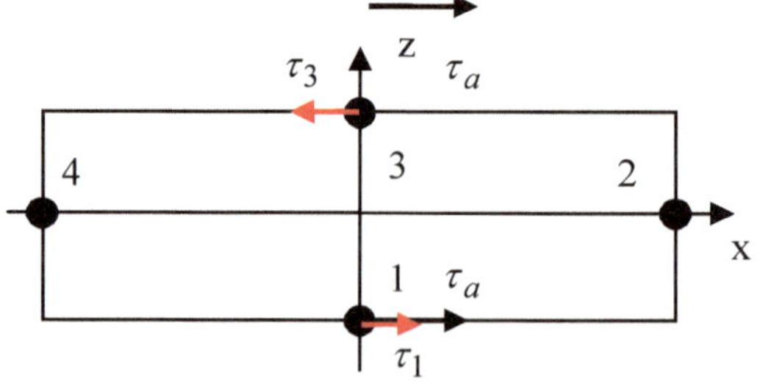

Aus den oben berechneten Spannungswerten können nun die Vergleichsspannungen nach Von-Mises an den Stellen 1–4 berechnet werden (Beachte: Druckspannungen mit Minus)!

z. B. Stelle 1: $\sigma_V = \sqrt{{\sigma_{res}}^2 + 3 \cdot {\tau_{res}}^2} = \sqrt{(\sigma_b + \sigma_d)^2 + 3 \cdot (\tau_{t1-3} + \tau_a)^2}$

$$\sigma_V = \sqrt{\left(-6,4\,\frac{N}{mm^2} - 64,2\,\frac{N}{mm^2}\right)^2 + 3 \cdot \left(23,1\,\frac{N}{mm^2} + 5,6\,\frac{N}{mm^2}\right)^2} = 86\,\frac{N}{mm^2}$$

Alle Werte in einer Tabelle zusammengestellt:

Stelle	Druck-spannung σ_d in $\frac{N}{mm^2}$	Biegespannung σ_b in $\frac{N}{mm^2}$	Torsions-spannung τ_t in $\frac{N}{mm^2}$	Abscher-spannung τ_a in $\frac{N}{mm^2}$	Vergleichs-spannung σ_V in $\frac{N}{mm^2}$
1	−6,4	−64,2	23,1	5,6	86
2	−6,4	−14,8	17,4	0	37
3	−6,4	64,2	−23,1	5,6	65
4	−6,4	14,8	17,4	0	31

FEM-Analyse:

1. Öffnen Sie das Bauteil (Kurbelwange.sldprt).
2. Weisen Sie das Material zu (unlegierter Baustahl).
3. Definieren Sie eine Feste Einspannung.
4. Definieren Sie die Kraft $F = 20$ kN.

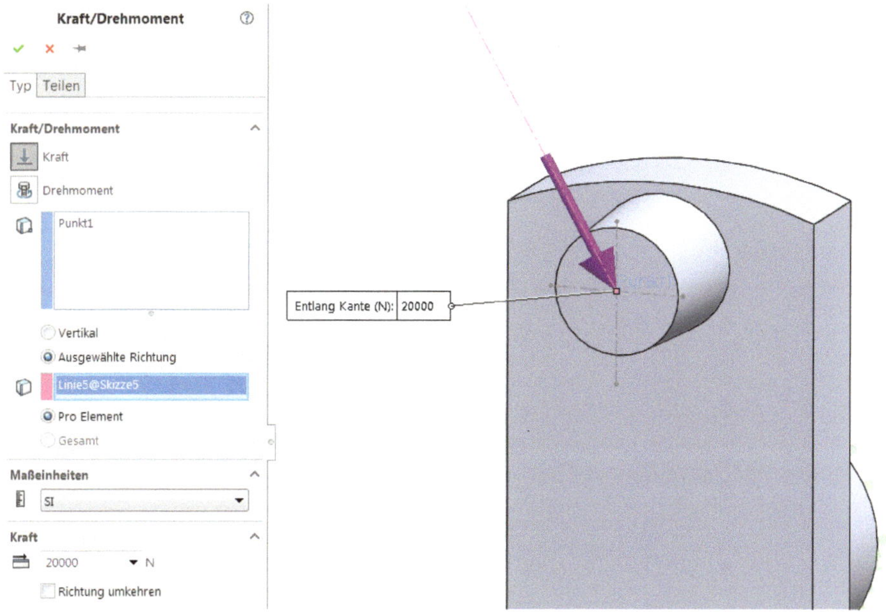

5. Vernetzen Sie mit Elementgröße 4 mm.

6. Führen Sie die Studie aus.

So sieht das Spannungsergebnis aus. Uns interessieren die Spannungen in der Querschnittsfläche A.

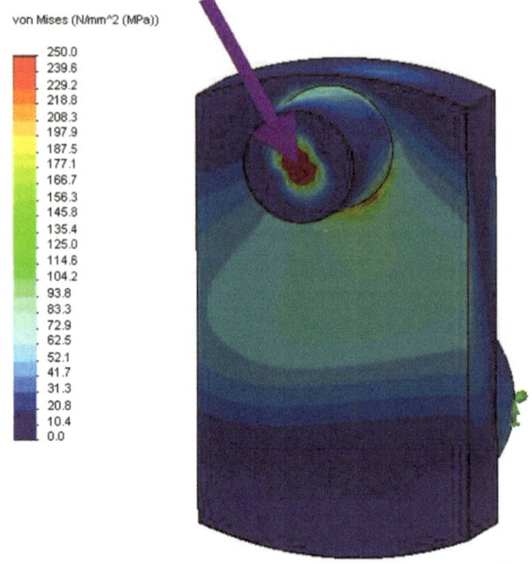

Bei den hohen Spannungen am Kraftangriffspunkt handelt es sich um Spannungssingularitäten. Sie sind nicht weiter von Bedeutung. Klicken Sie dazu mit der rechten Maustaste auf **Spannung 1** und wählen Sie **Profil-Clipping**. Wählen Sie die **Ebene 2** bei Profil 1.

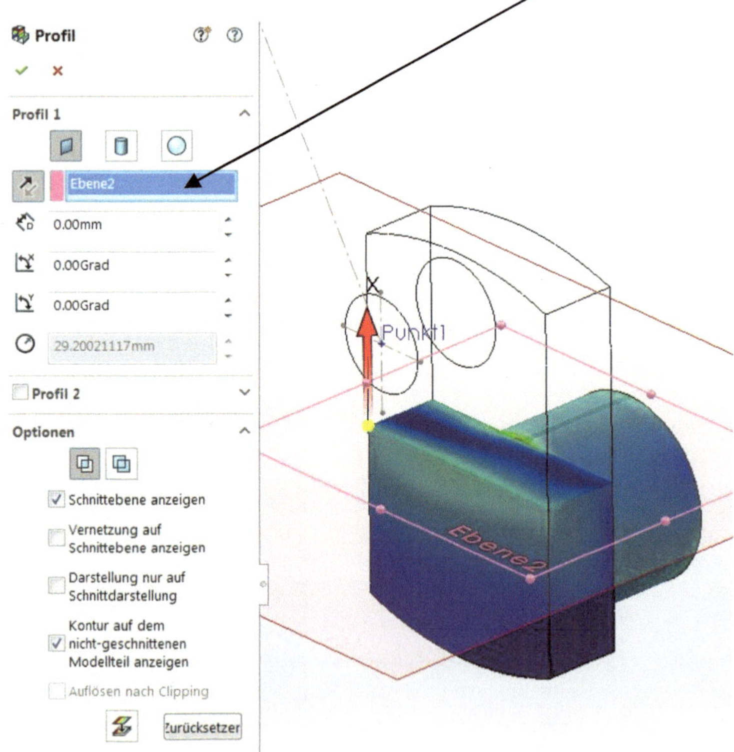

Anschließend *Sondieren* Sie ungefähr die vier Punkte 1–4.

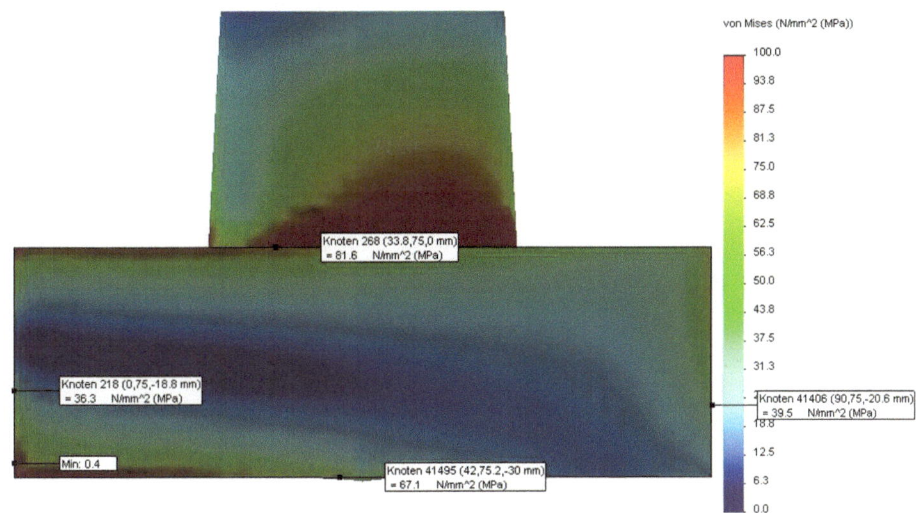

Bei den oben berechneten Werten handelt es sich um Nennspannungen. Bei deren Berechnungen werden gewisse Einflüsse nicht berücksichtigt. Beim Sondieren wird gezeigt, dass es in der Nähe der berechneten Stellen 1-4 in der Simulation Spannungswerte gibt, die einigermaßen übereinstimmen.

Berechnete und simulierte Werte in einer Tabelle gegenübergestellt:

Stelle	Berechneter Wert Vergleichsspannung σ_V in $\frac{N}{mm^2}$	Simulierter Wert Von-Mises-Spannung in $\frac{N}{mm^2}$	Abweichung in %
1	86	82	4,7
2	37	39	5,4
3	65	67	3
4	31	36	16

3.5 Übungen

1. Das z-förmig gebogene Blech (S235) ist links angeschweißt und wird rechts mit der Kraft
    $F = 900\ \mathrm{N}$ belastet. Wie groß sind die Spannungen in den Schnitten x-x, y-y und z-z am
    skizzierten Blech? Vergleichen Sie die analytischen Werte mit den Simulationswerten.

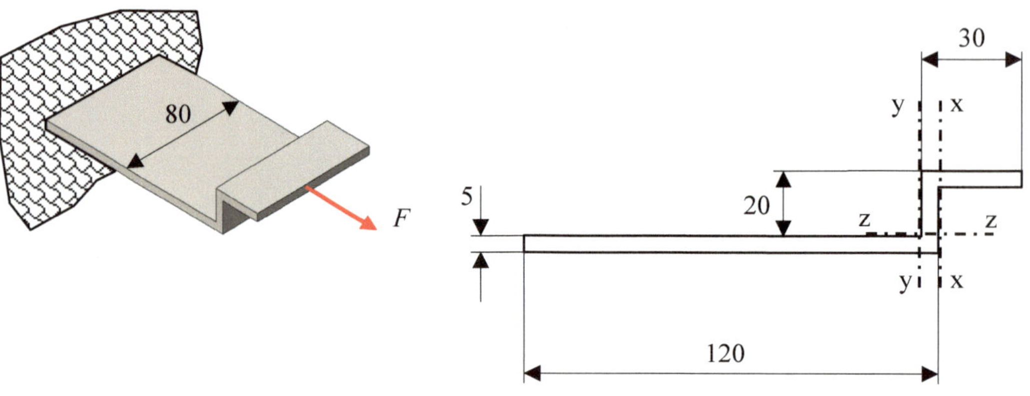

2. Ein Kurbelzapfen (C40E Vergütungsstahl) wird nach Skizze durch $F = 8\ \mathrm{kN}$ belastet. Wie
    groß sind die Spannungen im Schnitt x-x (Abscherspannung vernachlässigen)? Verglei-
    chen Sie die analytischen Werte mit den Simulationswerten.

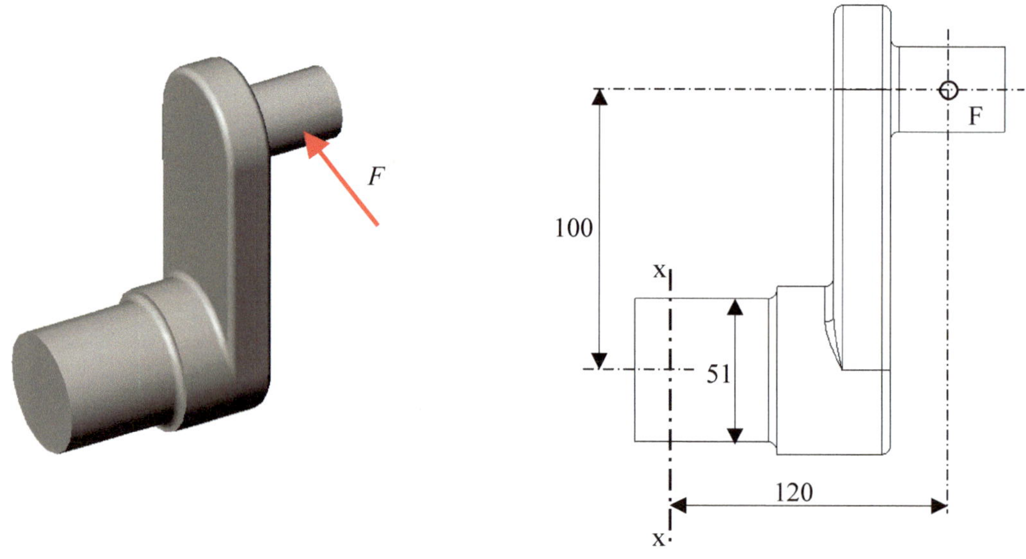

4 Fachwerke

Fachwerke sind Tragwerke, die aus gelenkig miteinander verbundenen Stäben bestehen. Die Gelenkpunkte, an denen die Stäbe eines Fachwerks zusammenstoßen, heißen Knoten. Bei den manuellen Berechnungsverfahren zur Bestimmung der Stabkräfte geht man von folgenden Idealisierungen aus:

- Die Knoten bestehen aus reibungsfreien Gelenken. Der somit beidseitig gelenkig gelagerte Stab, kann nur eine Zug- bzw. Druckkraft übertragen und keine Momente.

- Das Fachwerk wird nur über die Knoten belastet.

Diese beiden Vorraussetzungen sind praktisch aber nicht erfüllbar, weil die Stäbe in Knoten verschweißt oder verschraubt sind und weil die Stäbe ein Eigengewicht besitzen.

Die Untersuchung der Festigkeit und der Stabilität von Fachwerken ist ein Teilgebiet der Festigkeitslehre. Für die Stäbe eines Fachwerkes können beliebige Profile eingesetzt werden. Sie werden z. B. für Brücken, Kräne, Dachbinder und Gerüste eingesetzt. Ihr Vorteil ist der im Gegensatz zu Vollwandträgern geringere Materialaufwand und die leichtere Bauweise. Demgegenüber steht aber eine arbeitsintensivere Fertigung. In diesem Kapitel wird gezeigt, wie man mit *SolidWorks Simulation* die Stabkräfte eines ebenen Fachwerkes berechnen kann.

4.1 Beispiel Fachwerkberechnung

Das skizzierte Fachwerk wird durch die Kräfte $F_1 = F_3 = 4\ kN$ und $F_2 = 8\ kN$ belastet. Man berechne die Stabkräfte 1 bis 5 (mit Angabe von Druck- oder Zugkraft). Die Berechnungen sollen mit einer Simulation überprüft werden.

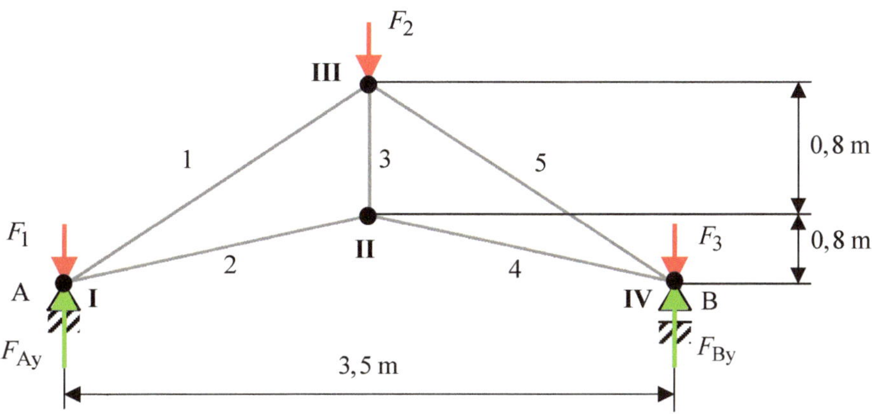

Lösung:

Zuerst müssen die Lagerkräfte berechnet werden. Das Festlager A wird nur vertikal belastet. Es reichen deshalb zwei Gleichgewichtsbedingungen, um F_{Ay} und F_{By} zu berechnen:

$$\sum F_y = 0 = F_{Ay} + F_{By} - F_1 - F_2 - F_3 \qquad \sum M_A = 0 = F_{By} \cdot 3{,}5\,\text{m} - F_2 \cdot 1.75\,\text{m} - F_3 \cdot 3{,}5\,\text{m}$$

Man erhält für die Lagerkräfte $F_{Ay} = F_{By} = 8\,\text{kN}$.

Für die Berechnung der Stabkräfte wird das Kotenpunktverfahren angewendet. Im obigen Fachwerk gibt es die Knotenpunkte I – IV. An jedem Knoten wirkt ein zentrales Kräftesystem. Wir beginnen mit dem **Knoten I**. Die noch unbekannten Stabkräfte S_1 und S_2 zeichnen wir als Zugkräfte ein (Annahme!). Dann stellen wir die Gleichgewichtsbedingungen auf und berechnen die beiden Stabkräfte. Zuerst müssen aber noch die Winkel bestimmt werden.

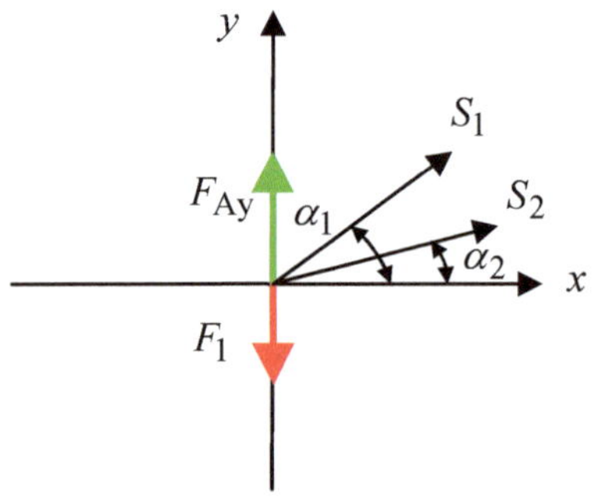

$$\alpha_1 = \arctan\left(\frac{1{,}2\ \text{m}}{1{,}75\ \text{m}}\right) = 34{,}4°$$

$$\alpha_2 = \arctan\left(\frac{0{,}4\ \text{m}}{1{,}75\ \text{m}}\right) = 12{,}9°$$

$$\sum F_{x} = 0 = S_1 \cdot \cos\alpha_1 + S_2 \cdot \cos\alpha_2$$

$$\sum F_{y} = 0 = F_{Ay} + S_1 \cdot \sin\alpha_1 + S_2 \cdot \sin\alpha_2 - F_1$$

Die Stabkräfte betragen $S_1 = -10{,}61\,\text{kN}$ und $S_2 = 8{,}98\,\text{kN}$.

Das Minus bei der Stabkraft 1 deutet darauf hin, dass es sich hier um eine Druckkraft handelt.

Knoten II:

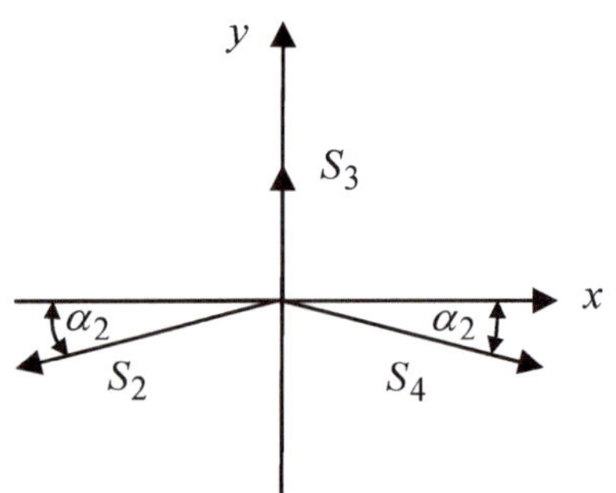

$$\sum F_{x} = 0 = S_4 \cdot \cos\alpha_2 - S_2 \cdot \cos\alpha_2$$

$$\sum F_{y} = 0 = S_3 - S_2 \cdot \sin\alpha_2 - S_4 \cdot \sin\alpha_2$$

$$S_3 = 4\,\text{kN} \quad \text{und} \quad S_4 = 8{,}98\,\text{kN}$$

Aus Symmetriegründen ist die Stabkraft 5 gleich groß wie die Stabkraft 1.

Zusammenstellung der Stabkräfte:

Stab	Zug [kN]	Druck [kN]
1		10,61
2	8,98	
3	4,00	
4	8,98	
5		10,61

Möchte man diese Aufgabenstellung mit einer Simulation überprüfen, muss man zuerst ein CAD-Modell des Fachwerkes erstellen. Es werden dann Balken- bzw. Stabelemente zur Vernetzung verwendet, um eine FEM-Analyse durchzuführen. Gehen Sie nun wie folgt vor:

1. Erstellen Sie mit SolidWorks ein neues Teil und speichern Sie es als *Fachwerk1.sldprt* ab.

2. Erstellen Sie auf der *Ebene vorne* eine neue Skizze mit den obigen Abmessungen.

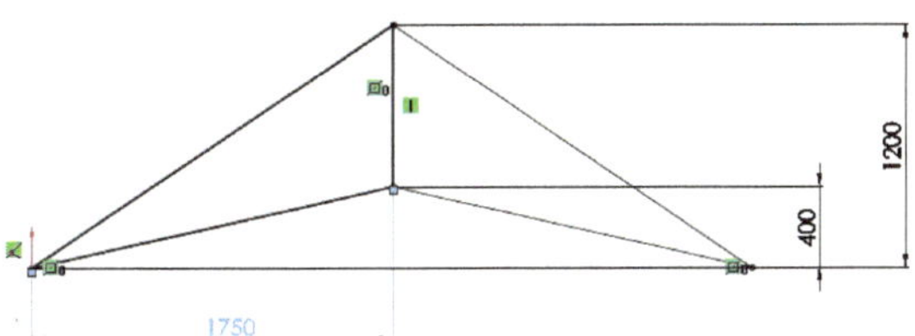

3. Um eine Studie erstellen zu können, muss ein Volumenkörper vorhanden sein. Fügen Sie ein Strukturbauteil ein. Wählen Sie zum Beispiel ein ISO-quadratisches Hohlprofil $20 \times 20 \times 2$.

   Sie müssen alle Linien der Skizze einzeln anwählen. Beginnen Sie links mit den Stäben 1-2-4-5. Wählen Sie dann *Neue Gruppe*. Dann können Sie auch noch Stab 3 wählen. Wählen Sie bei Eckenbehandlung auf Endgehrung und bestätigen Sie.

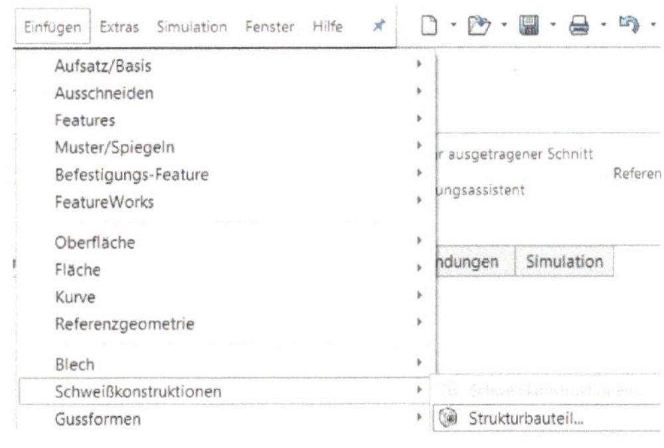

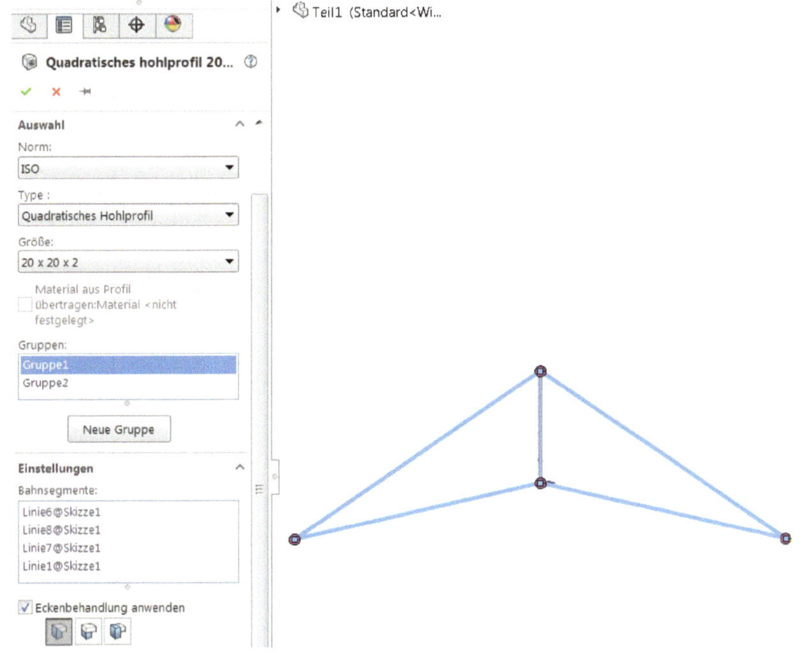

Das Fachwerk ist somit erstellt. Es handelt sich hier um ein so genanntes Mehrkörperteil (Strukturbauteil 1-5).

4. Erstellen Sie eine neue Studie. Weisen Sie das Material *Unlegierter Baustahl* zu. Es wurden automatisch Balkenelemente für sämtliche Strukturbauteile gewählt. Diese Einstellung könnte mit Rechtsklick auf z. B. *Volumenkörper1* und wählen von *Als Volumenkörper behandeln…* wieder geändert werden. Doch für diese Simulation nehmen wir Balkenelemente.

5. Jetzt werden die Verbindungen zwischen den Balken definiert. Klicken Sie dazu mit Rechtsklick auf *Verbindungsgruppe-Bearbeiten*. Aktivieren Sie *Alle* und lassen dann berechnen. Bei den Ergebnissen sind alle aktivierten Verbindungen (Knoten) erstellt worden.

6. Definieren Sie das Festlager A. Wählen sie dazu mit Rechtsklick auf *Einspannungen* und *Fixierte Geometrie*. Im Menü nehmen Sie die unten dargestellten Einstellungen vor.

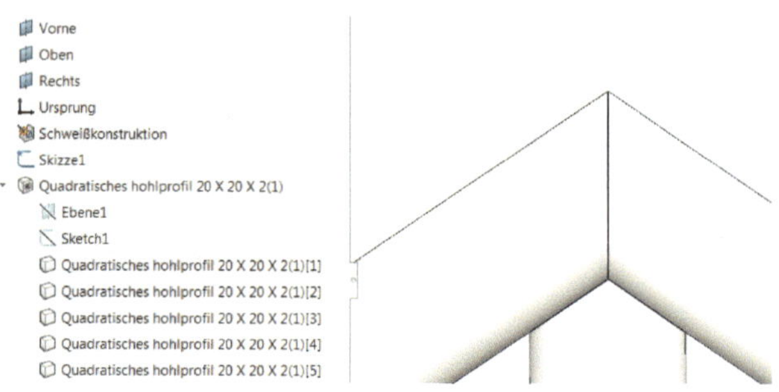

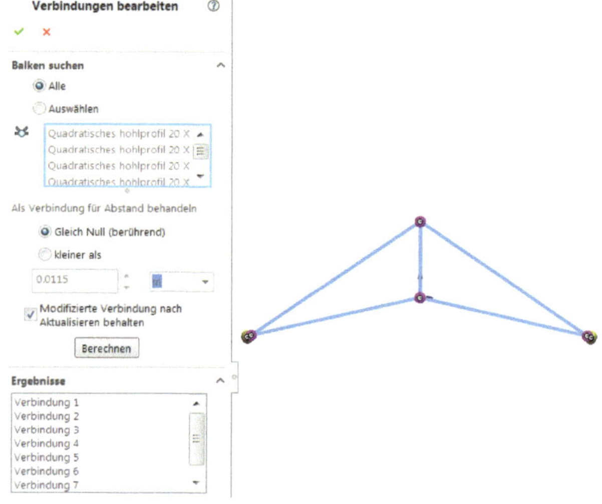

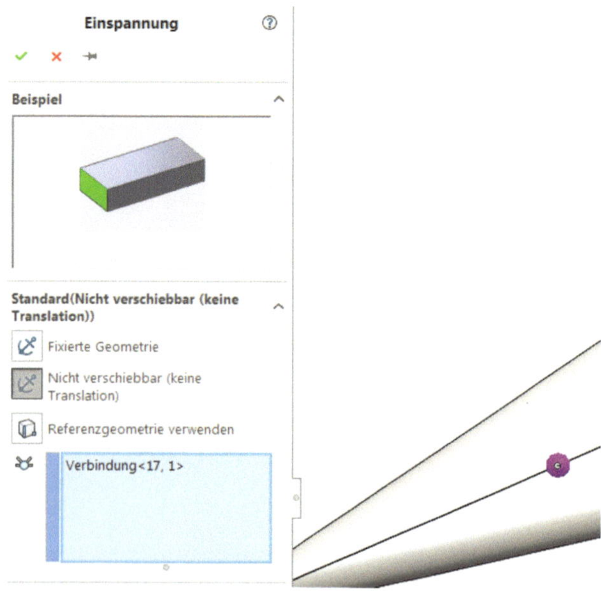

7. Definieren Sie das Loslager B. Wählen Sie dazu wieder mit Rechtsklick auf *Einspannungen* und *Fixierte Geometrie*. Aktivieren Sie im Menü *Referenzgeometrie verwenden*. Nach Wahl des Knotens für Lager B und der Ebene oben, setzen Sie die dargestellten Translationen auf Null. Natürlich kann man auch eine andere Ebene wählen. Es müssen nur die richtigen Translationen auf Null gesetzt werden. Das heißt: eine Verschiebung in x-Richtung muss auf jeden Fall möglich sein. Zudem sollten die Rotationen um die x- und die y-Achse Null gesetzt werden.

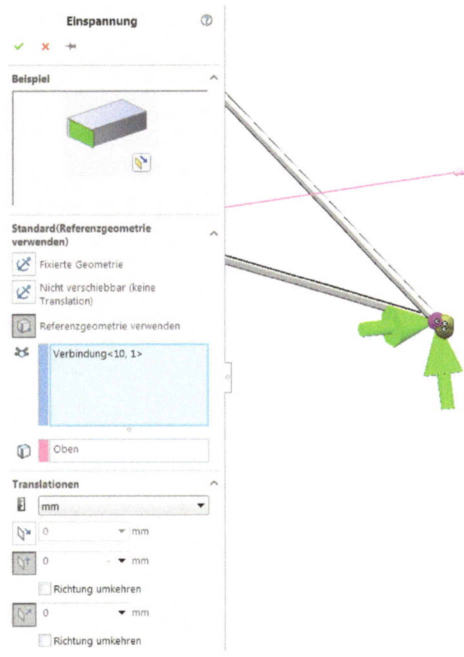

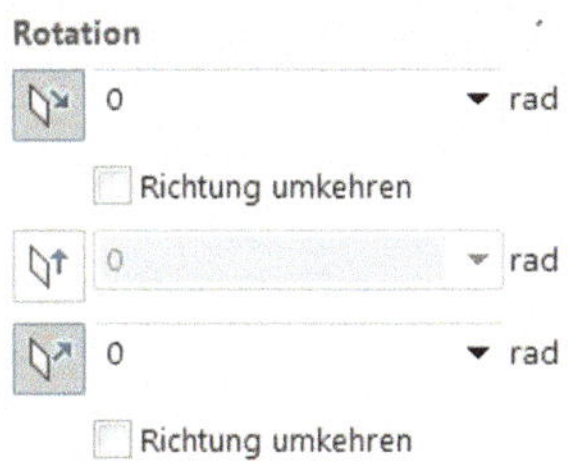

8. Nun zu den Lastdefinitionen. Mit Rechtsklick auf *Externe Lasten* und *Kraft* können Sie z. B. die Kraft $F_2 = 8\ kN$ am obersten Knoten definieren.

Dazu müssen Sie die links dargestellten Einstellungen vornehmen. Beachten Sie auch die Symboleinstellungen. Mit diesen kann man die Pfeilgröße und die Farbe der Pfeile verändern.

Für die anderen beiden Kräfte gehen Sie gleich vor. Wenn alle Randbedingungen (Lager und Lasten) definiert sind, sieht das Modell folgendermaßen aus:

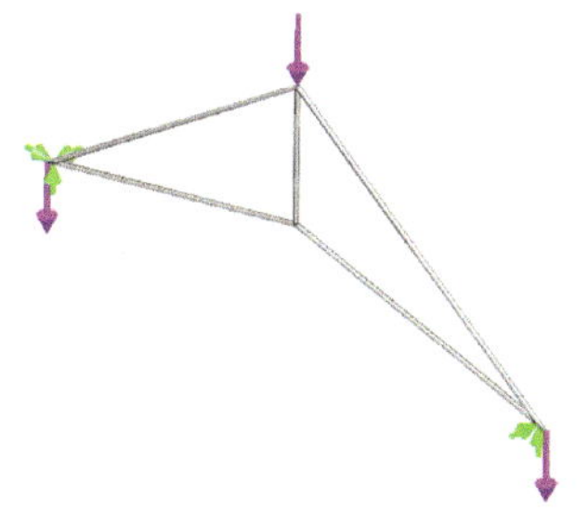

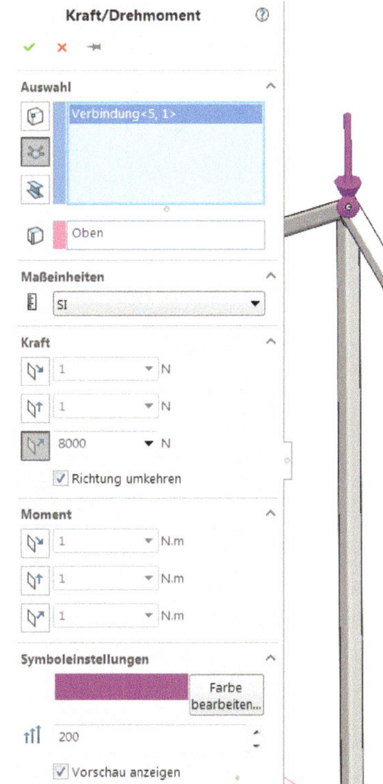

9. Erstellen Sie das Netz und führen die Studie aus. Mit Rechtsklick auf *Spannung1* kann man unter ***Definition bearbeiten*** folgende Einstellungen vornehmen und als Ergebnis sieht man:

10. Es gibt nun verschiedene Möglichkeiten, die Stabkräfte zu ermitteln. Für die erste Möglichkeit lassen Sie die *Spannung1* darstellen und ***sondieren*** die axialen Spannungswerte:

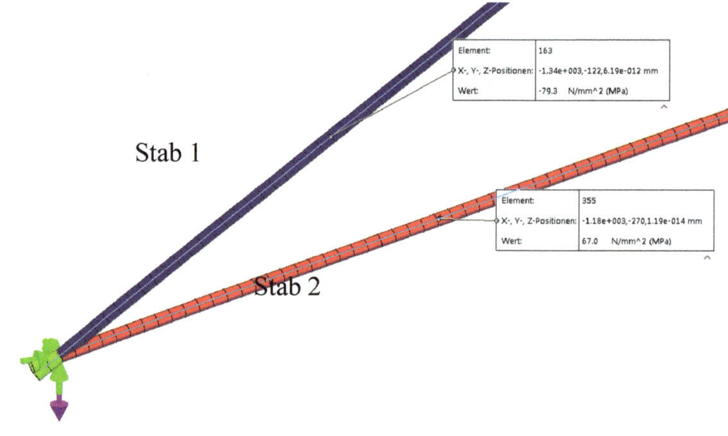

Die Querschnittsfläche des Profils beträgt $133{,}7\,\text{mm}^2$ (gemessen!). Aus dieser Fläche und den sondierten Spannungswerten können die Stabkräfte berechnet werden:

Stab 1:
$$S_1 = -79.3\,\frac{\text{N}}{\text{mm}^2} \cdot 133{,}7\,\text{mm}^2 = -10\,602\,\text{N}$$

(das Minus deutet auf Druckkraft hin)

Stab 2:
$$S_2 = 67\,\frac{\text{N}}{\text{mm}^2} \cdot 133{,}7\,\text{mm}^2 = 8\,958\,\text{N} \quad (\text{Zugkraft})$$

Diese Werte stimmen gut mit den „von Hand" berechneten Werten überein.

Eine andere Möglichkeit: Mit Rechtsklick auf *Ergebnisse* und *Balkenkräfte auflisten* wählen, Kräfte aktivieren und bestätigen. Es werden alle Kräfte für jeden Balken und jedes Element aufgelistet.

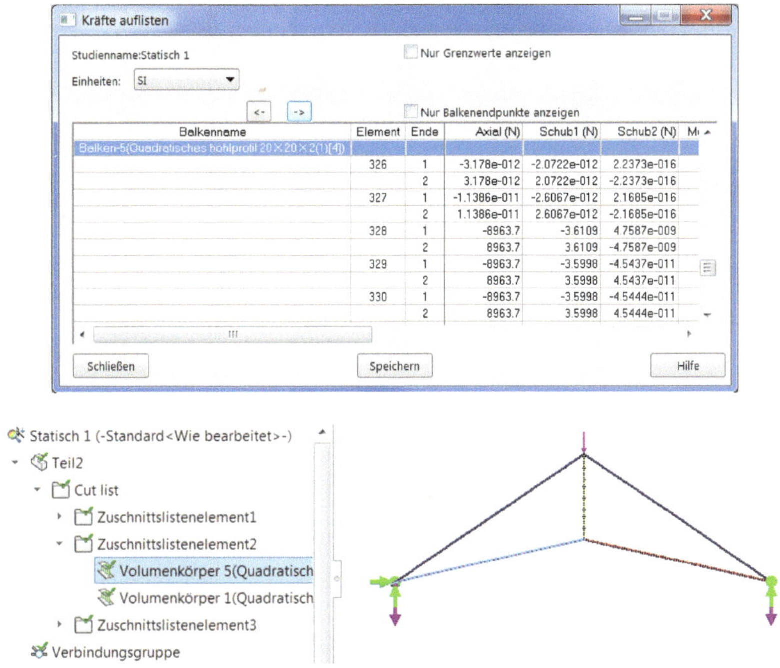

Der Volumenkörper 1 entspricht dem Stab 2. Der Kräfteauflistung entnimmt man eine axiale Kraft 8 963,7 N . Auch dieser Wert stimmt gut mit dem anfangs berechneten Wert von $S_2 = 8,98\,kN$ überein.

11. Auch die Verformungen kann man einfach ablesen: Mit Rechtsklick auf *Verschiebung 1* und *Anzeigen* wählen ergibt diese Darstellung:

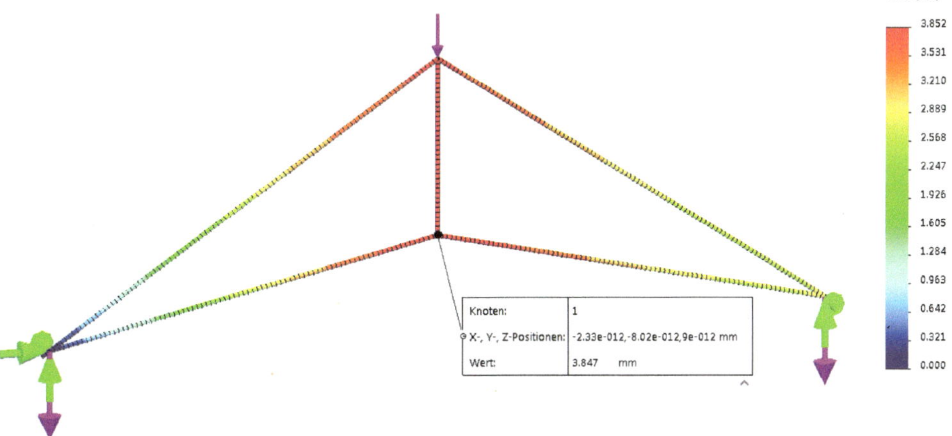

Beim sondierten Punkt ist z. B. mit einer Verformung von 3,85 mm zu rechnen.

12. Es können auch diverse Balkendiagramme für das ganze Fachwerk oder einzelne Stäbe dargestellt werden. Hier gibt es sogar eine weitere Möglichkeit, die Stabkräfte zu bestimmen:

Mit Rechtsklick auf *Ergebnisse* wählen Sie *Balkendiagramme definieren*. Wählen Sie *Axialkraft* und das *Strukturbauteil1*. Zeigen Sie *Schub-Moment-Darstellung (-Axialkraft-)* an und sondieren Sie den Stab 1.

Im Diagramm sieht man, dass die Axialkraft erwartungsgemäß über die gesamte Länge des Stabes 1 konstant bleibt. Und in der Zusammenfassung wird der Wert 10285 N als Mittelwert angegeben. Dies entspricht der Druckkraft im Stab 1. Auch hier eine gute Übereinstimmung.

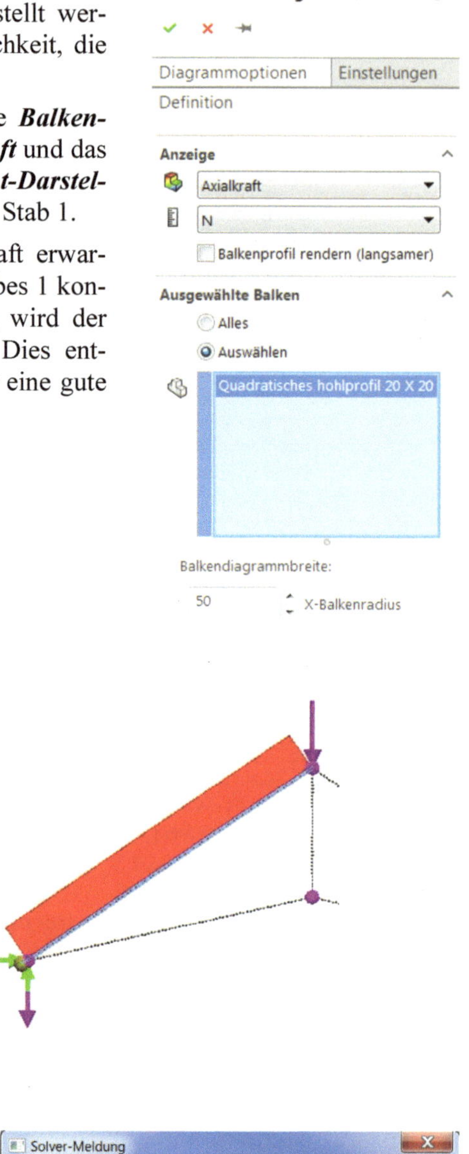

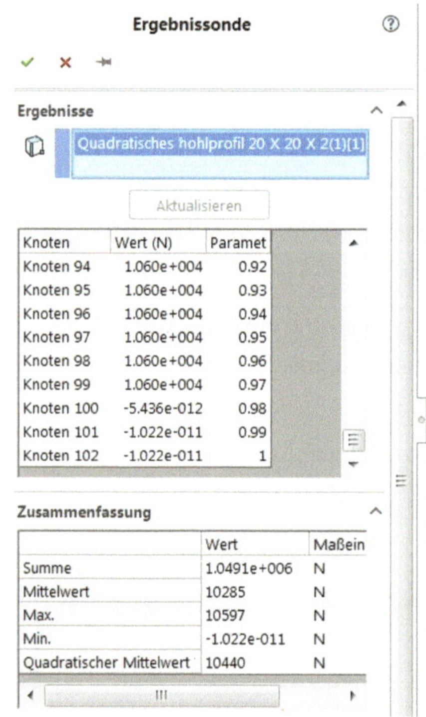

Knoten	Wert (N)	Paramet
Knoten 94	1.060e+004	0.92
Knoten 95	1.060e+004	0.93
Knoten 96	1.060e+004	0.94
Knoten 97	1.060e+004	0.95
Knoten 98	1.060e+004	0.96
Knoten 99	1.060e+004	0.97
Knoten 100	-5.436e-012	0.98
Knoten 101	-1.022e-011	0.99
Knoten 102	-1.022e-011	1

	Wert	Maßein
Summe	1.0491e+006	N
Mittelwert	10285	N
Max.	10597	N
Min.	-1.022e-011	N
Quadratischer Mittelwert	10440	N

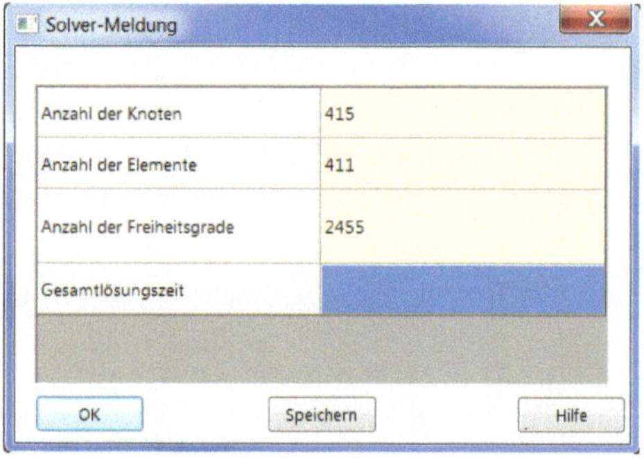

Anzahl der Knoten	415
Anzahl der Elemente	411
Anzahl der Freiheitsgrade	2455
Gesamtlösungszeit	

13. Wenn Sie übrigens Informationen zur Vernetzung, wie z. B. die Anzahl Knoten wissen wollen, können Sie mit Rechtsklick auf *Ergebnisse* und *Solver-Meldung* wählen. So gibt es in diesem Fachwerk z. B. 411 Elemente.

4.2 Übung

Die oberen Knotenpunkte des dargestellten Fachwerkes werden mit je $F = 6\,\text{kN}$ belastet, die Endknoten A und B mit je $\dfrac{F}{2} = 3\,\text{kN}$. Die Stäbe 1, 4, 8 und 11 sind gleich lang. Wie groß sind alle Stabkräfte? Vergleichen Sie die analytisch berechneten Werte mit den Simulationswerten.

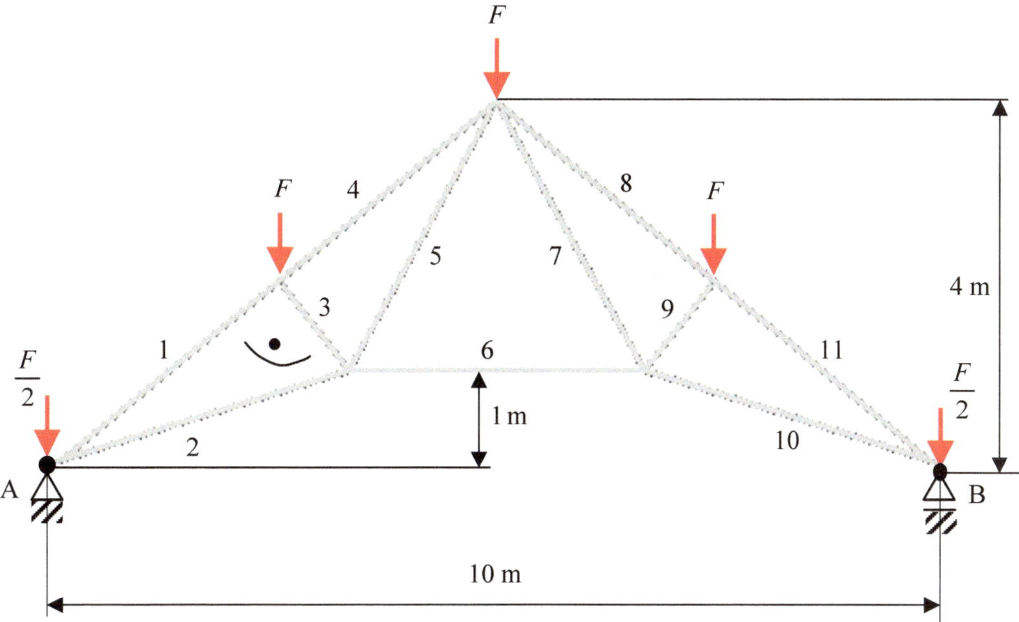

5 Beispiele zur Kerbwirkung

Kerben in Bauteilen führen zu erhöhten Spannungswerten. Typische Kerben an Bauteilen sind geometrische Übergänge, an denen Kräfte und Momente übertragen werden (z. B. Passfedernuten, Bohrungen, Gewinde und Absätze). Die gefährlichsten Kerben sind kleine Risse im Material, die durch Bearbeitungsfehler oder Korrosion entstehen. Materialfehler wie Lunker und nichtmetallische Einschlüsse wirken als innere Kerben. Anhand einfacher Beispiele werden die berechneten Spannungswerte (mit Kerbwirkungszahlen aus der Literatur) mit Spannungswerten der FEM-Simulation verglichen.

5.1 Flachstahl mit symmetrischer Rundkerbe

Der Flachstahl (S235) mit symmetrischer Rundkerbe wird statisch auf Zug belastet. Die Zugkraft beträgt $F = 1\,000$ N und die Abmessungen sind der Zeichnung auf der nächsten Seite zu entnehmen.

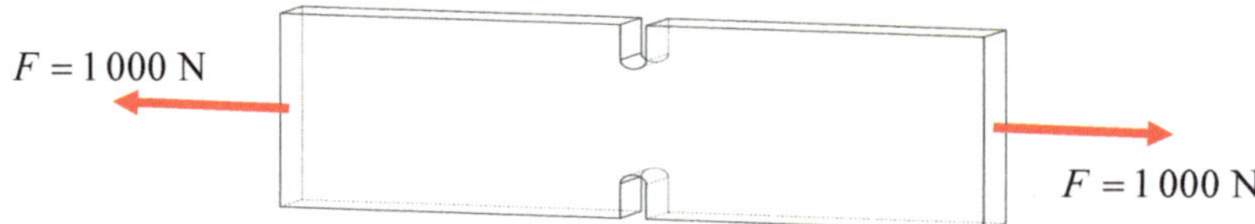

Es sollen die Nenn- und die Maximalspannung im gefährdeten Querschnitt berechnet werden.

Lösung:

Nennspannung:

$$\sigma_\mathrm{n} = \sigma_\mathrm{z} = \frac{F}{A} = \frac{1\,000\ \mathrm{N}}{5\ \mathrm{mm} \cdot 12\ \mathrm{mm}} = 16{,}7\ \frac{\mathrm{N}}{\mathrm{mm}^2}$$

Formzahl [5]

$$\alpha_\mathrm{k} = 3{,}3\ (\ \frac{t}{a+t} = \frac{5}{6+5} = 0{,}45\ ;\ \frac{t}{\rho} = \frac{5}{1} = 5\ )$$

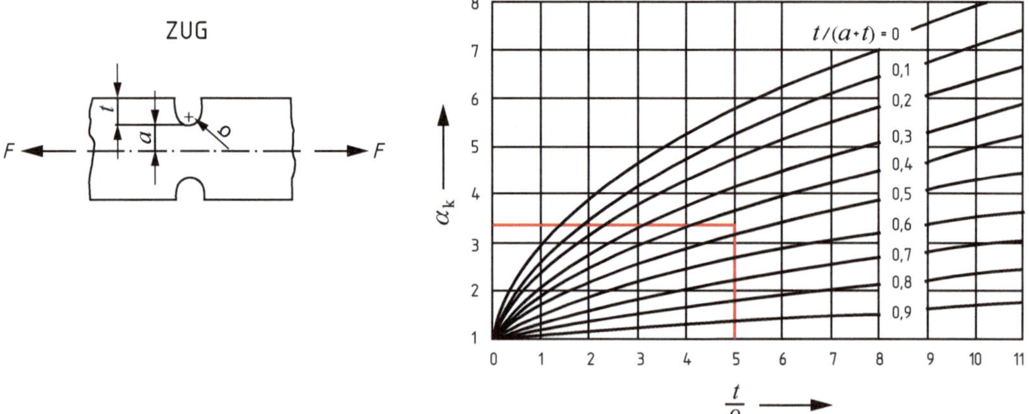

Maximalspannung mit Kerbwirkung: $\sigma_{\mathrm{max}} = \alpha_{\mathrm{k}} \cdot \sigma_{\mathrm{z}} = 3.3 \cdot 16.7\,\dfrac{\mathrm{N}}{\mathrm{mm}^2} = 55\,\dfrac{\mathrm{N}}{\mathrm{mm}^2}$

Maximalspannung mit Kerbwirkung: $\sigma_{\mathrm{max}} = \alpha_{\mathrm{k}} \cdot \sigma_{\mathrm{z}} = 3,3 \cdot 16,7\,\dfrac{\mathrm{N}}{\mathrm{mm}^2} = 55\,\dfrac{\mathrm{N}}{\mathrm{mm}^2}$

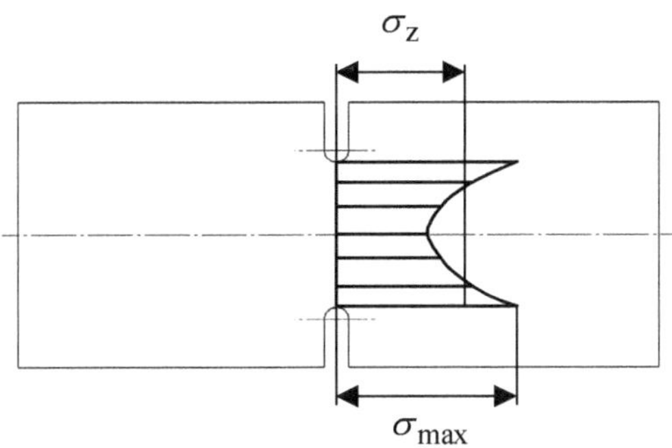

Hier die Zeichnung des Flachstahls mit der Rundkerbe:

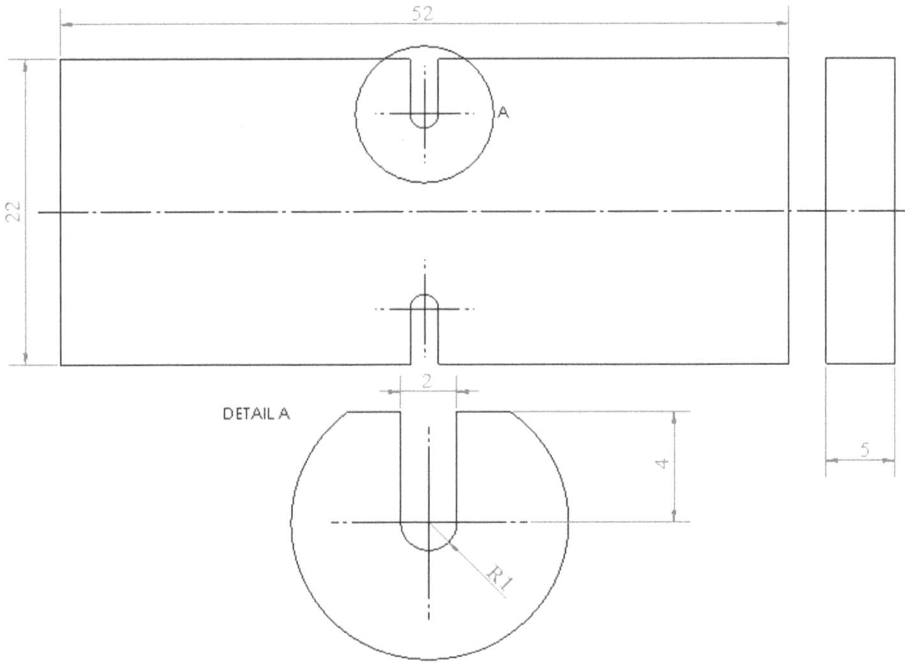

FEM-Analyse:

1. Öffnen Sie das Modell (Flachstahl mit symmetrischer Kerbe.sldprt) und erstellen Sie eine statische Studie.

2. Wählen Sie eine *Fixierte Einspannung* als Lagerung und wählen Sie die dargestellte Fläche an.

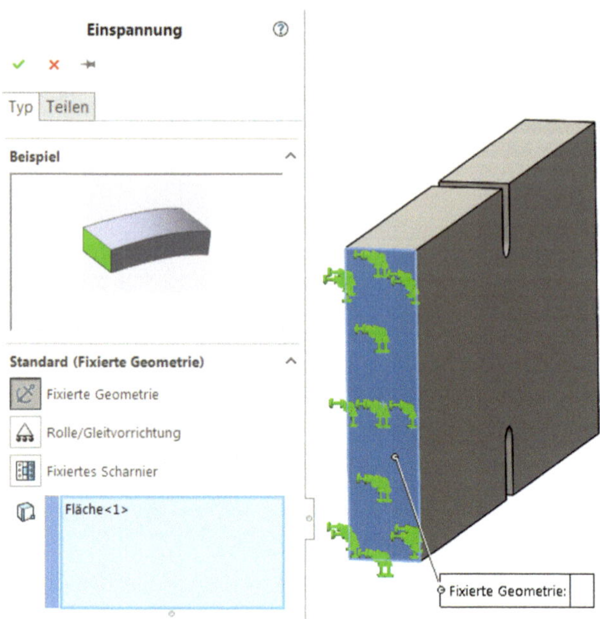

3. Bringen Sie die Last $F = 1\,000$ N an der gegenüberliegenden Fläche an.

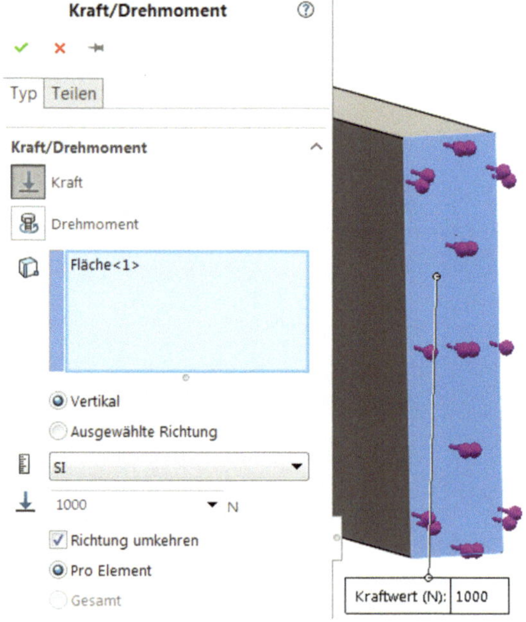

4. Vernetzen Sie mit einer Elementgröße von ca. 1 mm.

5. Führen Sie die Analyse durch und sondieren Sie die maximale Spannung im Kerb-
    grund.

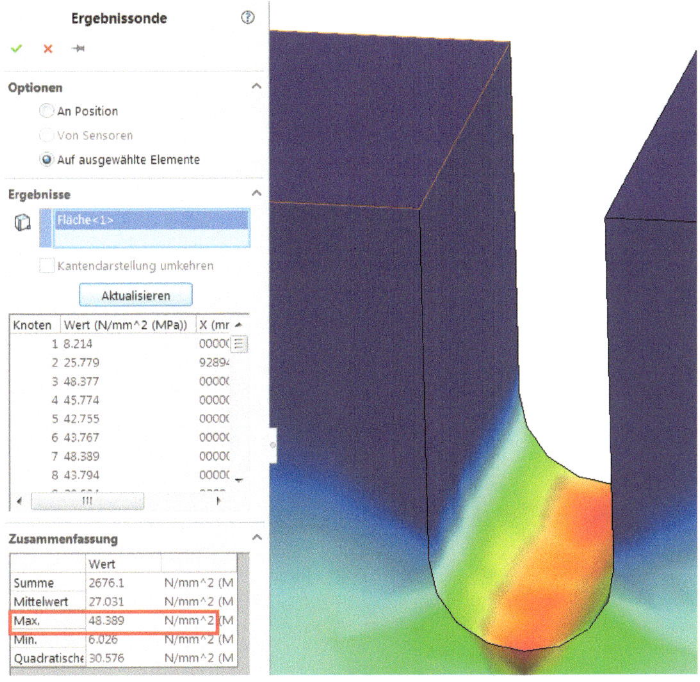

Die maximale Spannung beträgt $\sigma_{max} \approx 48.4 \, \dfrac{\mathrm{N}}{\mathrm{mm}^2}$.

6. Wenden Sie für den Kerbgrund eine Vernetzungssteuerung an und vernetzen Sie den Rest gleich wie vorher.

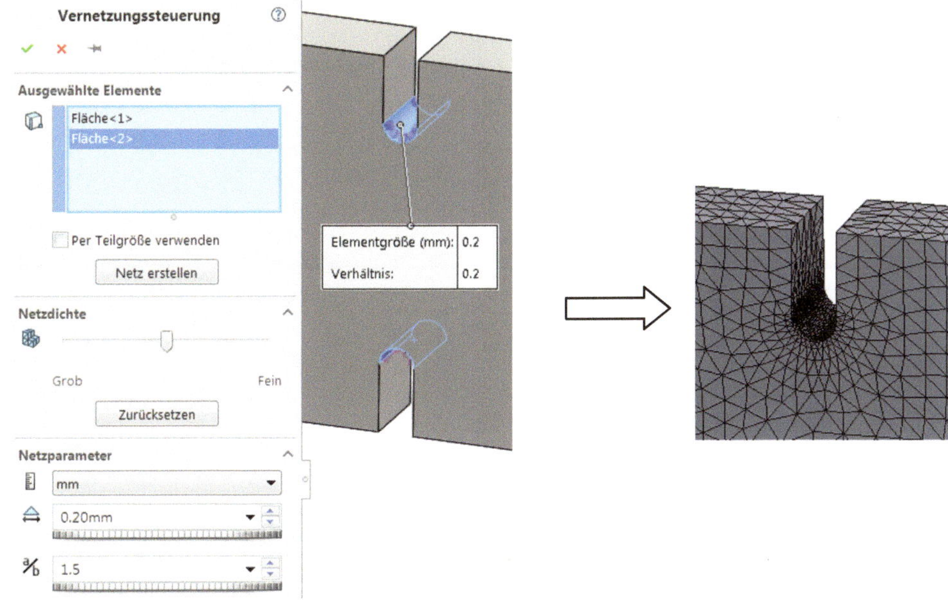

7. Führen Sie die Analyse erneut durch und bestimmen Sie die maximale Spannung.

Die maximale Spannung beträgt $\sigma_{\max} \approx 54,3\,\dfrac{\text{N}}{\text{mm}^2}$. Dieser Wert stimmt mit dem oben berechneten Wert sehr gut überein. Sie können die Vernetzungssteuerung mit einer noch kleineren Elementgröße durchführen. Die maximalen Spannungswerte konvergieren gegen den Wert $\sigma_{\max} \approx 55\,\dfrac{\text{N}}{\text{mm}^2}$.

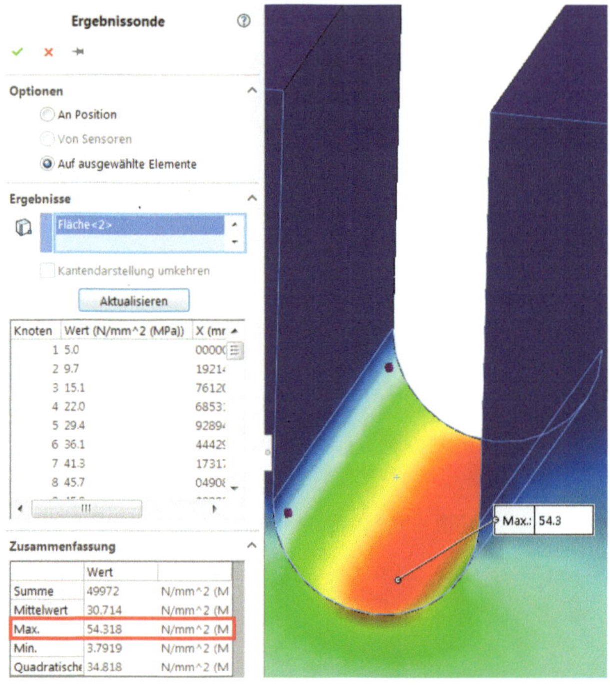

5.2 Symmetrisch abgesetzter Flachstab

Der Flachstab (S235) in der untenstehenden Zeichnung mit 1 mm Dicke wird statisch auf Zug belastet. Die Zugkraft beträgt $F = 10\,000$ N und die Abmessungen sind der Zeichnung ganz unten zu entnehmen.

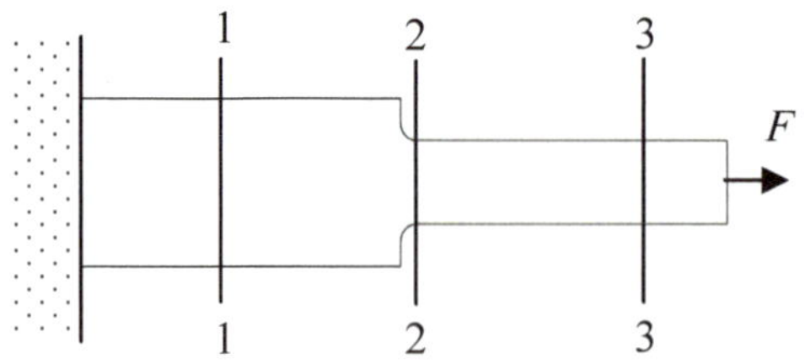

Wie groß sind die Spannungen in den Schnitten 1-1, 2-2 und 3-3? Wie groß ist die maximale Verformung?

Lösung:

Schnitt 1-1:

$$\sigma_{z1} = \frac{F}{A} = \frac{10\,000\ \text{N}}{1\ \text{mm} \cdot 100\ \text{mm}} = 100\ \frac{\text{N}}{\text{mm}^2}$$

Schnitt 2-2:

$$\sigma_{z2} = \alpha_k \cdot \sigma_{z3} = 1,85 \cdot 200\ \frac{\text{N}}{\text{mm}^2} = 370\ \frac{\text{N}}{\text{mm}^2}$$

$$\alpha_k = 1,85$$

$$\left(\frac{r}{b} = \frac{10\ \text{mm}}{50\ \text{mm}} = 0,2 \quad \frac{B}{b} = \frac{100\ \text{mm}}{50\ \text{mm}} = 2 \right)$$

Schnitt 3-3:

$$\sigma_{z3} = \frac{F}{A} = \frac{10\,000\ \text{N}}{1\ \text{mm} \cdot 50\ \text{mm}} = 200\ \frac{\text{N}}{\text{mm}^2}$$

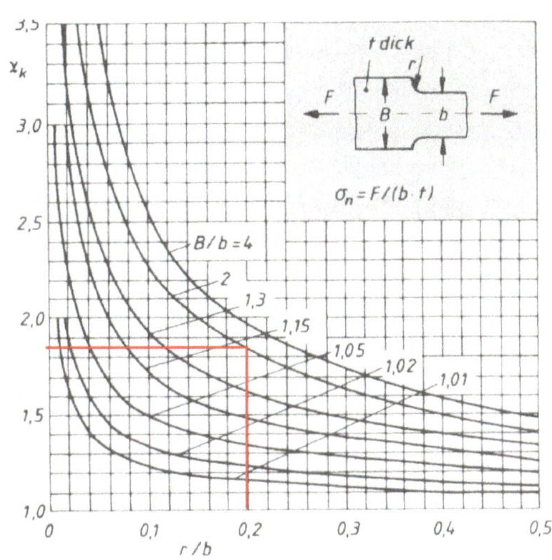

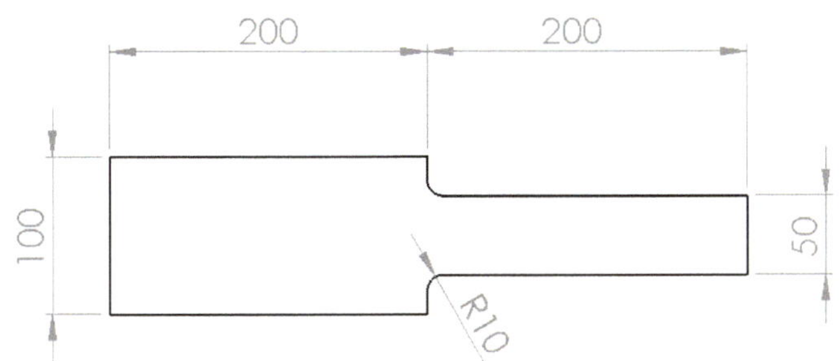

Die maximale Verformung wird überschlägig berechnet. Der Radius 10 mm wird vernachlässigt:

Grundformel:
$$F = E \cdot \varepsilon \cdot A = E \cdot \frac{\Delta l}{l_0} \cdot A$$

Für die erste Hälfte gilt:
$$10\,000\ \text{N} = 210\,000\ \frac{\text{N}}{\text{mm}^2} \cdot \frac{\Delta l_1}{200\ \text{mm}} \cdot 100\ \text{mm}^2 \quad (1)$$

Für die zweite Hälfte gilt:
$$10\,000\ \text{N} = 210\,000\ \frac{\text{N}}{\text{mm}^2} \cdot \frac{\Delta l_2}{200\ \text{mm}} \cdot 50\ \text{mm}^2 \quad (2)$$

Aus diesen Gleichungen (1) und (2) erhält man:
$$\Delta l_1 = 0,0952\ \text{mm}$$
$$\Delta l_2 = 0,1905\ \text{mm}$$

Die Gesamtverlängerung wird:
$$\Delta l = \Delta l_1 + \Delta l_2 = 0,0952\ \text{mm} + 0,1905\ \text{mm} = 0,2857\ \text{mm}$$

Für die folgende FEM-Analyse verwenden wir zwei verschiedene Elementtypen. Zuerst die tetraedischen Volumenkörper und dann die Schalenelemente (beide 2. Ordnung). Es sollen die Rechenzeit und die entstehende Datenmenge verglichen werden.

FEM-Analyse (Tetraedische Volumenkörper):

1. Öffnen Sie das Modell (symmetrisch abgesetzter Flachstahl.sldprt) und erstellen Sie eine statische Studie.

2. Wählen Sie eine *Fixierte Einspannung* als Lagerung und wählen Sie die dargestellte Fläche an.

3. Bringen Sie die Last $F = 10\,000$ N an der gegenüberliegenden Fläche an.

4. Wenden Sie das Material an (unlegierter Baustahl).

5. Vernetzen Sie mit einer Elementgröße von ca. 5 mm.

6. Führen Sie die Analyse durch und sondieren Sie die Spannungen im Schnitt 1-1 bis Schnitt 3-3.

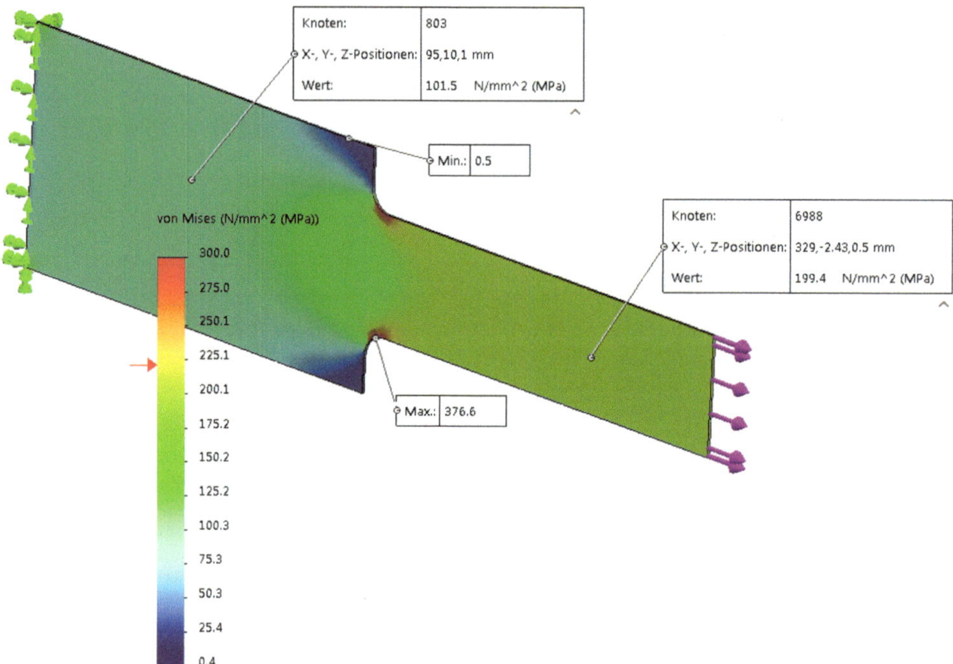

Interpretation der Ergebnisse:

Die Spannung im Schnitt 1-1 beträgt $\sigma_{z1} \approx 101{,}5\,\dfrac{\text{N}}{\text{mm}^2}$. Im Schnitt 2-2 beträgt sie $\sigma_{z2} \approx 376{,}6\,\dfrac{\text{N}}{\text{mm}^2}$ und im Schnitt 3-3 $\sigma_{z3} \approx 199{,}4\,\dfrac{\text{N}}{\text{mm}^2}$. Diese Werte stimmen mit den oben berechneten gut überein, weshalb wir auf eine feinere Vernetzung oder auf eine Vernetzungssteuerung verzichten.

Aus der Verformungsdarstellung sieht man die maximale Verschiebung von $0{,}311$ mm. Der berechnete Wert beträgt $0{,}286$ mm.

FEM-Analyse (Schalenelemente):

1. Um die Schalenelemente zu verwenden, muss es sich um eine Oberfläche oder ein Blechteil handeln. Hier wandeln wir zuerst das Teil in ein Blech um. Wählen Sie dazu ***Einfügen – Blech – Zu Blech konvertieren***.

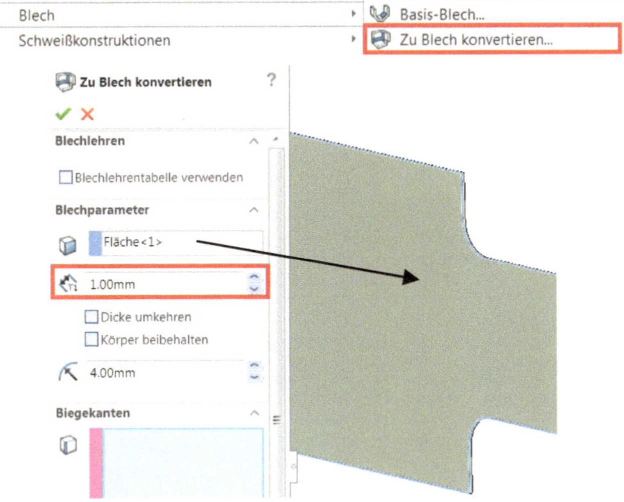

2. Erstellen Sie eine statische Studie.

3. Wählen Sie eine ***Fixierte Einspannung*** als Lagerung und wählen Sie die linke Fläche an.

4. Bringen Sie die Last $F = 10\,000\,\text{N}$ an der gegenüberliegenden Fläche an.

5. Wenden Sie das Material ***Unlegierter Baustahl*** an.

6. Wählen Sie mit Rechtsklick ***Definition bearbeiten***.

7. Wählen Sie bei der Schalendefinition dünn, da das Breite-Dicke-Verhältnis größer ist als

$$20 \left(\frac{50\,\text{mm}}{1\,\text{mm}} = 50 \right).$$

8. Vernetzen Sie mit einer Elementgröße von ca. $5\,\text{mm}$.

9. Führen Sie die Analyse durch und sondieren Sie die Spannungen im Schnitt 1-1 bis Schnitt 3-3.

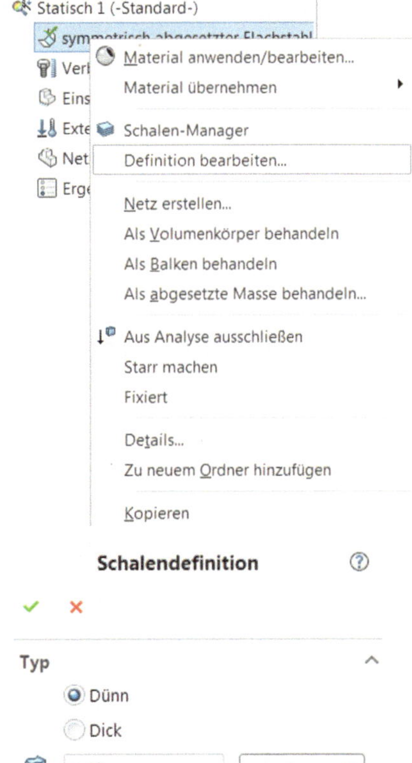

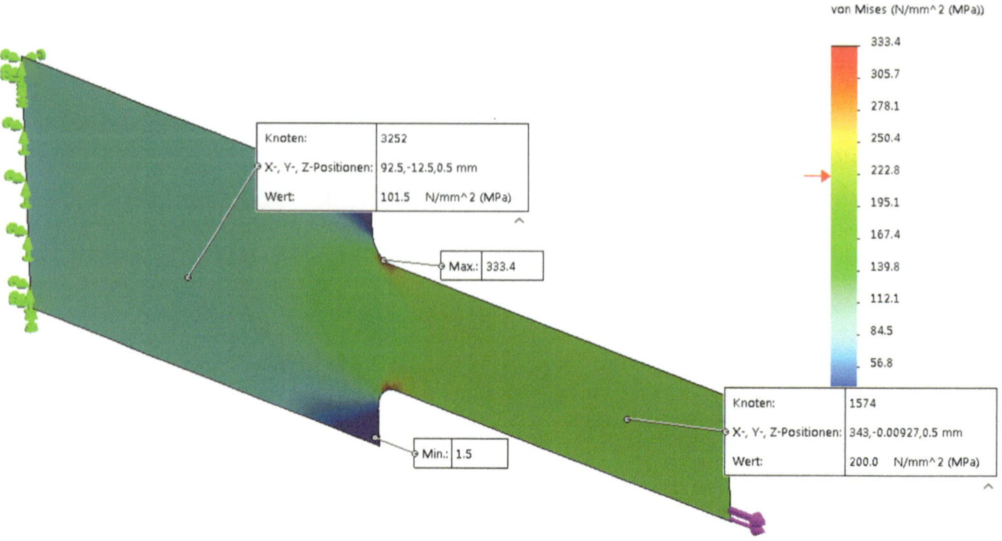

Interpretation der Ergebnisse:

Die Spannungen in den Schnitten 1-1 und 3-3 sind gleich groß wie oben. Bei der Spannung im Schnitt 2-2 ergibt sich eine Spannung von $\sigma_{z2} \approx 333,4\,\dfrac{\mathrm{N}}{\mathrm{mm}^2}$. Führen Sie die Analyse mit einer Elementgröße von 3 mm nochmals durch. Sie werden eine Spannung $\sigma_{z2} \approx 355\,\dfrac{\mathrm{N}}{\mathrm{mm}^2}$ erhalten. Erst bei einer Elementgröße von 2 mm erhält man eine etwa gleich große Kerbspannung $\sigma_{z2} \approx 367,4\,\dfrac{\mathrm{N}}{\mathrm{mm}^2}$. Die simulierte Verformung beträgt ebenso 0,294 mm.

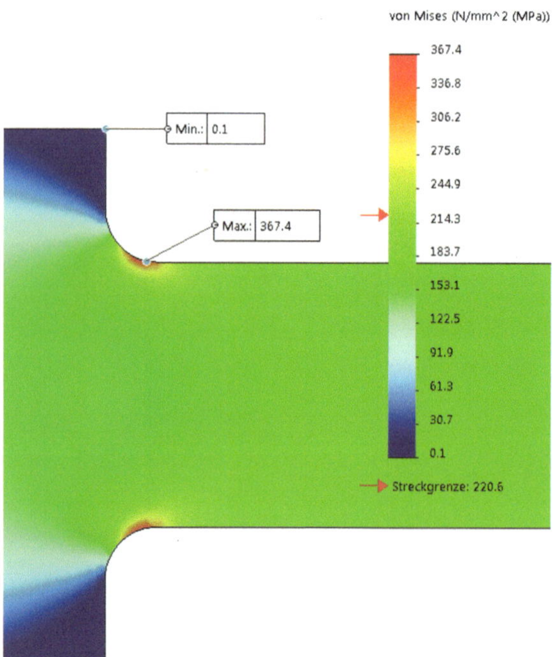

Die Rechenzeit und Datenmenge bei den Schalenelementen ist grundsätzlich bedeutend kleiner als bei den Volumenkörpern.

Wenn man im obigen Bespiel aber auf die gleiche Kerbspannung mit Schalenelementen kommen möchte, muss man eine sehr feine Vernetzung wählen. Mit der gewählten Elementgröße von 2 mm wird dann aber sowohl die Rechenzeit, wie auch die Datenmenge mehr als doppelt so groß.

Knoten und Elemente werden durch den automatischen Netzgenerator auf die ausgewählte Fläche gelegt. In kritischen Modellbereichen sollte die Netzdichte auf jeden Fall größer sein als in Bereichen gleichmäßiger Spannungsverteilung.

5.3 Übung

Der unten dargestellte Rundstab wir mit der Kraft $F = 200\ \text{kN}$ auf Zug belastet. Bestimmen Sie die Kerbspannung analytisch und mit einer Simulation.

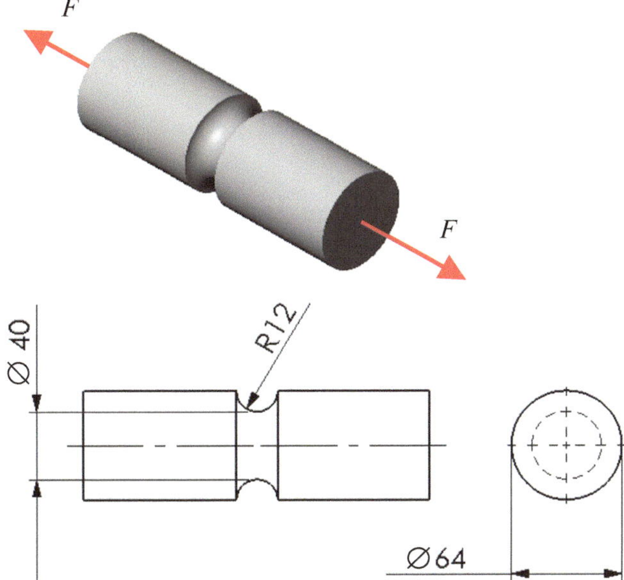

6 Simulationen mit Baugruppen

Eine Baugruppe besteht aus Einzelteilen, die in einer bestimmten Verbindung zueinander stehen. Bei der unten dargestellten Klemmvorrichtung wird durch Drehen der Zugspindel (1) eine Zugkraft F_1 auf den Keil (2) ausgeübt. Dieser wird dadurch nach links gezogen. Der Klemmhebel (3), der lose auf dem Keil (2) aufliegt, wird nach oben gedrückt. Somit übt der mittels Bolzen im Lagerbock (4) drehbar gelagerte Klemmhebel (3) eine Druckkraft F_2 auf das Werkstück (6) aus, und klemmt dieses auf der Gleitbahn (5) fest. Der Lagerbock (4) wird oben mit vier Schrauben befestigt. Die Gleitbahn (5) und der Lagerbock (4) müssen für eine einwandfreie Funktion fixiert sein.

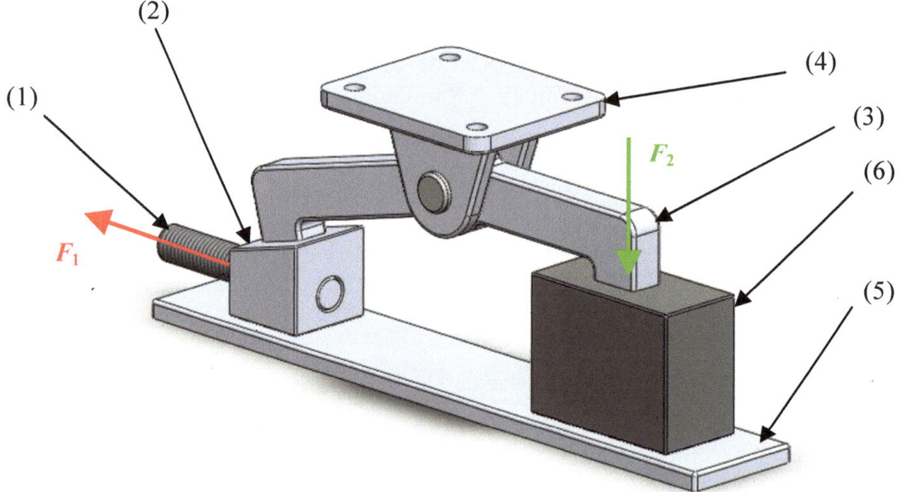

Wenn man eine Baugruppe analysiert, muss man wissen, wie die Komponenten miteinander agieren, damit durch das mathematische Modell auch die Spannungen und Verformungen korrekt berechnet werden, die an den Berührungsstellen der Einzelteile auftreten.

Für das Analysieren einer Baugruppe werden grundsätzlich folgende Schritte ausgeführt:

1. Material anwenden (gleichzeitig auf alle Komponenten oder auch auf jede Komponente einzeln).

2. Einspannungen hinzufügen (gleich wie bei einzelnen Bauteilen, um die Bewegung im Modell einzuschränken).

> **3. Definieren der globalen Kontaktbedingungen (wie die Komponenten miteinander agieren).**
>
> **4. Definieren der lokalen Kontaktbedingungen bzw. der Komponentenkontakte (diese übersteuern die globalen Kontaktbedingungen).**
>
> **5. Definieren von Verbindungsgliedern.**

6. Lasten (Kräfte und Momente) definieren.

7. Vernetzen der Baugruppe.

8. Ausführen der Analyse.

9. Interpretation der Ergebnisse.

Der Ablauf ist also fast gleich wie bei Einzelteilen. Wie wir aber noch sehen werden, sind die Kontaktbedingungen oftmals nicht einfach zu definieren.

Bei den Baugruppenanalysen gibt es vier Möglichkeiten, den Kontakt (siehe 3. bis 5. Schritt) zwischen den Einzelteilen zu definieren:

- Globaler Kontakt

- Komponentenkontakt

- Lokaler Kontakt

- Verbindungsglieder (Feder, Stift, Schraube, Punktschweißnähte, Lager, …).

Globale Kontakte werden von Komponentenkontakten überschrieben, und sowohl globale wie Komponentenkontakte werden durch lokale Kontakte außer Kraft gesetzt. Die folgende Pyramide soll diese Kontakthierarchie verständlicher machen:

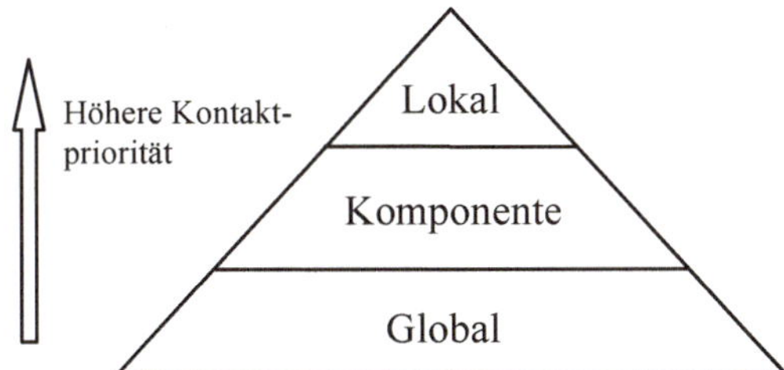

6.1 Globaler Kontakt

Wenn man eine Baugruppenstudie erstellt, wird in Solid-Works Simulation automatisch ein Ordner mit dem Namen Connections (Verbindungen) erstellt. Als Standardauswahl für den globalen Kontakt wird automatisch *Verbunden* gewählt. Wenn man diese Einstellung ändern möchte, kann man mit Rechtsklick ***Definition bearbeiten …*** wählen, und dann aus folgenden Optionen auswählen:

– *Verbunden* und *Kompatibles Netz*

Alle sich berührenden Flächen sind verschmolzen und die Baugruppe fungiert als Gesamtteil (z. B. bei Schweißkonstruktionen). Es können aber verschiedene Materialeigenschaften zugewiesen werden.

– *Verbunden* und *Inkompatibles Netz*

Die Baugruppe verhält sich wieder wie ein Einzelteil. Die Komponenten werden aber unabhängig voneinander vernetzt. Die Option *Inkompatibles Netz* führt unter Umständen zu einer erfolgreichen Vernetzung, wenn das *Kompatible Netz* fehlschlug.

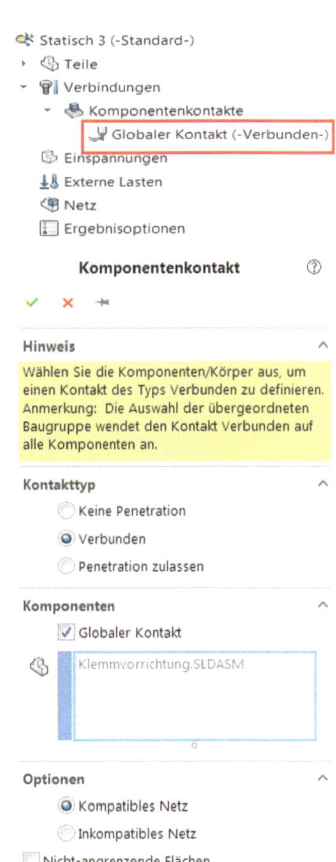

– *Keine Penetration*

Die angrenzenden Flächen der Einzelteile werden einander berühren, aber nicht durchdringen. Und im Gegensatz zu *Verbunden*, ist eine Relativbewegung der Teile während der Verformung des Modells unter Last möglich.

– *Penetration zulassen*

Eine Baugruppe mit nicht zusammenhängenden Komponenten. Die ausgewählten Komponenten und Körper können einander während der Simulation penetrieren.

> **Wichtig:** Die globalen Kontaktbedingungen werden nur auf die Flächen angewendet, die sich im Ausgangszustand **berührt** haben.

Um herauszufinden, welche Flächen sich berühren, führt man eine Interferenzprüfung (unter Extras) durch. Man muss darauf achten, dass die Option *Deckungsgleich als Interferenz betrachten* aktiviert ist.

Auf obige Klemmvorrichtung angewendet, findet man folgende neun Interferenzen, d. h. Überlagerungen:

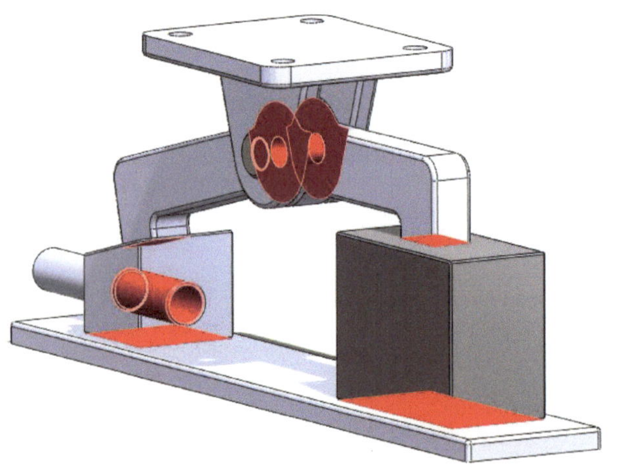

Keine dieser Berührungsflächen sind fest miteinander verbunden. Sie können sich auch nicht penetrieren. Man wählt somit bei der Definition des Globalen Kontaktes *Keine Penetration*.

6.2 Komponentenkontakt

Mit dem Komponentenkontakt kann man Komponenten auswählen und die Standardkontakt-bedingung für alle Flächen festlegen, die die ausgewählten Komponenten untereinander oder mit anderen Komponenten gemeinsam haben. Gerade bei größeren Schweißkonstruktionen kann dieser Kontakt für eine erste Simulation sehr hilfreich sein (siehe Kap. 8 Berechnung einer Schweißkonstruktion).

6.3 Lokaler Kontakt

Man definiert den lokalen Kontakt, indem man mit der rechten Maustaste auf den Ordner *Verbindungen* klickt und dann *Kontaktsatz* wählt. Zusätzlich zu *Keine Penetration, Verbunden* und *Penetration zulassen* sind für lokale Kontakte zwei weitere Kontakttypen wählbar:

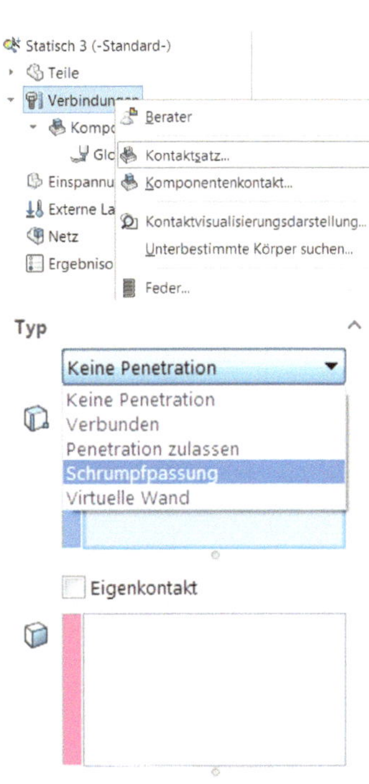

– Schrumpfpassung

Das Programm erzeugt eine Übermaßpassbedingung zwischen den ausgewählten Flächen. Die Flächen können zylindrisch und nichtzylindrisch sein. Diese Bedingung erfordert eine Volumen-Überlagerung der Teile.

– Virtuelle Wand

Stellt eine gleitende Lagerung (vergleichbar mit dem Lagertyp Rolle/Gleitvorrichtung bei den Einspannungen) bereit, mit dem Unterschied, dass ein Reibungskoeffizient und die Wandelastizität individuell bestimmt werden können.

Man kann die Kontaktsätze manuell auswählen oder automatisch suchen lassen. Wenn man die Kontaktsätze automatisch suchen lassen möchte, kann man angrenzende wie auch nicht-angrenzende Flächen suchen. Bei der Klemmvorrichtung wurden z. B. als Komponenten der Lagerbock und der Klemmhebel gewählt. Lässt man die sich berührenden Flächen suchen, erhält man zwei Ergebnisse. Man kann dann für jedes Ergebnis den gewünschten Kontakttyp erstellen. Gerade bei großen Baugruppen kann dies sehr hilfreich sein.

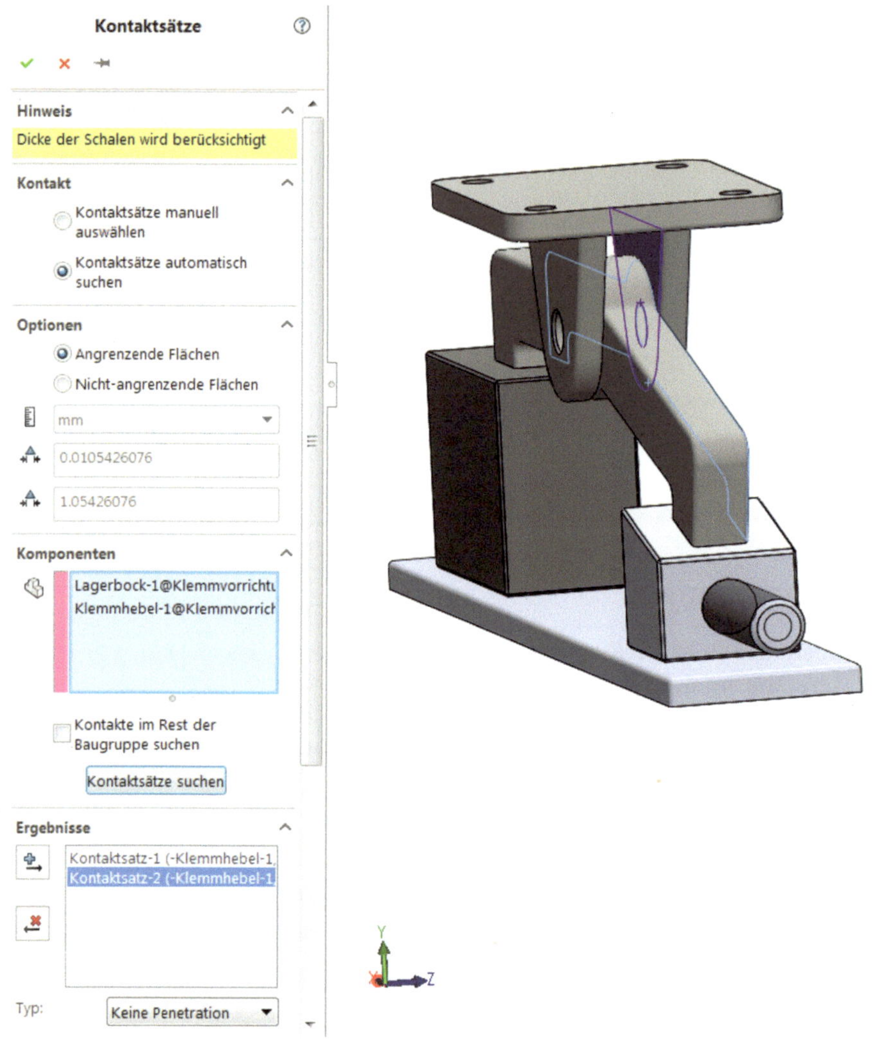

Wenn man weiß, dass sich die Flächen von zwei Teilen nicht berühren, kann man bei den Optionen *Nicht-angrenzende Flächen* aktivieren. Man definiert einen Mindest- und Höchst-abstand und lässt die Flächen dann suchen.

6.4 Verbindungsglieder

Man verwendet mathematische Verbindungsglieder anstelle von wirklichen Verbindungsgliedmodellen, um den Analysevorgang zu beschleunigen, da dadurch das Netz und die Verbindungen reduziert werden können und somit schneller eine Lösung gefunden wird.

SolidWorks Simulation stellt folgende Verbindungsgliedtypen zur Verfügung:

- Starre Verbindung
- Feder
- Stift
- Schraube
- Elastische Verbindung
- Schweißpunkte
- Lager.

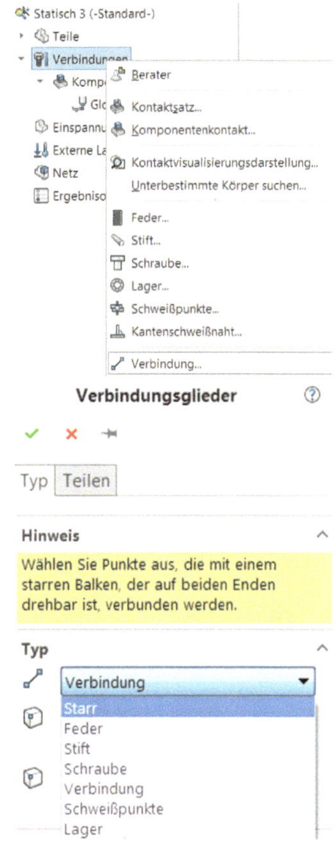

Bei der Klemmvorrichtung sind der Klemmhebel und der Lagerbock mit einem Bolzen verbunden. Dieser Bolzen kann durch das Verbindungsglied *Stift* ersetzt werden. Bevor man aber den Stift in der statischen Analyse definiert, muss der Bolzen im Modell unterdrückt werden.

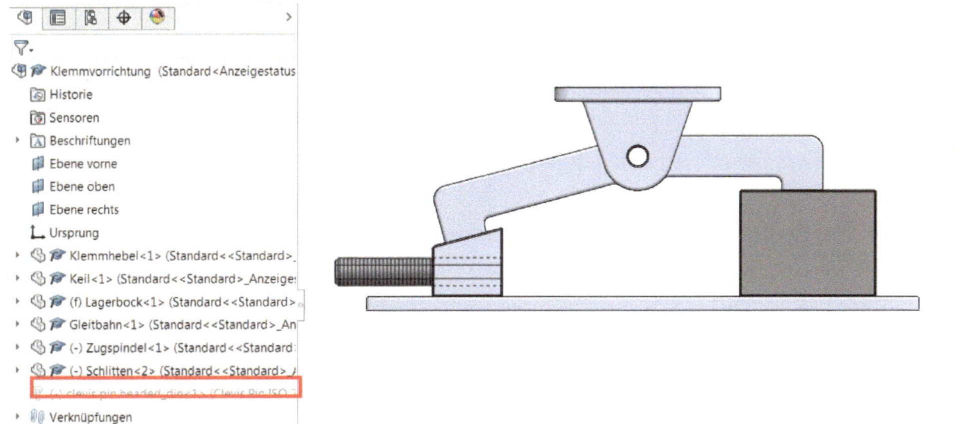

Dann kann man den Stift als Verbindungsglied in der statischen Analyse definieren.

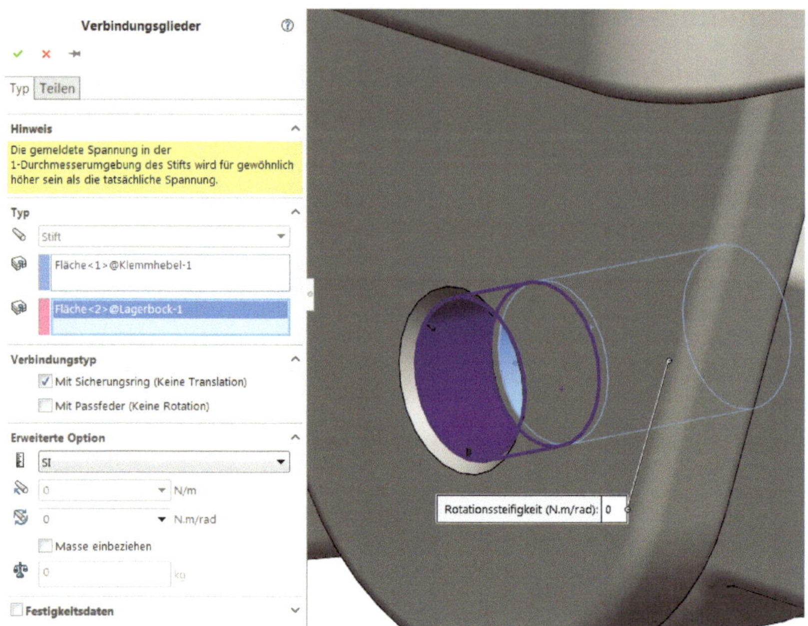

Den Unterschied zwischen den beiden Varianten werden wir bei der anschließend durchgeführten Analyse sehen.

Allgemeine Richtlinien zu Kontaktbedingungen:

1. Prüfen Sie die Interferenzen zwischen den Komponenten und finden Sie so alle sich überschneidenden Flächen. Für diese muss man den Kontaktsatz *Schrumpfpassung* wählen.

2. Prüfen Sie die Interferenzen (Deckungsgleich als Interferenz!) zwischen den Komponenten und finden Sie so alle sich berührenden Flächen, die automatisch von den *Globalen* und *Komponentenkontakten* beeinflusst werden.

3. Verwenden Sie *Kontaktsatz*, um die Bedingungen zwischen Volumenkörpern (auch Balken und Schalen) genauer zu definieren.

4. Mit *Kontaktsätze suchen* können Sie die Kontaktsätze zwischen Volumenkörpern suchen und definieren, ohne dass Sie alle Flächen manuell auswählen müssen.

5. Wenn man keine Kontaktbedingungen angibt, geht die Software davon aus, dass alle sich anfänglich berührenden Flächen verbunden sind. Die anderen sind frei.

6. Legen Sie *Globale, Komponenten-* und *Lokale Kontaktbedingungen* fest, um das Problem zu definieren. Beachten Sie, dass Sie beim *Globalen* und beim *Komponentenkontakt* keine speziellen Elemente auswählen, da sie nur für Bereiche gelten, die sich anfänglich berühren. Legen Sie mit dem *Globalen Kontakt* die gängigste Kontaktbedingung fest, und überschreiben Sie diese dann, indem Sie bei Bedarf einen *Komponenten-* und *Lokalen Kontakt* festlegen.

7. Nach dem Bearbeiten der Kontaktbedingungen muss neu vernetzt werden.

Beim folgenden Projekt wird aufgezeigt, wie man Kontaktbedingungen anwendet.

6.5 Projekt Klemmvorrichtung

Die Klemmvorrichtung wird mit einer Kraft $F = 500$ N an der Zugspindel belastet. Alle Teile sind aus Stahl S235. Der Reibungskoeffizient beträgt an allen Gleitflächen (ohne Bolzen) $\mu = 0.1$. (Eigengewicht der Teile soll vernachlässigt werden)

a) Berechnen und simulieren Sie alle Reaktionskräfte an den Stellen A, B und C.

b) Berechnen und simulieren Sie die Vergleichsspannung im Schnitt x-x.

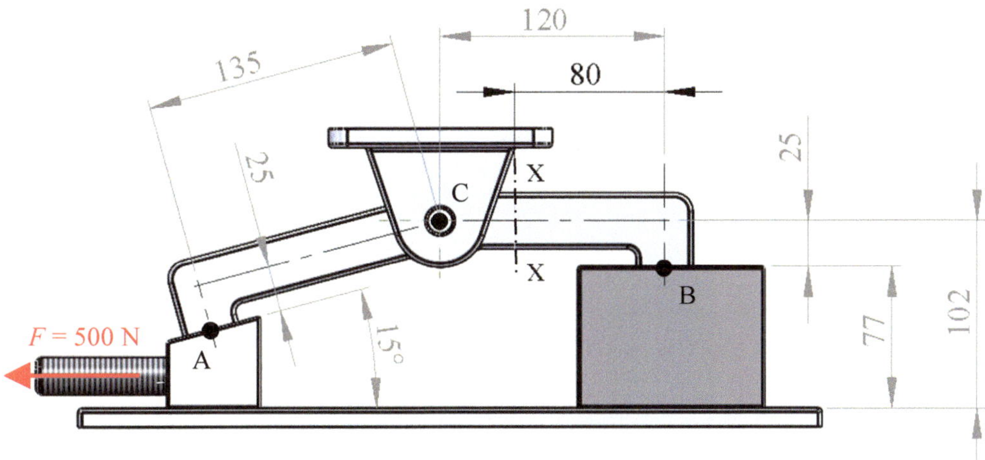

Lösung a):

Zuerst die analytische Berechnung. Dazu machen wir den Keil (2) und den Klemmhebel (3) frei und stellen die Gleichgewichtsbedingungen auf:

Keil (2):

Die Reibkräfte F_{RA} und F_R können nach dem Coulombsch'en Gesetz berechnet werden

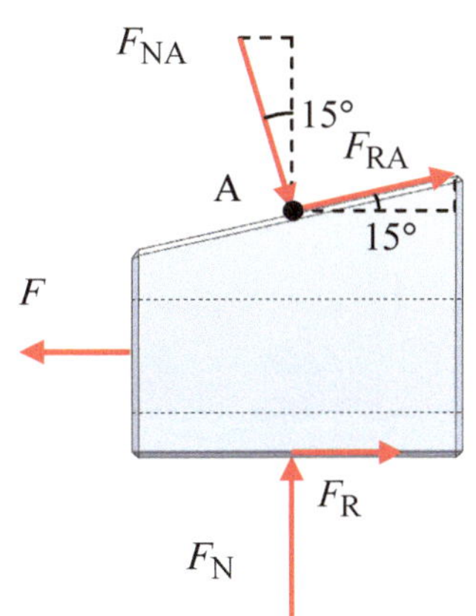

$$F_{RA} = \mu \cdot F_{NA} = 0{,}1 \cdot F_{NA} \ \text{ bzw. } \ F_R = \mu \cdot F_N = 0{,}1 \cdot F_N$$

Eingesetzt in die Gleichgewichtsbedingungen ergibt das:

$$\sum F_x = 0 = -F + 0{,}1 \cdot F_N + 0{,}1 \cdot F_{NA} \cdot \cos 15° + F_{NA} \cdot \sin 15°$$

$$\sum F_y = 0 = F_N + 0{,}1 \cdot F_{NA} \cdot \sin 15° - F_{NA} \cdot \cos 15°$$

Durch Auflösen des Gleichungssystems erhält man:
$F_N = 1\,045{,}9$ N und $F_{NA} = 1\,112{,}6$ N.

An der Stelle A wirken also die Normalkraft
$F_{NA} = 1\,112{,}6$ N und die Reibkraft
$F_{RA} = 0{,}1 \cdot 1\,112{,}6$ N $= 111{,}3$ N.

Klemmhebel (3):

Hier gibt es drei unbekannte Kräfte. Deshalb stellen wir drei Gleichgewichtsbedingungen auf.

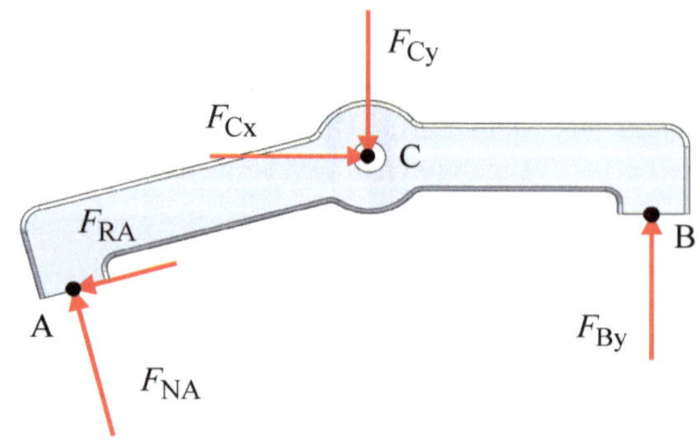

Gleichgewichtsbedingungen:

$$\sum F_{x} = 0 = F_{Cx} - 0{,}1 \cdot F_{NA} \cdot \cos 15^\circ - F_{NA} \cdot \sin 15^\circ$$

$$\sum F_{y} = 0 = F_{NA} \cdot \cos 15^\circ - 0{,}1 \cdot F_{NA} \cdot \sin 15^\circ - F_{Cy} + F_{By}$$

$$\sum M_{C} = 0 = -F_{NA} \cdot 135\ \text{mm} - 0{,}1 \cdot F_{NA} \cdot 25\ \text{mm} + F_{By} \cdot 120\ \text{mm}$$

Durch Auflösen des Gleichungssystems erhält man:

$F_{Cx} = 395{,}4\ \text{N}$, $F_{Cy} = 2\,320{,}7\ \text{N}$ und $F_{By} = 1\,274{,}8\ \text{N}$

An der Stelle B wirkt also die Normalkraft $F_{By} = 1\,274{,}8\ \text{N}$ und an der Stelle C die beiden
Komponenten $F_{Cx} = 395{,}4\ \text{N}$ und $F_{Cy} = 2\,320{,}7\ \text{N}$.

Überprüfen wir die erhaltenen Resultate mit einer **FEM-Analyse**:

Öffnen Sie zuerst die Baugruppe Klemmvorrichtung.sldasm und unterdrücken Sie die Zugspindel (1) und den Bolzen.

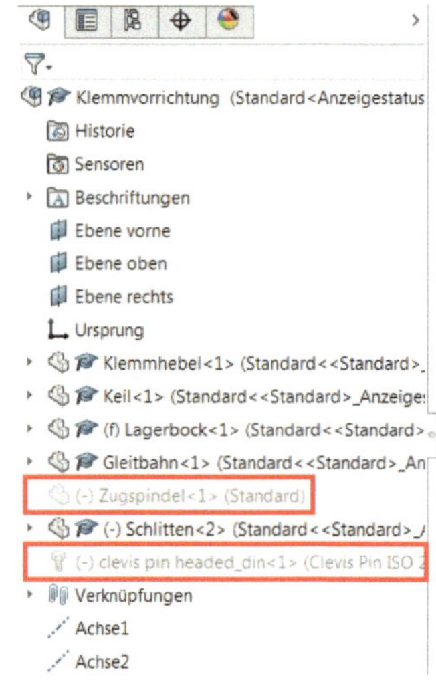

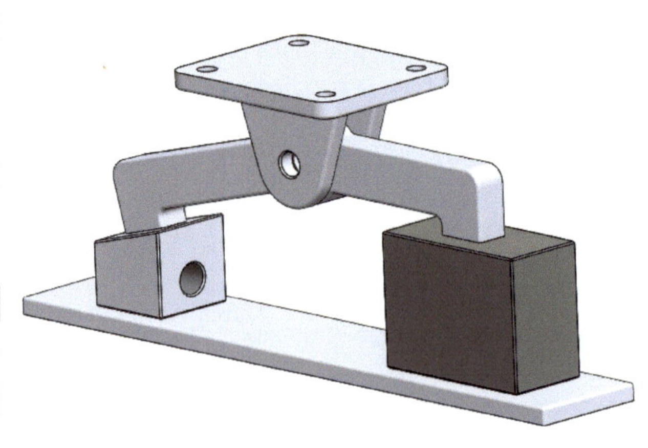

Erstellen Sie eine statische Studie und führen Sie die folgenden Schritte durch:

1. Wenden Sie *Unlegierter Baustahl* gleichzeitig auf alle Komponenten als Material an.

2. Wählen Sie als Einspannung *Fixierte Geometrie* an den unten gezeigten Flächen.

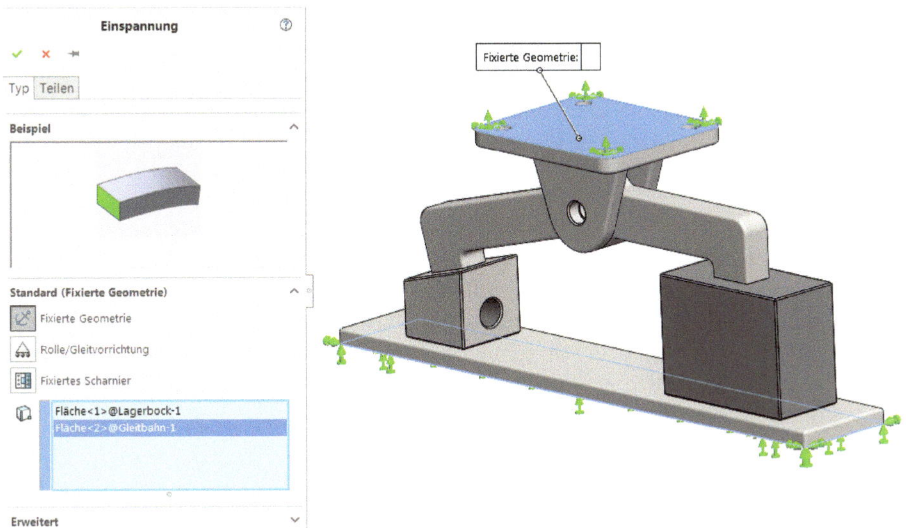

3. Definieren der globalen Kontaktbedingungen:

Suchen Sie zuerst unter *Extras-Interferenzprüfung* alle sich berührenden Flächen. Aktivieren Sie unbedingt *Deckungsgleich als Interferenz betrachten*. Da der Keil und der Bolzen unterdrückt wurden, findet die Software noch 6 Interferenzen.

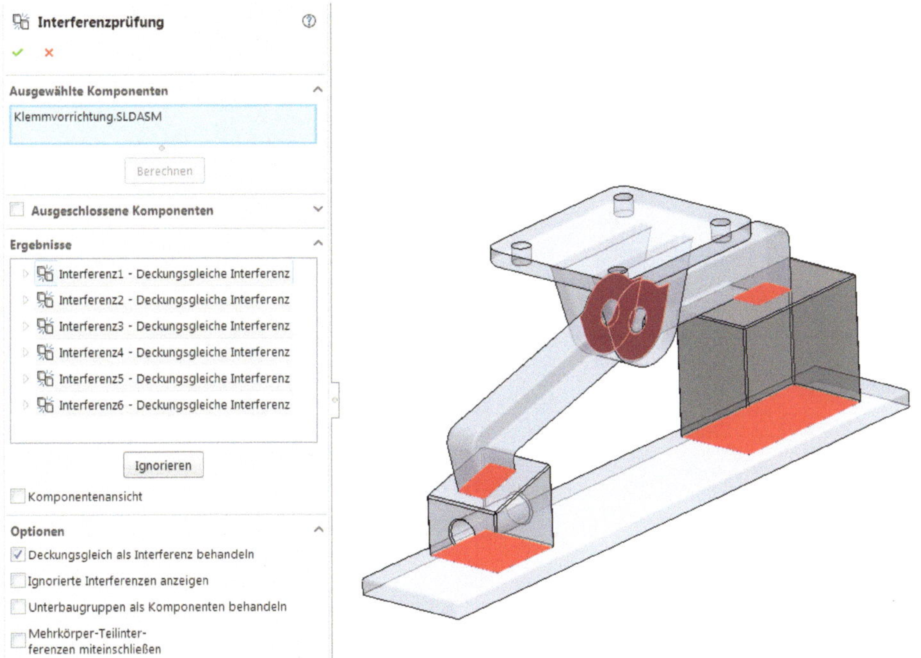

Wie schon erwähnt wurde, wählt die Software automatisch *Verbunden* als Globaler Kontakt. Da dies bei dieser Vorrichtung nicht der Fall ist, wechseln Sie auf *Keine Penetration* (besser ist es aber, alle Verbindungsstellen mit lokalen Kontaktsätzen zu definieren, was aber eine längere Berechnungszeit zur Folge hat).

Eine Relativbewegung der Teile während der Verformung des Modells unter Last ist somit möglich.

4. Lokale Kontaktbedingungen oder Komponentenkontakte wären nicht erforderlich. Da wir hier aber die Berührungskräfte ermitteln müssen, werden trotzdem Lokale Kontaktbedingungen definiert. Die Werte werden dadurch genauer. Definieren Sie drei Kontaktsätze wie unten dargestellt. Man wählt beim Typ *Keine Penetration*, dann die Berührungsflächen und bei der Reibung den Reibungskoeffizienten von 0,1. Zum Anwählen der Flächen: Fläche <1> @Keil-1 kann einfach durch Anklicken gewählt werden – Fläche <2> @Klemmhebel-1 „erwischen" Sie am besten mit Rechtsklick in der Nähe der Fläche und dann durch *Anderes auswählen*.

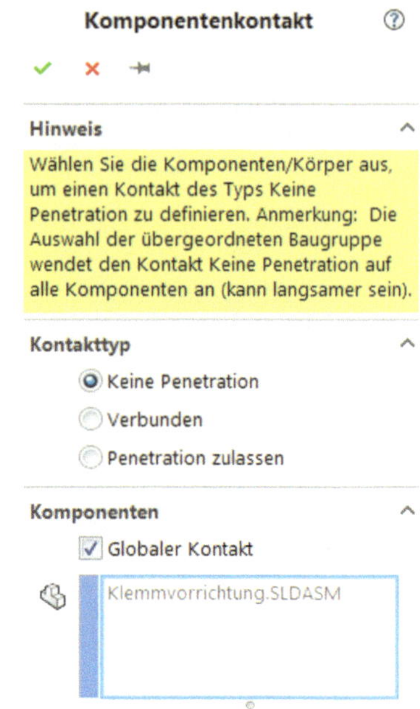

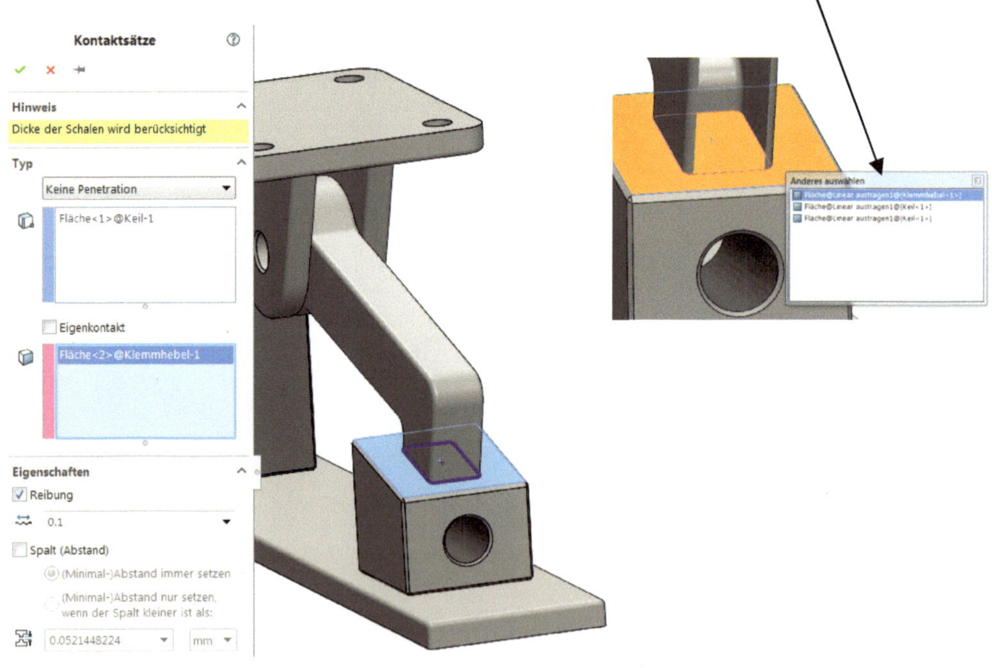

Definieren Sie drei solche Kontaktsätze an den folgenden Stellen:

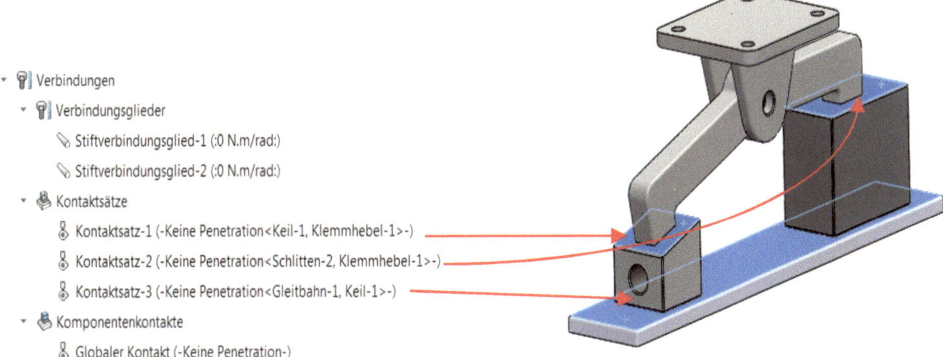

Das Werkstück (6) muss noch mit der Gleitbahn (5) fest verbunden sein – Kontaktsatz *Verbunden* wählen. Der Keil (2) sollte eine Einschränkung der seitlichen Bewegungsfreiheit erfahren. Dies kann man auf verschiedene Arten erreichen. Am einfachsten ist es, eine Einspannung *Rolle/Gleitvorrichtung* zu wählen. Wenn man diese Einstellungen nicht vornimmt, könnte der Solver beim Rechnen Probleme wegen zu vieler Freiheitsgrade bekommen.

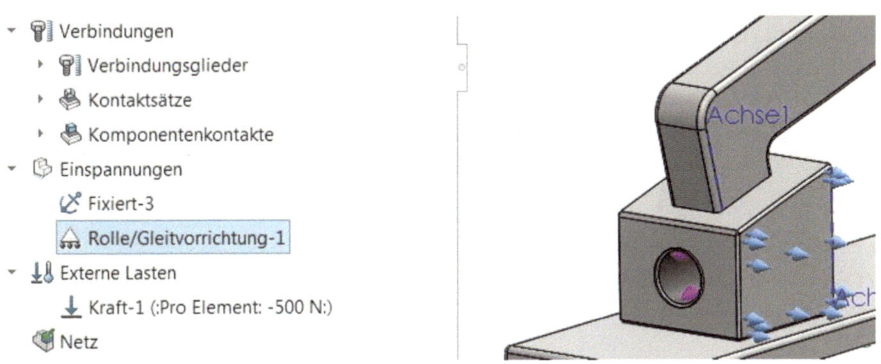

5. Als Verbindungsglied zwischen dem Klemmhebel (3) und dem Lagerbock (4) verwenden Sie einen Stift. Es sei an dieser Stelle auf das sehr nützliche Hilfeprogramm von SolidWorks Simulation hingewiesen. Dort findet man folgende Information zur Verwendung des Stifts:

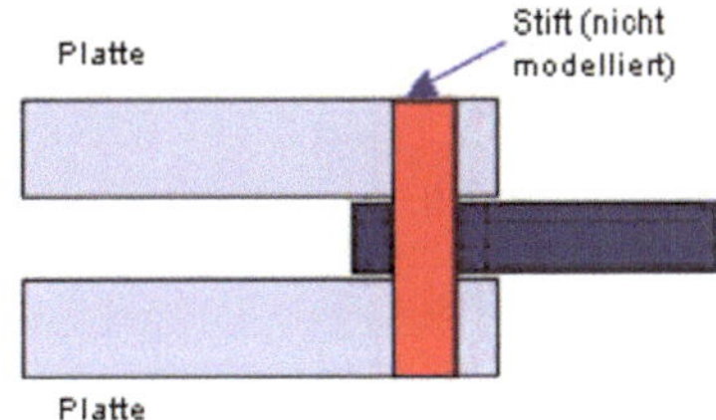

Definieren Sie zwei Stifte für dieses Scharnier. Die tatsächlichen Steifigkeiten sind die Summen der entsprechenden einzelnen Werte. Obwohl die Stifte in Serie geschaltet zu sein scheinen, werden sie behandelt, als wären sie parallel geschaltet. Die Gesamtsteifigkeit ist die Summe der beiden Steifigkeiten.

Wenden Sie die Stiftverbindung also zweimal an.

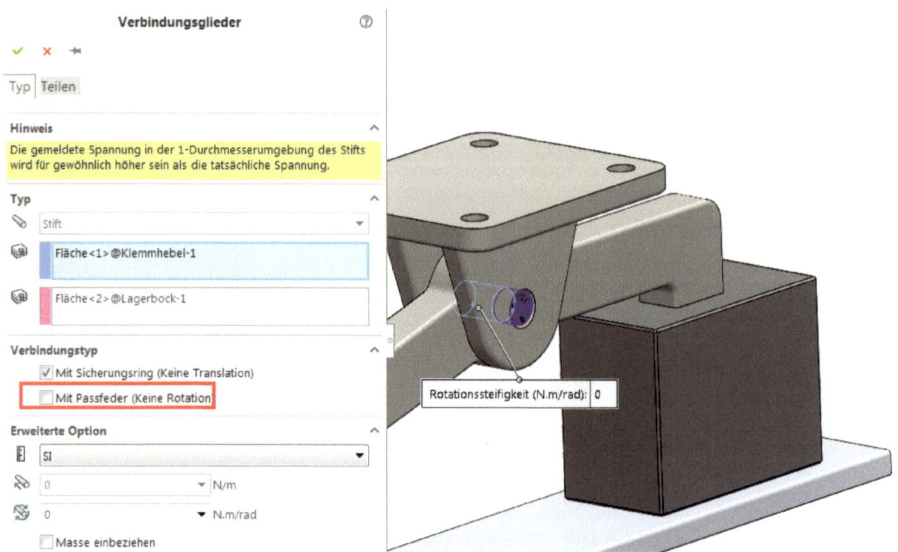

Beim Verbindungstyp muss ***Mit Passfeder*** deaktiviert sein. Der Bolzen soll nämlich eine Relativbewegung (Rotation) zwischen dem Lagerbock und dem Klemmhebel zulassen. Die obere Option ***Mit Sicherungsring*** muss aktiviert sein, um eine relative axiale Translation des Bolzens zu verhindern.

Für den Bolzen wurden also zwei Stiftverbindungsglieder erstellt.

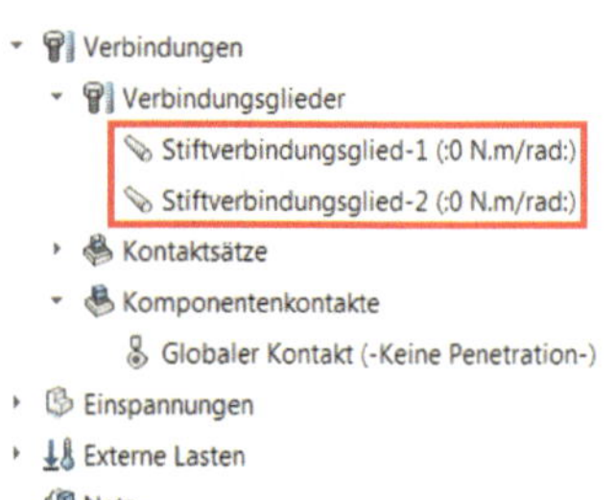

6. Definieren Sie die Last $F = 500\ \text{N}$ in der Bohrung der Zugspindel (1). Wählen Sie als ***Ausgewählte Richtung*** irgendeine Kante, die in Richtung der Bohrung zeigt.

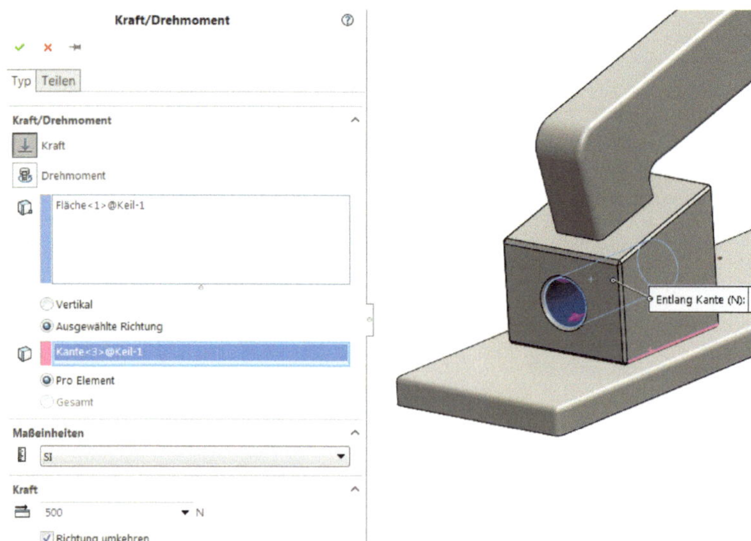

7. Vernetzen Sie mit einer Elementgröße von 8 mm (Entwurfsqualität).

8. Führen Sie die Analyse durch. Diese Analyse kann je nach Rechnerleistung mehrere Stunden dauern – haben Sie also etwas Geduld.

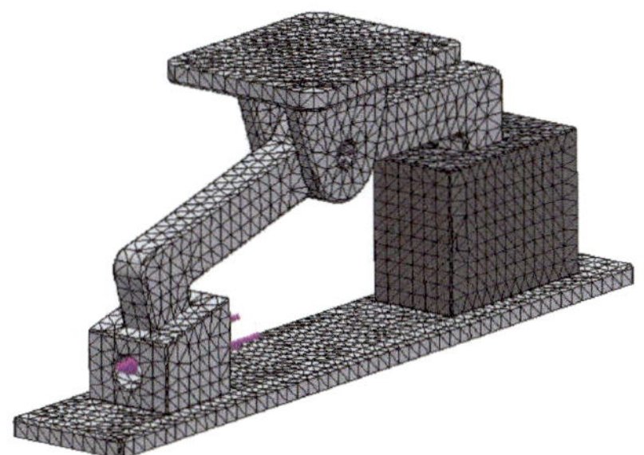

9. Interpretation der Ergebnisse: Unten sieht man die Von-Mises-Spannungsverteilung in der ganzen Baugruppe. Uns interessieren aber die Kräfte an den Stellen A, B und C.

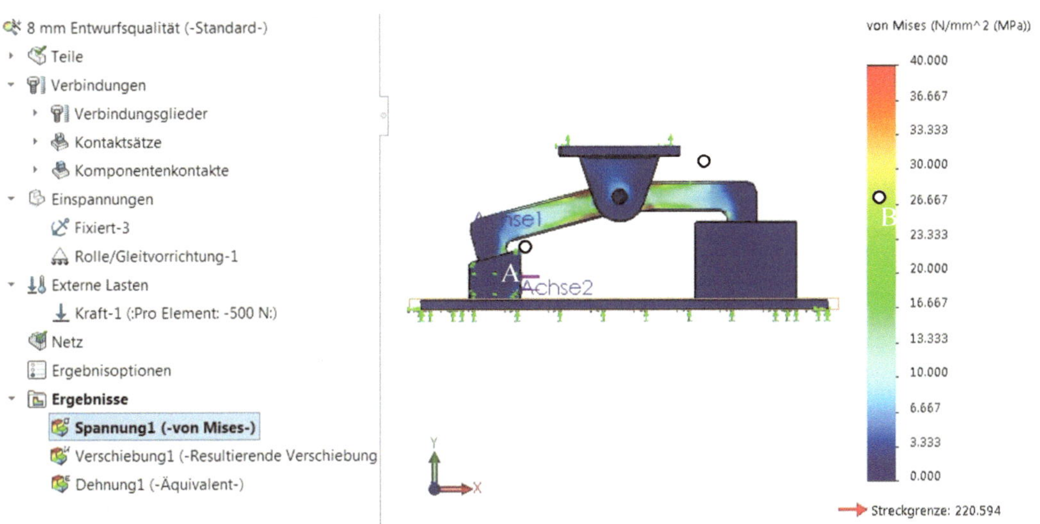

Dazu klickt man mit rechter Maustaste auf Ergebnisse und wählt ***Ergebniskraft auflisten***. Es ist nicht immer sofort klar, welche Option man wählen muss. Die besten Erfahrungen habe ich bis jetzt mit der ***Freien Körperkraft*** und ***Kontakt/Reibungskraft*** gemacht. Wählen Sie für die Ergebniskraft beim Punkt A die Option ***Kontakt/Reibungskraft*** und nehmen Sie folgende Einstellungen vor:

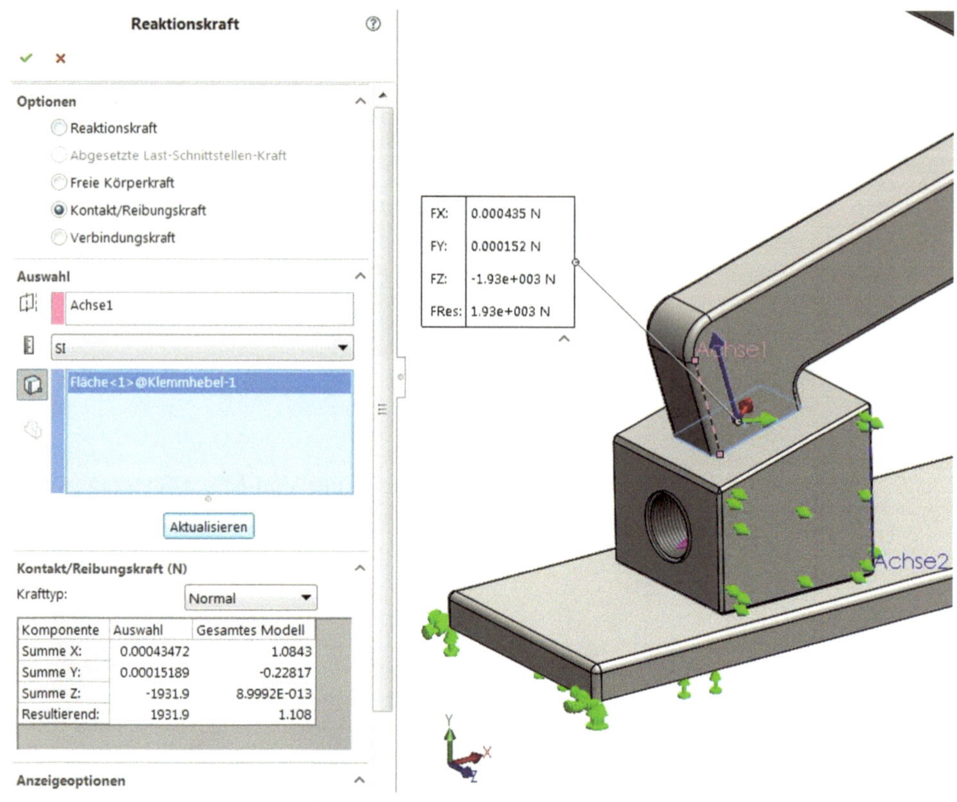

Um die richtige Fläche zu erwischen, kann man in der Nähe der gewünschten Fläche mit Rechtsklick auf *Anderes auswählen* und dann wählen.

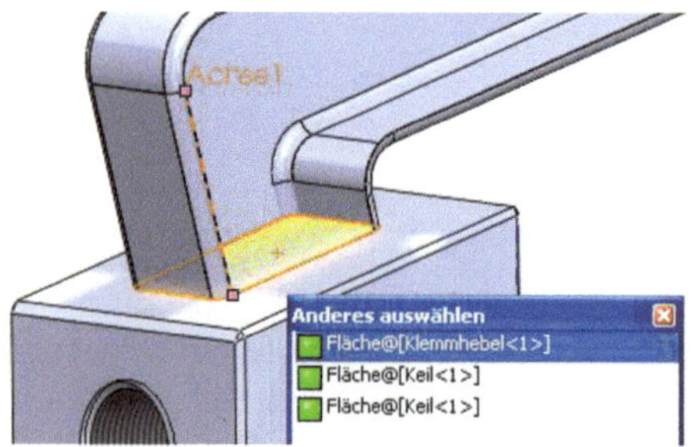

Drücken Sie dann *Aktualisieren*.

Für die Kraft FZ entnimmt man die Kraft $1931\,\text{N}$. Diese entspricht der von Hand berechneten Kraft F_{NA}. Für diese haben wir oben $F_{\text{NA}} = 1112.6\,\text{N}$ erhalten. Die Reibkraft stimmt leider nicht mit dem von Hand berechneten Wert überein. Zudem wird noch eine sehr kleine seitliche Kraft angegeben, die eigentlich nicht existiert. Die Abweichungen sind erheblich. Wenn man z.B. feiner oder gröber vernetzt, ändern sich diese Kräfte erheblich.

Für den Punkt C wählen Sie *Freie Körperkraft* und wählen die zylindrische Fläche der Bohrung im Klemmhebel. Nach dem Drücken von Aktualisieren erhält man die beiden Komponenten $FY = -4068\,\text{N}$ und $FX = 500\,\text{N}$. Vergleicht man diese mit den oben berechneten Werten $F_{Cy} = 2\,320{,}7\,\text{N}$ und $F_{Cx} = 395{,}4\,\text{N}$ stellt man auch hier Differenzen fest.

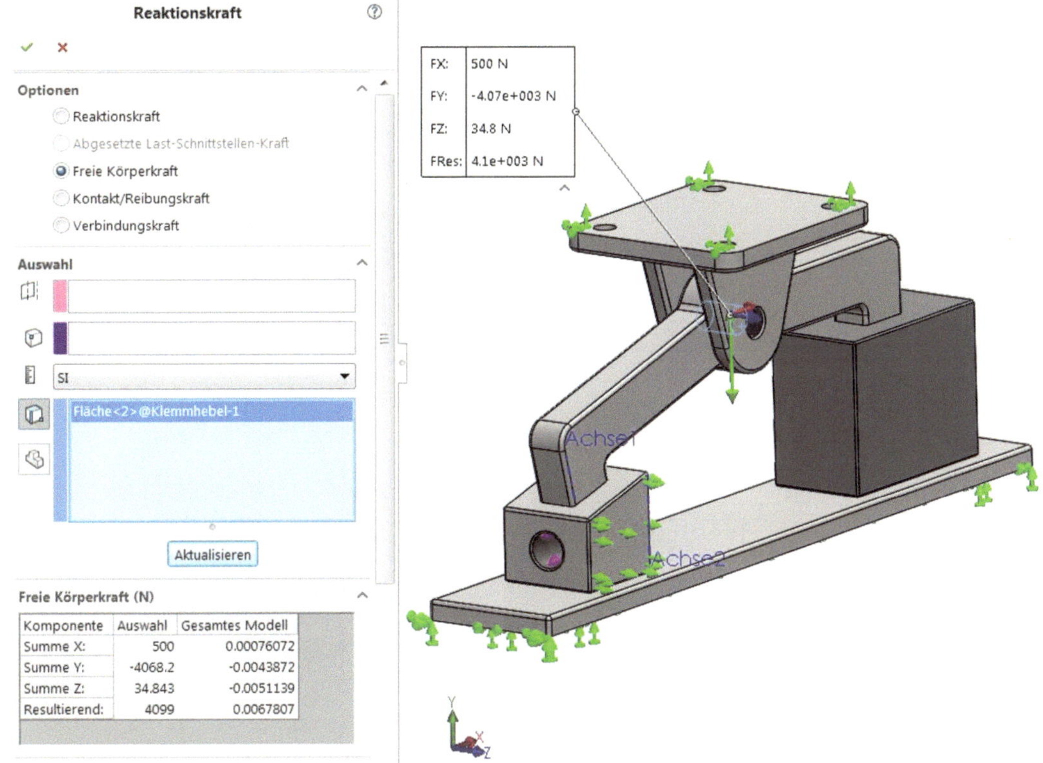

Beim Punkt B wählen Sie *Freie Körperkraft* (siehe Bild auf der nächsten Seite), dann erhalten Sie für $FY = 1\,246{,}8\,\text{N}$. Oben haben wir für $F_{By} = 1\,274{,}8\,\text{N}$ erhalten. Denken Sie bei der Interpretation solcher Abweichungen immer daran: Weder die Berechnung „von Hand", noch die Simulation mit FEM ergeben exakte Lösungen. Die tatsächlich wirkenden Kräfte sind nicht zuletzt von den Fertigungstoleranzen abhängig.

Hier nochmals die Zusammenstellung der berechneten und simulierten Werte für die Teilaufgabe a):

	Berechneter Wert	Simulierter Wert	Abweichung in %
Kraft F_{NA}	1112,9 N	1931 N	73,5
Kraft F_{By}	1 274,8 N	2202 N	72,7
Kraft F_{Cx}	395,4 N	500 N	26,5
Kraft F_{Cy}	2 320,7 N	4068 N	75,3

Wenn Sie die FEM-Simulationen mit anderen Vernetzungen durchführen, werden Sie sehen, wie stark sich diese Kräfte verändern.

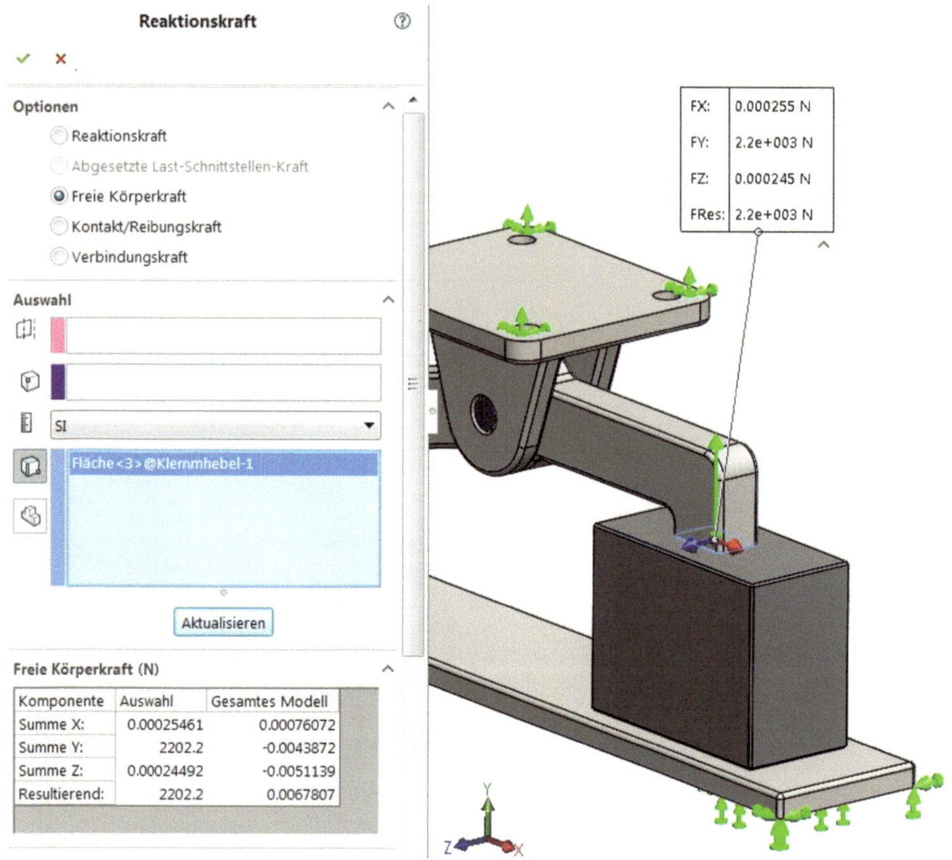

Komponente	Auswahl	Gesamtes Modell
Summe X:	0.00025461	0.00076072
Summe Y:	2202.2	-0.0043872
Summe Z:	0.00024492	-0.0051139
Resultierend:	2202.2	0.0067807

Lösung b):

Zuerst wird wieder die analytische Berechnung durchgeführt. Im Schnitt x-x liegen Biegung und Abscheren als Beanspruchungsart vor. Aus den beiden Spannungen (Normalspannung und Schubspannung) wird die Vergleichsspannung nach Von-Mises berechnet. Die Radien werden für diese Berechnungen vernachlässigt (die Maße für die folgenden Berechnungen können Sie direkt dem CAD-Modell entnehmen).

Für die Biegespannung erhält man:
$$\sigma_b = \frac{M_b}{W} = \frac{F_{By} \cdot l}{\frac{b \cdot h^2}{6}} = \frac{1\,274{,}8\ \text{N} \cdot 80\ \text{mm}}{\frac{20\ \text{mm} \cdot (30\ \text{mm})^2}{6}} = 34\ \frac{\text{N}}{\text{mm}^2}$$

Die Abscherspannung beträgt:
$$\tau_a = \frac{F_q}{A} = \frac{1\,274{,}8\ \text{N}}{20\ \text{mm} \cdot 30\ \text{mm}} = 2{,}1\ \frac{\text{N}}{\text{mm}^2}$$

Daraus berechnen wir die Vergleichsspannung:
$$\sigma_V = \sqrt{(\sigma_b)^2 + 3 \cdot (\tau_a)^2} = 34{,}2\ \frac{\text{N}}{\text{mm}^2}$$

Aus der bereits durchgeführten **FEM-Analyse** ermitteln wir die Spannungen. Um an der gewünschten Stelle *Sondieren* zu können, kann man das *Profil-Clipping* anwenden. Dazu klickt man mit der rechten Maustaste auf *Spannung1* und wählt *Profil-Clipping*.

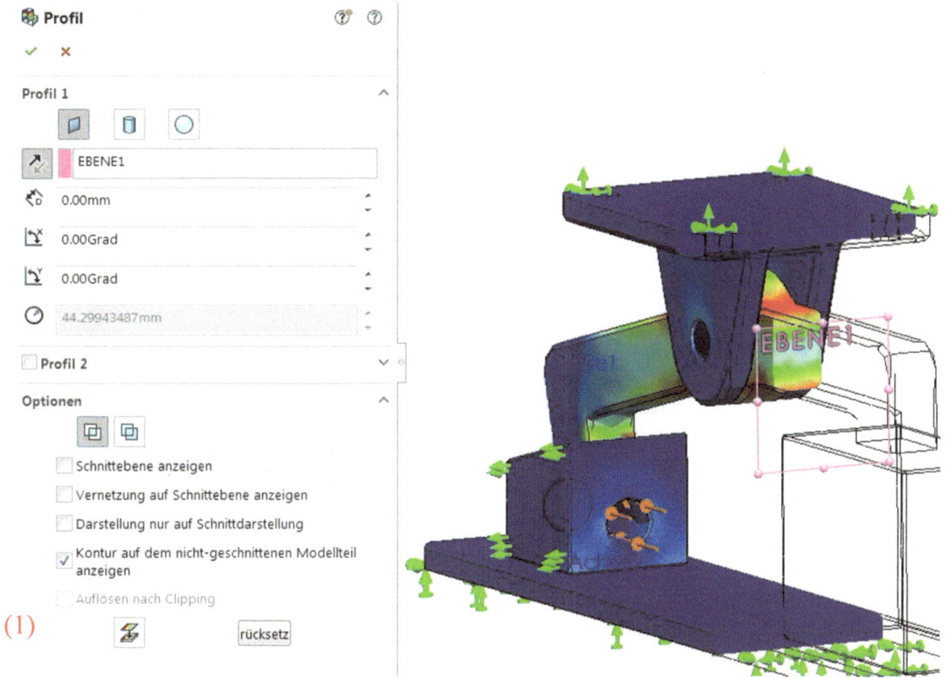

Wählen Sie die Ebene 1, die sich an der untersuchenden Stelle befindet und bestätigen Sie. Um den Befehl später wieder aufzuheben, muss man in das gleiche Menü einsteigen und (1) anklicken.

Jetzt können Sie mit *Sondieren* die gesuchten Spannungswerte messen. Die simulierte Von-Mises-Spannung beträgt ca. $36\,\dfrac{\text{N}}{\text{mm}^2}$. Dieser Wert liegt nahe am analytischen Wert von $34.2\,\dfrac{\text{N}}{\text{mm}^2}$.

Zum Vergleich wird jetzt gezeigt, welche Werte die Software liefert, wenn man nur den Klemmhebel in der Simulation modelliert.

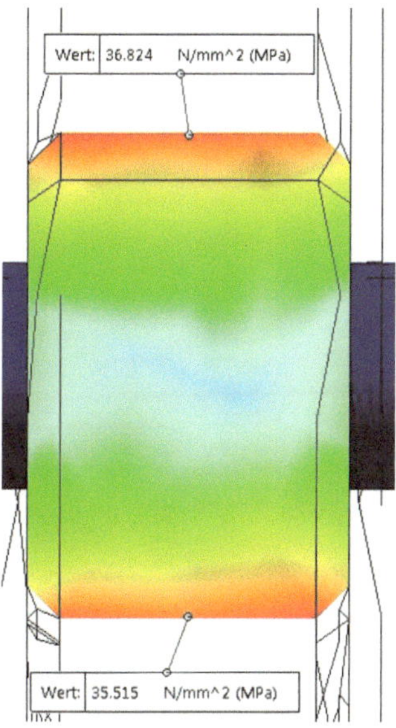

FEM-Analyse für den Klemmhebel:

1. Öffnen Sie das Bauteil Klemmhebel (Klemmhebel.SLDPRT).
2. Erstellen Sie eine statische Studie.
3. Weisen Sie das Material unlegierter Baustahl zu.
4. Wählen Sie eine *Feste Einspannung* in der Bohrung.
5. Definieren Sie die Kraft $F_{By} = 1\,274{,}8\,\text{N}$ auf die gesamte Fläche.
6. Vernetzen Sie mit einer Elementgröße von $10\,\text{mm}$.
7. Führen Sie die Studie aus.
8. Interpretation der Ergebnisse:

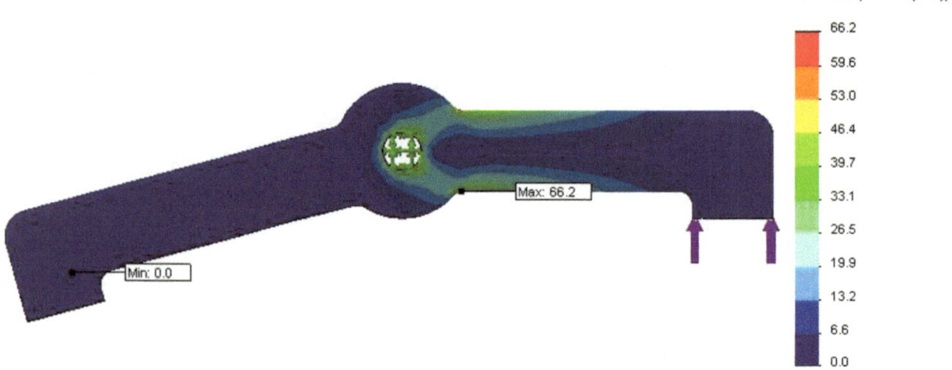

Man sieht am obigen Spannungsbild, wie die *Feste Einspannung* wirkt: Der Klemmhebel ist in der Bohrung absolut starr fixiert. Führen Sie wieder das *Profil-Clipping* aus und *Sondieren* Sie die Spannungswerte:

Die simulierte Von-Mises-Spannung von $34{,}4\,\dfrac{\text{N}}{\text{mm}^2}$ stimmt sehr gut mit dem berechneten Wert von $34{,}2\,\dfrac{\text{N}}{\text{mm}^2}$ überein.

Wenn man eine Handrechnung durchführt, geht man wie bei dieser Simulation auch davon aus, dass der Klemmhebel in der Bohrung starr fixiert ist. Wenn man aber die ganze Baugruppe betrachtet, trifft dies beim realen Modell aber bestimmt nicht zu. Man kann deshalb sagen, dass die simulierten Werte aus der Baugruppensimulation den tatsächlichen Werten näherkommen, als wenn man Einzelteile simuliert. Und bei der Handrechnung trifft man Vereinfachungen, die ebenfalls nicht der Realität entsprechen.

Wie schon in der Einführung erwähnt, haben wir den Bolzen durch ein mathematisches Verbindungsglied *Stift* ersetzt. Genauere Werte erhält man aber, wenn man den Bolzen in die Simulation mit einbezieht. Natürlich wird die benötigte Rechenzeit dafür länger. Um die Genauigkeit weiter zu erhöhen, kann die Vernetzung noch angepasst werden. Gerade an Stellen, bei denen so genannte Spannungssingularitäten auftreten, sollte man eine feinere Vernetzung wählen. Dies erreicht man entweder über die *Vernetzungssteuerung* oder indem man vor der Vernetzung *Automatischer Übergang* aktiviert. Wenn diese Option aktiviert ist, wendet die Software automatisch Vernetzungssteuerungen auf kleine Features, Einzelheiten, Bohrungen und Verrundungen an.

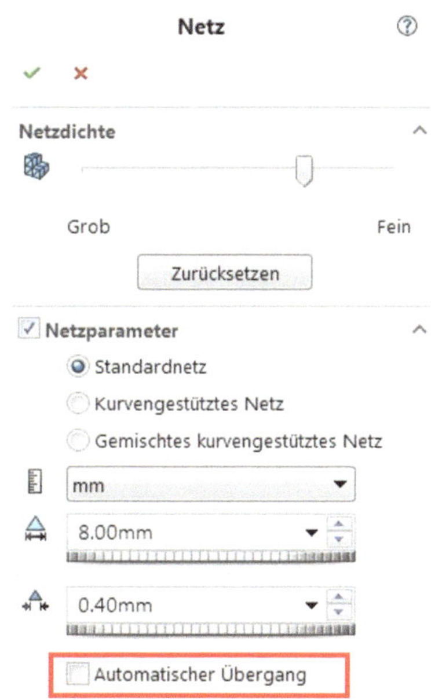

Im Vergleich sehen die Vernetzungen folgendermaßen aus:

Ohne automatischen Übergang wird mit einer konstanten Elementgröße vernetzt.

Mit automatischem Übergang wird automatisch eine Vernetzungssteuerung angewendet.

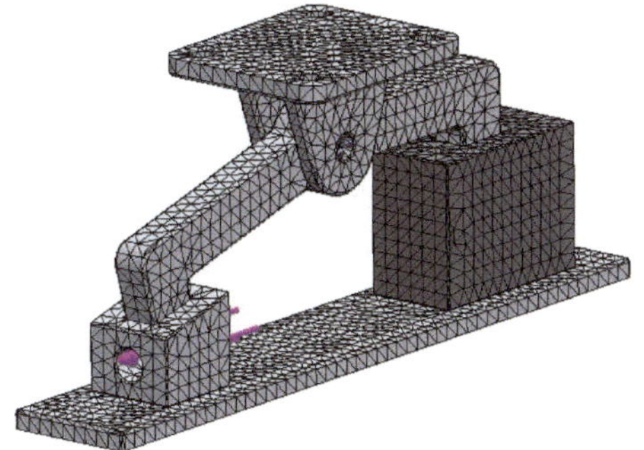

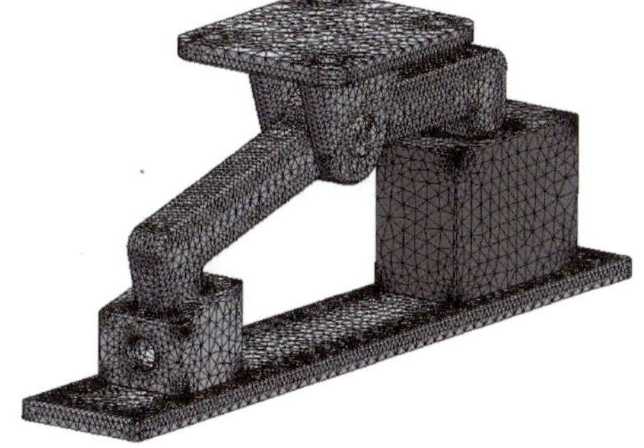

Die Analyse mit dem Bolzen und der Aktivierung von *Automatischer Übergang* beansprucht sehr viel Rechenzeit (je nach Rechnerleistung kann diese Analyse 10 Stunden Rechnerzeit benötigen). Damit man die Spannungen im Bolzen sehen kann, erstellt man eine Explosionsansicht. Wählen Sie im Modell unter *Einfügen Explosionsansicht* und erstellen Sie diese. Wenn Sie nun in der Studie die Spannungen anzeigen lassen, kann das so aussehen:

Durch Simulation mit Bolzen und Vernetzungssteuerung haben sich die Werte im Schnitt x-x nicht geändert. Man kann also davon ausgehen, dass die Spannung von ca. $28 \frac{\text{N}}{\text{mm}^2}$ stimmt.

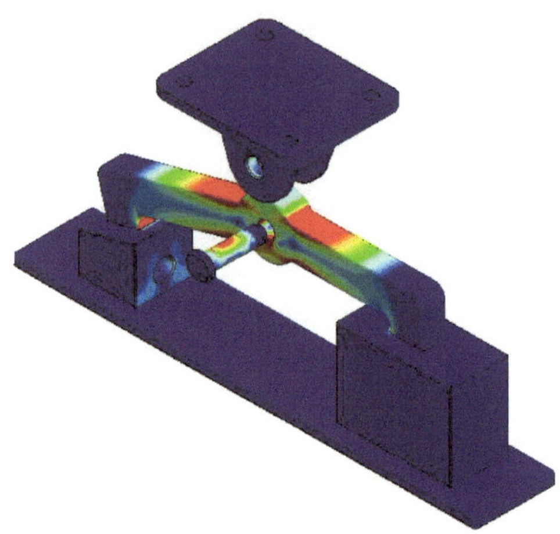

Dazu eine Grundregel:

> Beim Analysieren einer Baugruppe ist die Genauigkeit der simulierten Werte stark abhängig davon, ob man alle in der Baugruppe vorkommenden Einzelteile in die Analyse mit einbezieht oder nur Einzelteile mit Fixierungen verwendet. Genauere Werte liefert die erste Variante.

An dieser Stelle soll auf weitere nützliche Möglichkeiten zur Konstruktionsanalyse hingewiesen werden:

ISO-Clipping: Hier kann man sich Stellen in Konstruktionen anzeigen lassen, die über einer bestimmten Spannung liegen. Die Stellen in der Klemmvorrichtung mit z. B. über $20 \frac{\text{N}}{\text{mm}^2}$ sieht man in der folgenden Grafik.

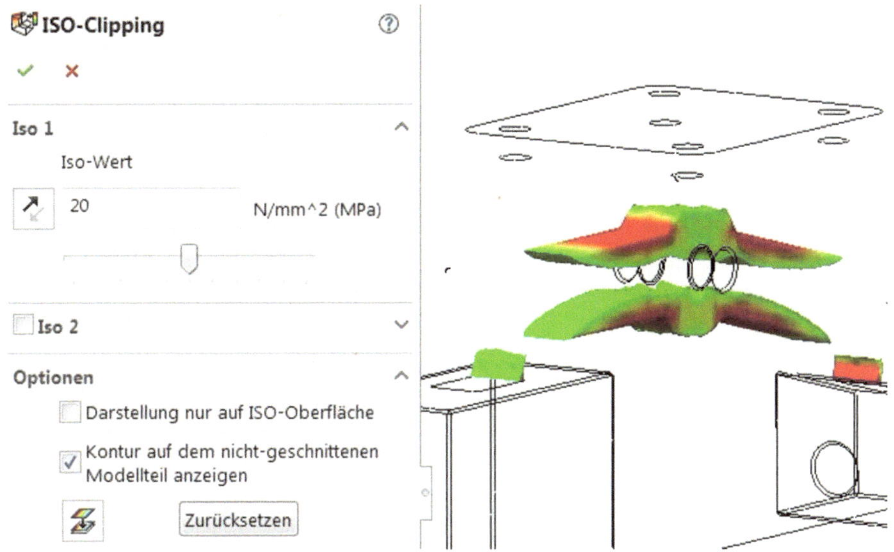

Die Baugruppenanalyse birgt sehr viele Gefahren. Das falsche Definieren von Kontaktbedingungen und Lastangriffen kann schnell zu unbrauchbaren Resultaten führen. Im Zweifelsfalle oder bei sehr großen Baugruppen kann man auch Einzelteile oder mehrere Einzelteile simulieren – muss aber immer daran denken, dass diese Modellvereinfachungen bestimmt zu Abweichungen zwischen simulierten und den tatsächlichen Werten führen. Natürlich sind in diesem Kapitel bei weitem nicht alle Möglichkeiten, die SolidWorks Simulation bietet, dargestellt worden. Ich möchte den Leser an dieser Stelle ermutigen, auch einfach mal selber auszuprobieren. Bei den folgenden Projekten finden Sie noch mehrmals die Möglichkeit, die Analyse von Baugruppen zu vertiefen.

7 Projekt Hebelpresse

Bei diesem Projekt werden verschiedene Berechnungen und Simulationen für die unten darge-stellte Hebelpresse durchgeführt. Es wird auch aufgezeigt, wie Spannungen an Bauteilen ge-messen werden können. In der Praxis wird das häufig mit Dehnmessstreifen realisiert. Natür-lich kann man dies nur am realen Bauteil durchführen. Die Hebelpresse wurde für diesen Zweck hergestellt und an vier Stellen am Bogenstück mit Dehnmessstreifen versehen. Es kann auf diese Weise gezeigt werden, wie die berechneten bzw. simulierten Werte mit den Mess-werten übereinstimmen. Auf die Grundlagen der Dehnmesstechnik wird an entsprechender Stelle in diesem Kapitel eingegangen. Bei den Simulationen werden zuerst (immer bei der jeweiligen Aufgabe) nur Einzelteile simuliert. Am Schluss des Kapitels erfolgt dann die Simu-lation der gesamten Baugruppe. Simulationswerte aus Baugruppenanalysen bilden grundsätz-lich die Realität besser ab.

Aufbau der Hebelpresse:

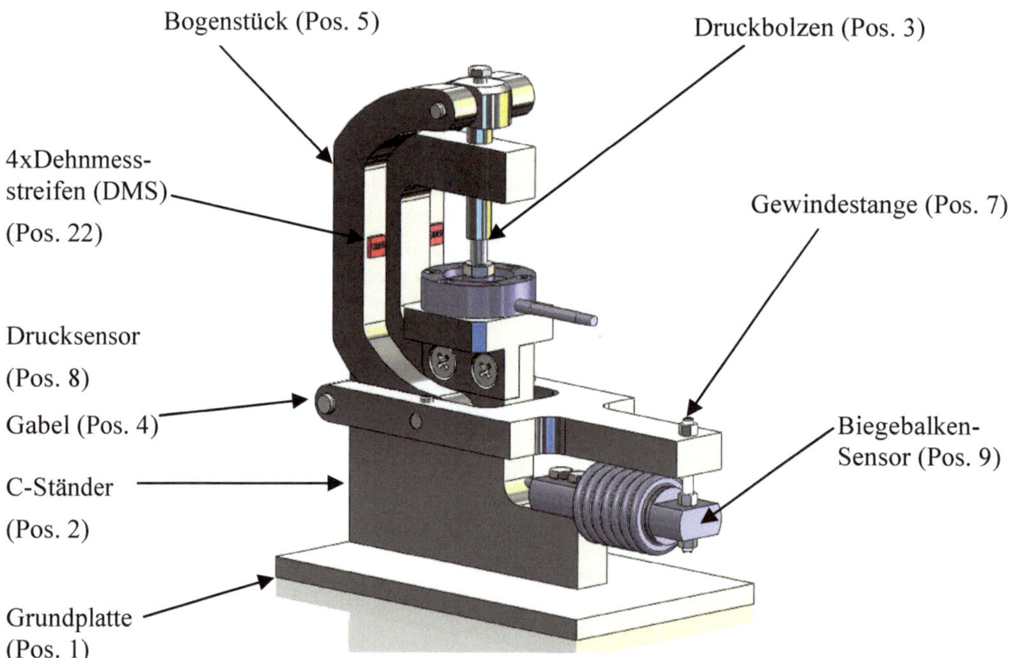

Die Baugruppen- und Einzelteilzeichnungen zur Hebelpresse finden Sie in Kapitel 7.2. Der Druck- und der Biegebalken-Sensor kann eine Maximalkraft von 5 kN bzw. 1 kN aufnehmen. Die Gabel (Pos. 4) wird mit einer Druckkraft F wie unten dargestellt belastet. Der dadurch erzeugte Kraftfluss fließt durch die Gabel über Stifte (Bolzen) in die beiden Bogenstücke (Pos. 5). Diese leiten die Kraft über den oberen Stift (Bolzen) in den Druckbolzen (Pos. 3). Die Kraft im Druckbolzen kann nun dazu verwendet werden, z. B. eine Buchse in eine Bohrung einzupressen.

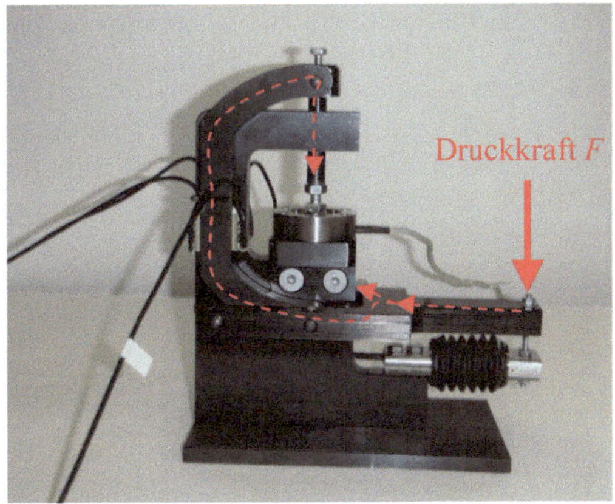

- - - - - - → Kraftfluss bis zum „Einpressen"

Die Ausführung der beiden Bogenstücke (Pos. 5) widerspricht ganz klar dem Konstruktions-grundsatz **„Leite Kräfte auf möglichst direktem Weg"**. Natürlich ermöglicht diese Ausführung eine viel bessere Zugänglichkeit zum Einpressbereich, was hier erwünscht ist. Bei Aufgabe 7 soll dort berechnet werden, wie dick eine direkte Verbindung zwischen Druckbolzen (Pos. 3) und Gabel (Pos. 4) sein müsste, damit die gleiche Normalspannung im Querschnitt auftritt, wie im Falle des Bogenstückes.

Die Druckkraft F erzeugt man durch das Anziehen einer Sechskantmutter an der Gewindestange (Pos. 7). Diese Kraft wird dann mit dem Biegebalkensensor (Pos. 9) gemessen. Mit dem Drucksensor (Pos. 8) misst man die am Druckbolzen (Pos. 3) wirksame Kraft, die zum Einpressen zur Verfügung steht. Die vier an den Bogenstücken angebrachten Dehnmessstreifen (Pos. 22) messen die an der Oberfläche entstehenden Dehnungen.

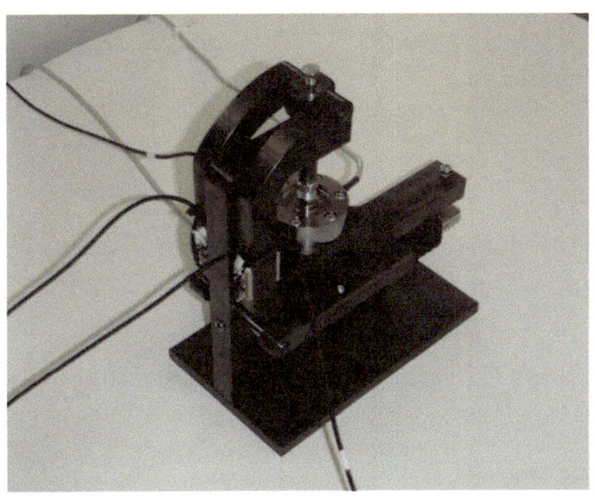
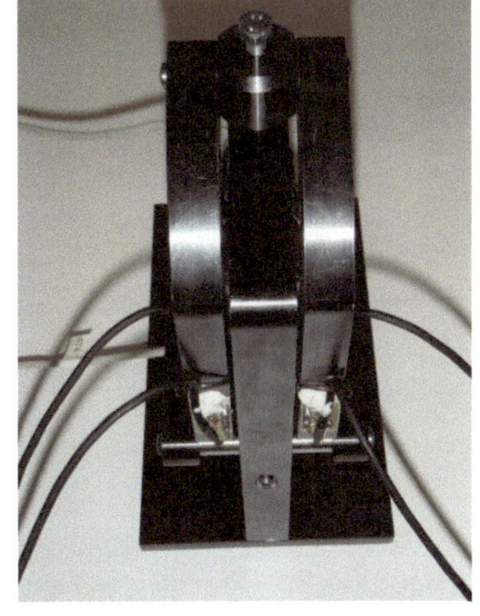

7.1 Berechnungen

Es folgen nun einige Aufgaben zu obiger Hebelpresse. Alle Angaben sind den Zeichnungen weiter hinten zu entnehmen. Die Belastung ist als statisch, d. h. ruhend, anzunehmen.

Material Teile: Baustahl S235

Material Bolzen: Vergütungsstahl 38Cr2 .

Bei den Aufgaben geht es um folgende Themen:

- Momentengleichgewicht
- Druckspannung
- Biegespannung
- Abscherspannung
- Zusammengesetzte Beanspruchung
- Flächenpressung
- Kraftumlenkung

In der Gewindestange wirken $F_{min} = 200\,\mathrm{N}$ und $F_{max} = 800\,\mathrm{N}$. Lösen Sie die folgenden Aufgaben:

Aufgabe 1

Wie groß ist die Kraft im Druckbolzen Pos. 3?

Bestimmen Sie die maximale Druckspannung im Druckbolzen (unter Berücksichtigung des Gewindes: Rechnen Sie mit dem Kerndurchmesser $6,8\,\mathrm{mm} =>$ diesen Bohrungs-Durchmesser hat SolidWorks automatisch erstellt) und die Sicherheit gegen Fließen.

Aufgabe 2

Berechnen Sie die maximale Biegespannung (mit Streckenlast) im Bolzen mit der Sicherheit gegen Fließen, die Abscherspannung, die Flächenpressungen und die Durchbiegung beim Bolzen Pos. 21.

Aufgabe 3

Berechnen Sie die resultierenden Normalspannungen im Bogenstück Pos. 5 an der Stelle, wo die Dehnmessstreifen angebracht sind.

Aufgabe 4

Berechnen Sie die Biegespannung (mit Einzellast), die Abscherspannung und die Flächenpressung im Bolzen Pos. 11.

Aufgabe 5

Berechnen Sie die Biegespannung (mit Einzellast), die Abscherspannung und Flächenpressung im Bolzen Pos. 10.

Aufgabe 6

Überlegen Sie, wo sich die kritische Stelle an der Gabel befindet. Berechnen Sie an dieser kritischen Stelle die Normalspannungen in der Gabel Pos. 4.

Aufgabe 7

Wie dick müsste das Bogenstück Pos. 5 sein, wenn die Kraft ohne Umlenkung vom oberen zum unteren Bolzen geleitet werden würde (die Breite von 20 mm soll beibehalten werden)? Dabei soll im Querschnitt in der Mitte die gleiche maximale Normalspannung $21,7 \frac{N}{mm^2}$, wie bei Aufgabe 3 berechnet wurde, wirken.

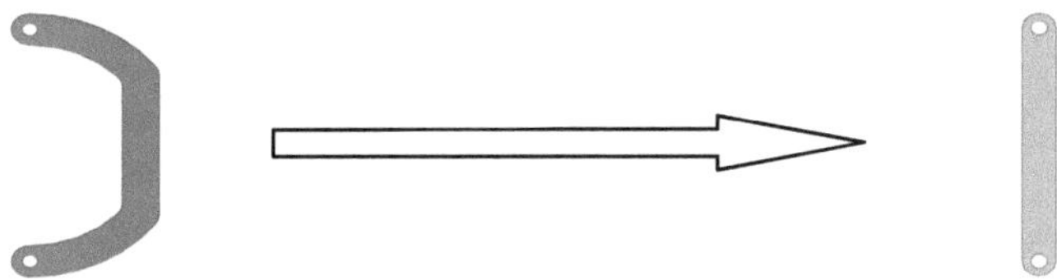

Aufgabe 8

Welche Kräfte wirken in den Schrauben Pos. 18, die den Biegebalkensensor am Ständer (Pos. 2) befestigen (Abstand Mitte Bohrung zur Kippkante $7,5$ mm)?

Lösungen: Jede Aufgabe wird mit $F_{min} = 200$ N berechnet (Klammerwerte sind zum Vergleich mit $F_{max} = 800$ N berechnet). Alle für die Berechnungen benötigten Masse sind den Zeichnungen im Kapitel 7.2 zu entnehmen. Die FEM-Analysen wurden der Einfachheit halber nur mit $F_{min} = 200$ N durchgeführt.

Aufgabe 1:

Kraft im Druckbolzen:

$$\sum M = 0 = F_{\text{Druckbolzen}} \cdot 58 \text{ mm} - 200 \text{ N} \cdot 198,75 \text{ mm}$$

$$\Rightarrow F_{\text{Druckbolzen}} = 685 \text{ N } (2\,741 \text{ N})$$

Druckspannung im Druckbolzen: $\sigma_d = \dfrac{F_{\text{Druckbolzen}}}{\dfrac{\pi \cdot ((12 \text{ mm})^2 - (6.8 \text{ mm})^2)}{4}} = 8,9 \dfrac{N}{mm^2} \left(35,7 \dfrac{N}{mm^2} \right)$

Sicherheit gegen Fließen: $v = \dfrac{\sigma_{dzul}}{\sigma_d} = \dfrac{R_e}{8,9 \dfrac{N}{mm^2}} = \dfrac{235 \dfrac{N}{mm^2}}{8,9 \dfrac{N}{mm^2}} = 26,4 \ (6,6)$

FEM-Analyse zu Aufgabe 1:

1. Zuerst öffnen Sie die Datei Druckbolzen.SLDPRT.
2. Erstellen Sie eine statische Studie.
3. Weisen Sie *Unlegierten Baustahl* zu.
4. Wählen sie *Fixierte Geometrie* für die Bohrung.
5. Definieren Sie die Kraft $F = 685$ N an der Unterseite des Druckbolzens. Vernetzen Sie mit einer Elementgröße von ca. $2,4$ mm.

6. Zeigen Sie die *Spannung1* an und *Sondieren* Sie an verschiedenen Stellen des Druckbolzens.

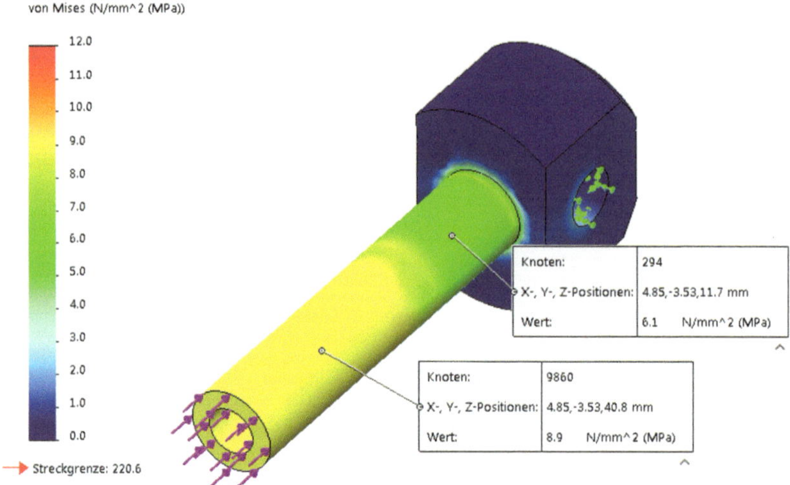

Die maximale Von-Mises-Spannung im Bolzens beträgt $\sigma_{\max} = 8{,}9\,\dfrac{\mathrm{N}}{\mathrm{mm}^2}$. Die berechnete

Druckspannung an dieser Stelle beträgt $\sigma_{\mathrm{d}} = 8{,}9\,\dfrac{\mathrm{N}}{\mathrm{mm}^2}$. Wir erkennen eine sehr gute Überein-

stimmung.

Aufgabe 2:

Zuerst berechnen wir die maximale **Biegespannung** im Bolzen. Beim Freimachen des Bolzens kann man die angreifenden Kräfte als Einzel- oder Streckenlasten annehmen. In den Zeichnungen zur Hebelpresse finden Sie die Masse mit Toleranzangabe zu den Bohrungen im Druckbolzen und dem Bogenstück. Der Bolzen hat einen Durchmesser 8 h11. Es liegen also folgende Passungen vor:

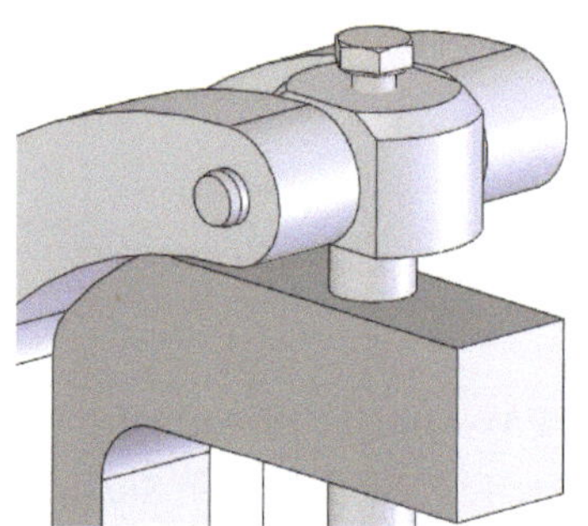

Bohrung Druckbolzen / Bolzen: Passung H7/h11

Bohrung Bogenstück / Bolzen: Passung H7/h11

In beiden Fällen handelt es sich um Spielpassungen.

Die Lasten nehmen wir, wie in der Aufgabenstellung verlangt, als Streckenlasten an.

$$\text{Streckenlast } F_1' = \frac{685\,\mathrm{N}\,/\,2}{15\,\mathrm{mm}} = 22{,}8\,\frac{\mathrm{N}}{\mathrm{mm}} \left(91{,}4\,\frac{\mathrm{N}}{\mathrm{mm}}\right),$$

$$\text{Streckenlast } F_2' = \frac{685\,\mathrm{N}}{20\,\mathrm{mm}} = 34{,}3\,\frac{\mathrm{N}}{\mathrm{mm}} \left(137{,}1\,\frac{\mathrm{N}}{\mathrm{mm}}\right)$$

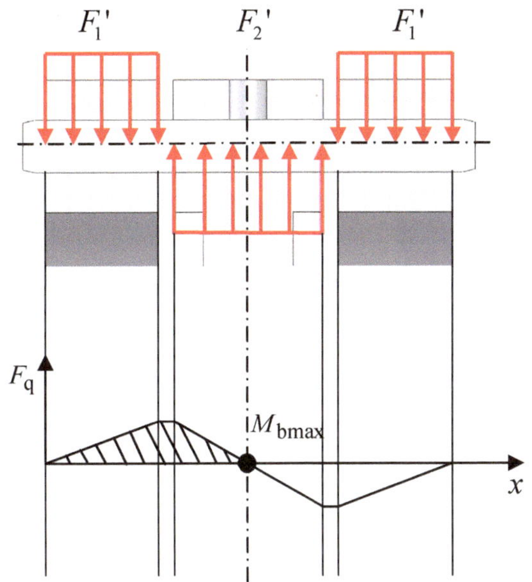

Die Situation entspricht beinahe dem Einbaufall 1 bei Roloff/Matek Kap. 9 [5]. Der Ständer und die Bogenstücke haben aber 2 mm Abstand. Deshalb rechnen wir das maximale Biegemoment mit Hilfe des Querkraft-Verlaufes aus:

Aus dem Querkraft-Verlauf $F_q(x)$ kann das maximale Biegemoment M_{bmax} in der Mitte des Bolzens berechnet werden.

Es entspricht dem Flächeninhalt der schraffierten Fläche:

$$M_{bmax} = \frac{342{,}5\ \text{N} \cdot 15\ \text{mm}}{2} + 342{,}5\ \text{N} \cdot 2\ \text{mm} + \frac{342{,}5\ \text{N} \cdot 10\ \text{mm}}{2} = 4\,966{,}3\ \text{Nmm} \quad (19\,872{,}3\ \text{Nmm})$$

Das Widerstandsmoment kann ebenfalls berechnet werden:

$$W = \frac{\pi \cdot d^3}{32} = \frac{\pi \cdot (8\ \text{mm})^3}{32} = 50{,}3\ \text{mm}^3$$

Somit wird die maximale **Biegespannung** im Bolzen:

$$\sigma_b = \frac{M_{bmax}}{W} = \frac{4\,966{,}3\ \text{Nmm}}{50{,}3\ \text{mm}^3} = 98{,}8\ \frac{\text{N}}{\text{mm}^2} \quad (395{,}3\ \frac{\text{N}}{\text{mm}^2})$$

Es ist mit folgender Sicherheit gegen Fließen zu rechnen:

$$v = \frac{\sigma_{bzul}}{\sigma_{bmax}} = \frac{550\ \dfrac{\text{N}}{\text{mm}^2}}{98{,}8\ \dfrac{\text{N}}{\text{mm}^2}} = 5{,}6 \quad (1{,}4)$$

(zulässige Biegespannung für 38Cr2 $\sigma_{bzul} = R_e = 550\ \dfrac{\text{N}}{\text{mm}^2}$)

Wir sehen, dass bei der maximalen Kraft von $F_{max} = 800\ \text{N}$ der Bolzen stark beansprucht wird und nahe an die Fließgrenze gerät.

Abscherspannung im Bolzen (Beachte: es sind zwei Scherflächen!):

$$\tau_\mathrm{a} = \frac{F}{A} = \frac{685\,\mathrm{N}}{2 \cdot \dfrac{\pi}{4} \cdot (8\,\mathrm{mm})^2} = 6{,}8\,\frac{\mathrm{N}}{\mathrm{mm}^2}\;\left(27{,}3\,\frac{\mathrm{N}}{\mathrm{mm}^2}\right)$$

Wir berechnen hier die Sicherheit gegen Bruch: $\nu = \dfrac{\tau_\mathrm{azul}}{\tau_\mathrm{a}} = \dfrac{0.8 \cdot 800\,\dfrac{\mathrm{N}}{\mathrm{mm}^2}}{6{,}8\,\dfrac{\mathrm{N}}{\mathrm{mm}^2}} = 94{,}1\,(23{,}4)$

Für die zulässige Scherfestigkeit τ_azul wird die Scherfestigkeit $\tau_\mathrm{aB} \approx 0.8 \cdot R_\mathrm{m}$ [3] eingesetzt.

Die Sicherheit gegen Abscheren ist sehr hoch.

Flächenpressung:

Da der Bolzen (38 Cr 2) die höhere Festigkeit als der Druckbolzen und die Bogenstücke (S235) besitzt, vergleichen wir die vorhandene Flächenpressung mit dem zulässigen Flächenpressungswert für S235:

$$p_\mathrm{zul} = 0{,}35 \cdot R_\mathrm{m} = 0{,}35 \cdot 360\,\frac{\mathrm{N}}{\mathrm{mm}^2} = 126\,\frac{\mathrm{N}}{\mathrm{mm}^2}\;[5]$$

Vorhandene Flächenpressung im **Druckbolzen**:

$$p_\mathrm{vorhSt} = \frac{F}{A_\mathrm{proj}} = \frac{685\,N}{8\,\mathrm{mm} \cdot 20\,\mathrm{mm}} = 4{,}3\,\frac{\mathrm{N}}{\mathrm{mm}^2}\;\left(17{,}1\,\frac{\mathrm{N}}{\mathrm{mm}^2}\right)$$

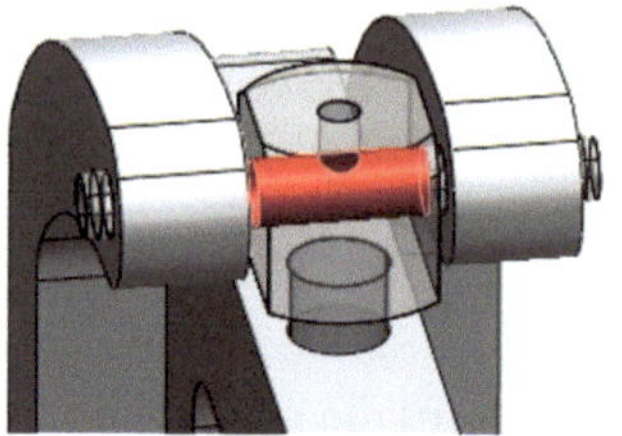

Sicherheit Flächenpressung **Druckbolzen**:

$$\nu = \frac{p_\mathrm{zul}}{p_\mathrm{vorhSt}} = \frac{126\,\dfrac{\mathrm{N}}{\mathrm{mm}^2}}{4{,}3\,\dfrac{\mathrm{N}}{\mathrm{mm}^2}} = 29{,}4\,(7{,}4)$$

Vorhandene Flächenpressung im **Bogenstück**:

$$p_\mathrm{vorhB} = \frac{F}{A_\mathrm{proj}} = \frac{685\,\mathrm{N}/2}{8\,\mathrm{mm} \cdot 15\,\mathrm{mm}} = 2{,}9\,\frac{\mathrm{N}}{\mathrm{mm}^2}\;\left(11{,}4\,\frac{\mathrm{N}}{\mathrm{mm}^2}\right)$$

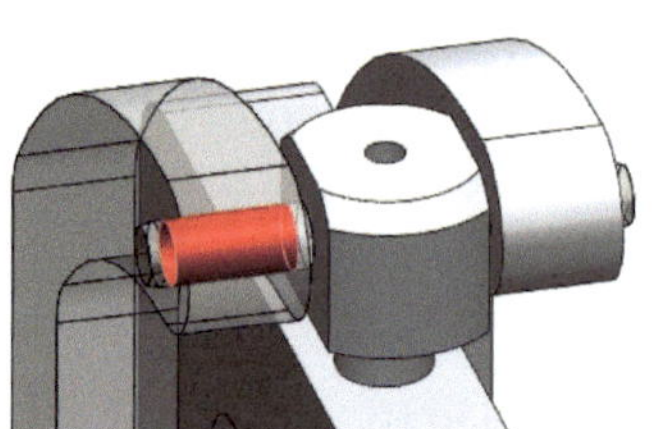

Sicherheit Flächenpressung im **Bogenstück**:

$$\nu = \frac{p_\mathrm{zul}}{p_\mathrm{vorhSt}} = \frac{126\,\dfrac{\mathrm{N}}{\mathrm{mm}^2}}{2.9\,\dfrac{\mathrm{N}}{\mathrm{mm}^2}} = 43.4\;(11.1)$$

Auch die Flächenpressung stellt kein Problem dar.

Zum Schluss die zu erwartende **Durchbiegung** in der Mitte des Bolzens:

Wir verzichten auf eine Herleitung und vereinfachen das Berechnungsmodell folgendermaßen: Balken auf zwei Stützen mit einer Streckenlast in der Mitte.

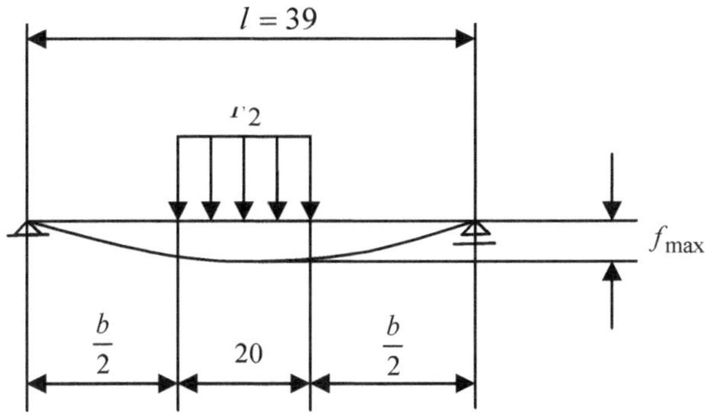

Maximale Durchbiegung [1]:

$$f_{max} = \frac{F_2{'} \cdot (l^2 - b^2) \cdot (5\,l^2 - b^2)}{384 \cdot EI}$$

$$f_{max} = \frac{34{,}3\,\dfrac{\text{N}}{\text{mm}} \cdot ((39\ \text{mm})^2 - (19\ \text{mm})^2) \cdot (5 \cdot (39\ \text{mm})^2 - (19\ \text{mm})^2)}{384 \cdot 2{,}1 \cdot 10^5\,\dfrac{\text{N}}{\text{mm}^2} \cdot \dfrac{\pi \cdot (8\ \text{mm})^4}{64}} = 0{,}018\ \text{mm}\ (0{,}071\ \text{mm})$$

Als möglicher Richtwert für die maximal zulässige Durchbiegung findet man bei [5] $f_{zul} \approx \dfrac{l}{3\,000} \approx \dfrac{39\ \text{mm}}{3\,000} \approx 0{,}013\ \text{mm}$, was unter obigen Werten liegt. Am einfachsten wäre es, den Durchmesser des Bolzens zu vergrößern, damit die Durchbiegung kleiner wird, worauf wir hier aber verzichten.

FEM-Analyse zu Aufgabe 2:

Für diese Simulation verwenden wir Balken- statt Volumenkörperelemente, weil es sich um einen stabförmigen Körper handelt.

1. Zuerst öffnen Sie das Modell vom Bolzen Pos. 21. Fügen Sie die unten dargestellten Ebenen hinzu (*Einfügen-Referenzgeometrie-Ebene*).

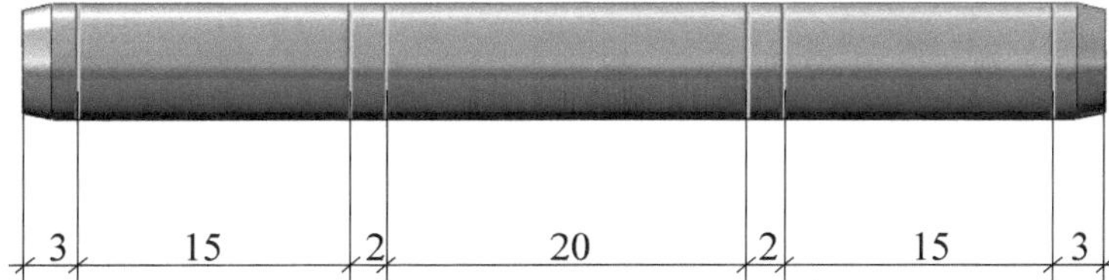

2. Teilen Sie den Körper durch *Abspalten* (*Einfügen-Features-Abspalten*) in 7 Teilkörper auf. Verwenden Sie dazu die im ersten Schritt erstellten 6 Ebenen als Trimmwerkzeuge. Als resultierenden Körper behalten Sie alle 7 durch das Abspalten entstandenen Teilkörper.

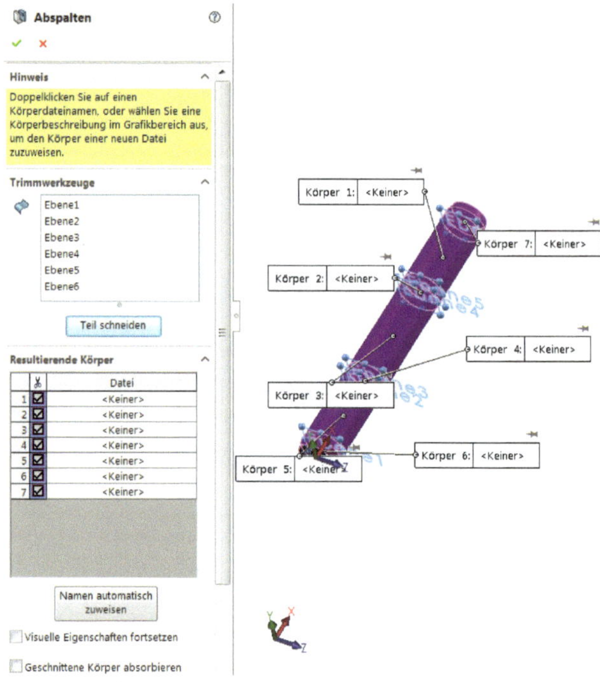

3. Erstellen Sie eine statische Studie.

4. Weisen Sie dem Bolzen mit Rechtsklick auf *Bolzen Pos 21 Material auf alle Körper anwenden* das Material Vergütungsstahl 38Cr2 zu (*Anwenden-Schließen*). Falls Sie diesen Stahl nicht in der Datenbank haben, wählen Sie eine Stahlsorte mit möglichst gleichen Festigkeitswerten:

$$\text{Streckgrenze } R_\mathrm{e} = 420\,\frac{\mathrm{N}}{\mathrm{mm}^2}\,, \text{Zugfestigkeit } R_\mathrm{m} = 550\,\frac{\mathrm{N}}{\mathrm{mm}^2}\,.$$

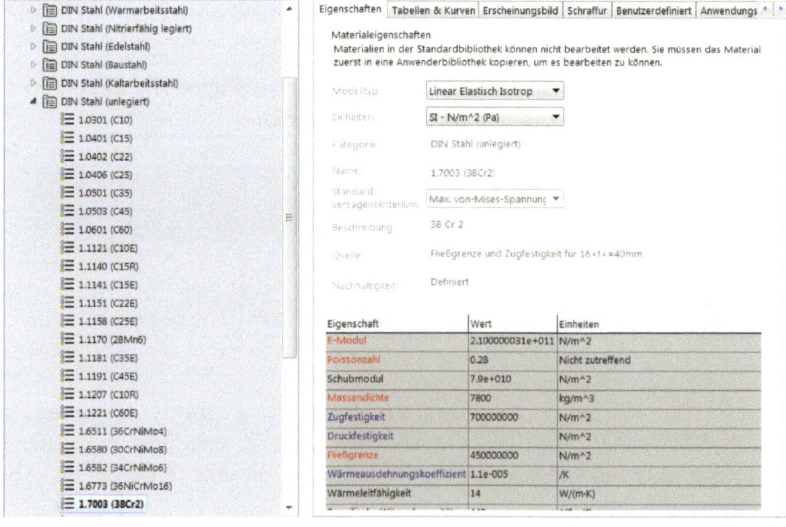

Eigenschaft	Wert	Einheiten
E-Modul	2.100000031e+011	N/m^2
Poissonzahl	0.28	Nicht zutreffend
Schubmodul	7.9e+010	N/m^2
Massendichte	7800	kg/m^3
Zugfestigkeit	700000000	N/m^2
Druckfestigkeit		N/m^2
Fließgrenze	450000000	N/m^2
Wärmeausdehnungskoeffizient	1.1e-005	/K
Wärmeleitfähigkeit	14	W/(m·K)

5. Schließen Sie die beiden unten dargestellten Körper aus der Analyse aus, weil Sie auf die Ergebnisse der Simulation keinen Einfluss haben. Wandeln Sie die anderen Körper in Balken um (mit Rechtsklick auf dem jeweiligen Element und *Als Balken behandeln* wählen).

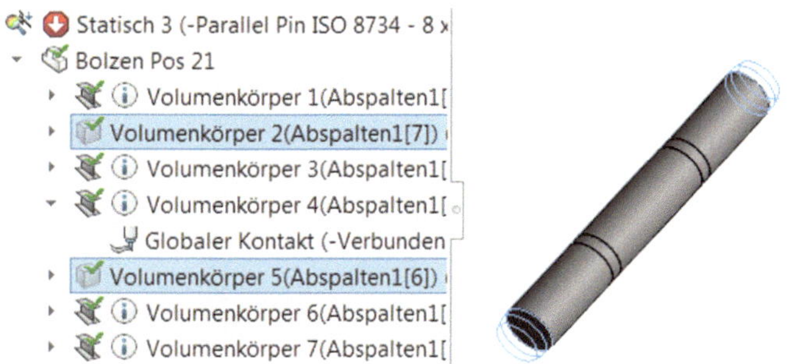

6. Wählen Sie im Menu *Verbindungen bearbeiten Berechnen*. Das Programm erstellt die dargestellten Knoten. Als Verbindung zwischen den Teilkörpern wurde automatisch der Typ *Verbunden* gewählt.

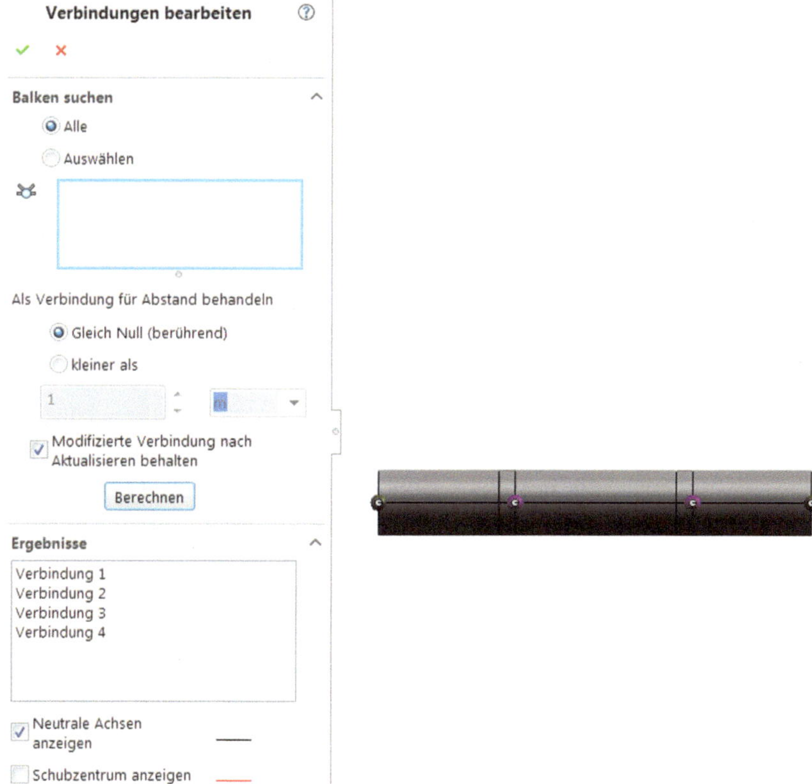

7. Definieren Sie unter ***Externe Lasten*** die Kraft $F = 685\ \text{N}$ für den mittleren Balken.

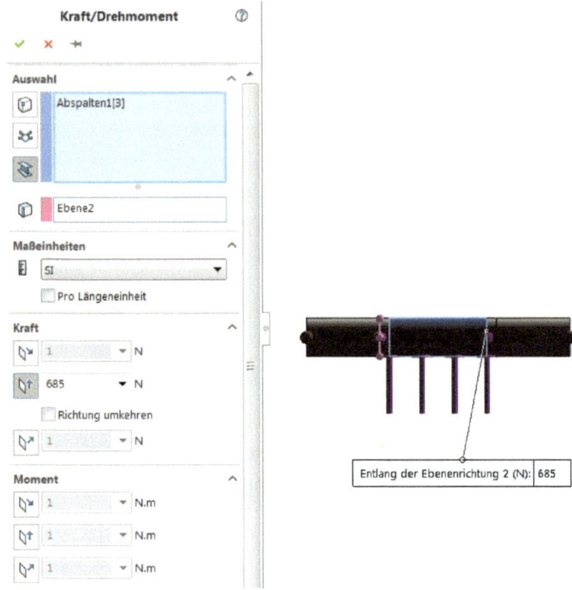

8. Auf die gleiche Weise können die ***Kraft-2*** und die ***Kraft-3*** definiert werden. Nach erfolgter Definition sieht das so aus:

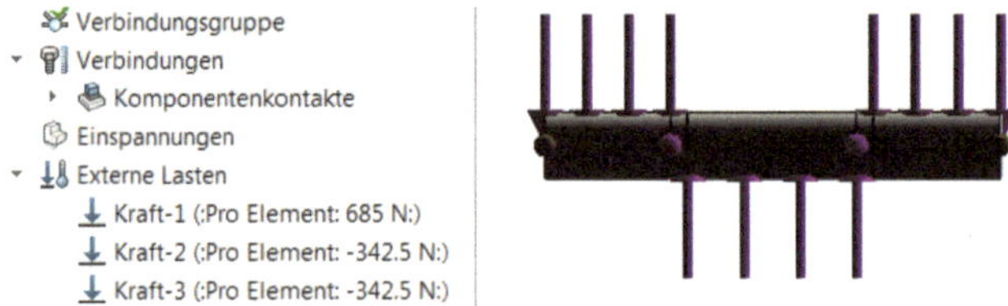

9. Wenn sie die Vernetzung erstellen, können Sie bei Balkenelementen keine Elementgröße wählen. Das Programm wählt diese automatisch. Das vernetzte Modell sieht dann so, wie wir es im 2. Kapitel bei den Grundbeanspruchungsarten schon gesehen haben, aus. Jeder hohle Zylinder entspricht einem Element.

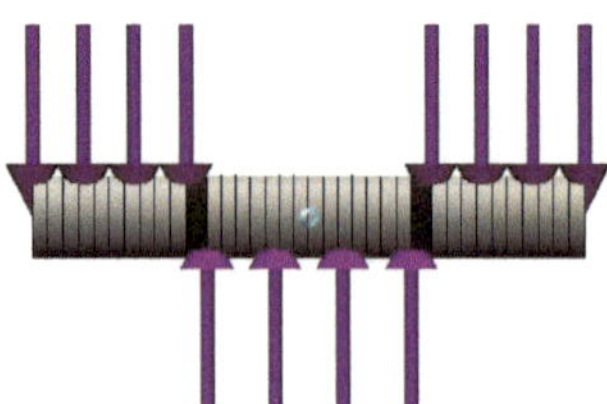

10. Führen Sie jetzt die Studie aus. Das erste Ergebnis für die Biegespannung im Bolzen sieht verwirrend aus. Das Bauteil ist verschwunden.

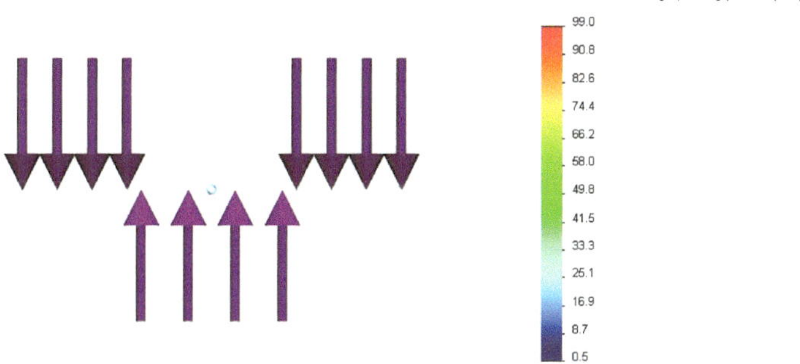

Auch bei der Verschiebungsdarstellung ist das Bauteil nicht sichtbar. Die resultierenden Verschiebungswerte sind sehr hoch (ca. 8 000 mm !)

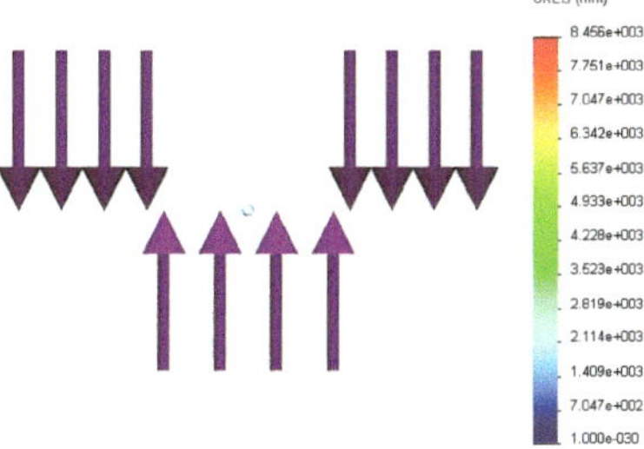

Bei dieser Simulation wirken nur Kräfte, aber keine Lagerbedingungen. Für diese Situation kann man unter Eigenschaften die Option ***Massenträgheitsentlastung verwenden*** aktivieren. Es werden dann automatisch kleine Ausgleichskräfte gesetzt, die das Modell stabilisieren.

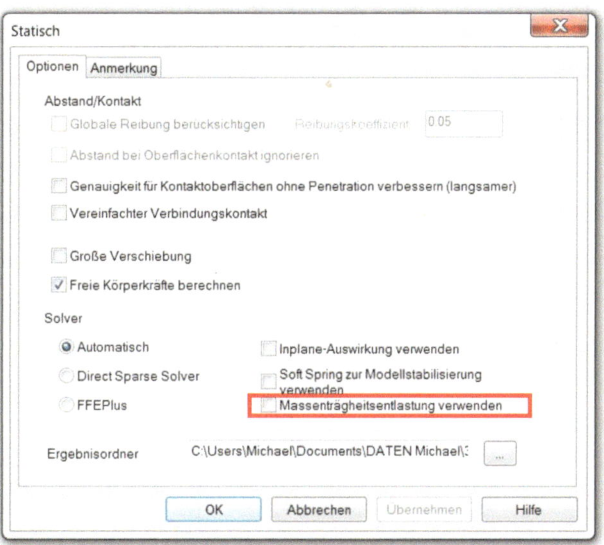

Nach Aktivierung dieser Option und erneutem Ausführen der Analyse sieht das Ergebnis richtig aus. Erwartungsgemäß wird eine maximale Biegespannung in der Mitte des Bolzens angezeigt.

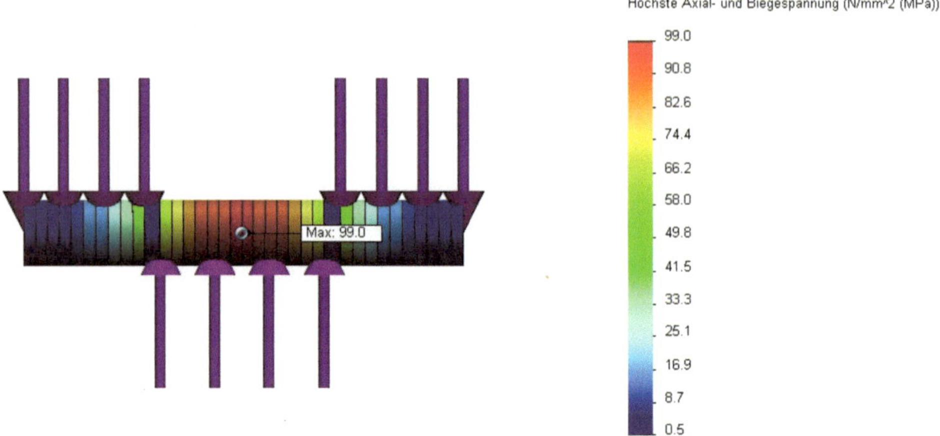

Die maximale Biegespannung in der Mitte des Bolzens beträgt $99 \frac{\text{N}}{\text{mm}^2}$. Die berechnete Biegespannung an dieser Stelle beträgt $\sigma_b = 98{,}8 \frac{\text{N}}{\text{mm}^2}$. Die Abweichung ist sehr gering.

Die simulierte Verformung in der Mitte des Bolzens beträgt $0{,}0115\,\text{mm}$. Der „von Hand" mit dem vereinfachten Berechnungsmodell berechnete Wert $0{,}018\,\text{mm}$ liegt etwas höher.

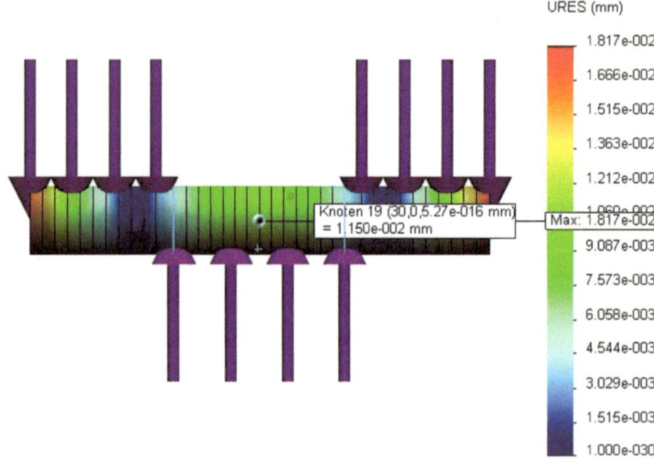

Auf die Simulation der Flächenpressung bzw. Abscherspannung wird verzichtet.

Aufgabe 3:

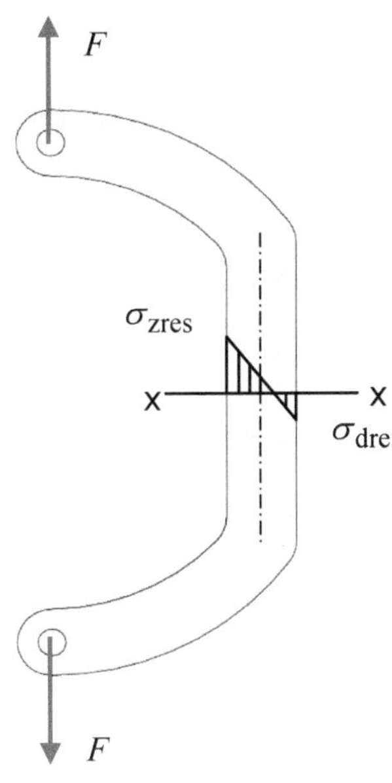

Im Schnitt x-x wirkt eine Biege- und eine Zugspannung (Zusammengesetzte Beanspruchung).

Zugspannung:

$$\sigma_z = \frac{F}{A} = \frac{342{,}5\ \text{N}}{15\ \text{mm} \cdot 20\ \text{mm}} = 1{,}1\ \frac{\text{N}}{\text{mm}^2}\ (4{,}6\ \frac{\text{N}}{\text{mm}^2})$$

Biegespannung:

$$\sigma_b = \frac{M_b}{W} = \frac{F \cdot 60\ \text{mm}}{\dfrac{15\ \text{mm} \cdot (20\ \text{mm})^2}{6}} = 20{,}6\ \frac{\text{N}}{\text{mm}^2}\ (82{,}2\ \frac{\text{N}}{\text{mm}^2})$$

Resultierende Zugspannung:

$$\sigma_{zres} = \sigma_b + \sigma_z = 21{,}7\ \frac{\text{N}}{\text{mm}^2}\ (86{,}8\ \frac{\text{N}}{\text{mm}^2})$$

Resultierende Druckspannung: $$\sigma_{dres} = \sigma_b - \sigma_z = 19{,}5\ \frac{\text{N}}{\text{mm}^2}\ (77{,}7\ \frac{\text{N}}{\text{mm}^2})$$

Sicherheiten gegen Fließen innen: $$v = \frac{\sigma_{zul}}{\sigma_{zres}} = \frac{235\ \dfrac{\text{N}}{\text{mm}^2}}{21{,}7\ \dfrac{\text{N}}{\text{mm}^2}} = 10{,}8\ (2{,}7)$$

Sicherheiten gegen Fließen außen: $$v = \frac{\sigma_{zul}}{\sigma_{zres}} = \frac{235\ \dfrac{\text{N}}{\text{mm}^2}}{19{,}5\ \dfrac{\text{N}}{\text{mm}^2}} = 12{,}1\ (3)$$

Die Beanspruchung an dieser Stelle ist unproblematisch.

FEM-Analyse zu Aufgabe 3:

1. Zuerst öffnen Sie das Modell des Bogenstücks Pos. 5.
2. Erstellen Sie eine statische Studie.
3. Weisen Sie unlegierten Baustahl zu.
4. Wählen sie *Fixierte Geometrie* für die untere Bohrung.
5. Definieren Sie die Kraft $F = 342{,}5\ \text{N}$ in der oberen Bohrung.
6. Vernetzen Sie mit einer Elementgröße von ca. 4,16 mm und führen die Analyse aus. Sondieren Sie anschließend an der Innen- und Außenseite.

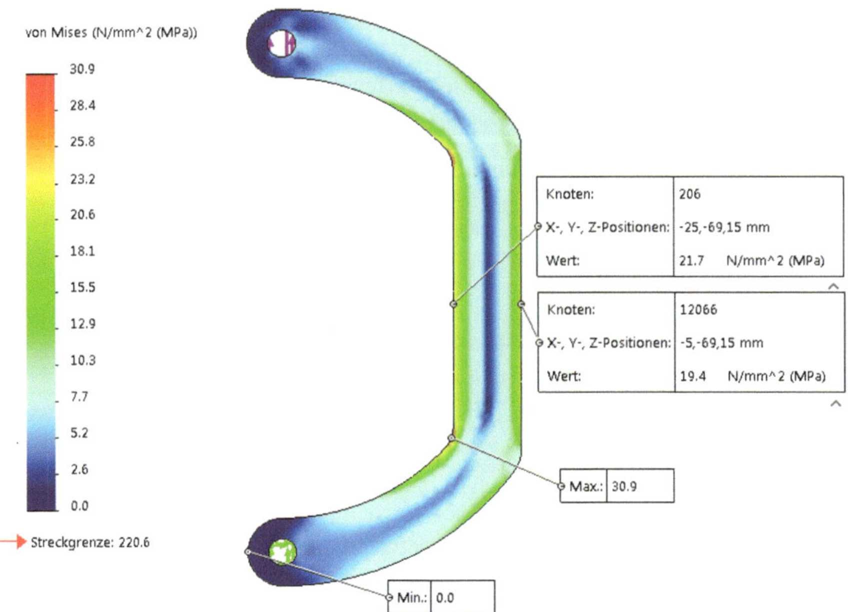

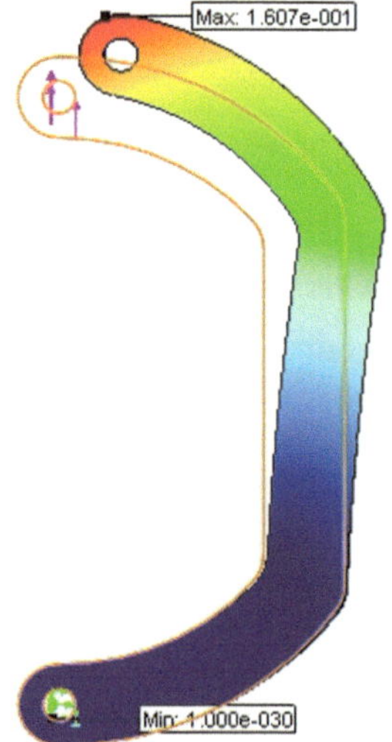

Die beiden Von-Mises-Spannungen entsprechen exakt den berechneten Werten: An der Innenseite wurden $21,7\,\dfrac{\mathrm{N}}{\mathrm{mm}^2}$ berechnet und der simulierte Wert an dieser Stelle ist genau gleich groß und dasselbe gilt für die Außenseite mit $19,4\,\dfrac{\mathrm{N}}{\mathrm{mm}^2}$.

Die maximale Von-Mises-Spannung $30,9\,\dfrac{\mathrm{N}}{\mathrm{mm}^2}$ tritt in den Radien auf, weil die Kraftumlenkung an dieser Stelle am stärksten ist.

Die Verformung des Bogenstückes sieht so aus:

Sie beträgt maximal $0,16\,\mathrm{mm}$.

Am realen Modell der Hebelpresse wurden exakt an diesen Stellen Dehnmessstreifen angebracht, um die örtlichen Spannungen zu messen. Es wird jetzt kurz erklärt, wie diese Dehnmessstreifen funktionieren:

Technische Bauteile unterliegen häufig komplexen und zum Teil unbekannten Beanspruchungen. Sie sind dementsprechend schwierig zu berechnen. Es ist daher zweckmäßig, den Verformungszustand experimentell zu ermitteln und mit Hilfe der gemessenen Verformungsgrößen sowie der elastischen Kennwerte auf den Spannungszustand und damit auf die äußeren Beanspruchungen zu schließen. Am häufigsten wird dazu der Folien-Dehnmessstreifen verwendet. Er besteht aus einem dünnen Draht, der in eine dünne Kunststofffolie eingebettet ist.

Der Dehnmessstreifen wird auf die Bauteiloberfläche geklebt. Erfährt das Bauteil z.B. eine Längenänderung, dann ändert sich auch die Länge des Drahtes. Dies ergibt eine Widerstandsänderung im Draht, weil

$$R = \frac{\rho \cdot l}{A} \, ,$$

wobei

R : Elektrischer Widerstand

l : Drahtlänge

ρ : spezifischer elektrischer Widerstand

Wenn die Drahtlänge l größer wird, ändert sich auch der Widerstand. Diese Widerstandsänderung ist proportional zur Dehnung ε .

Es gilt: $\quad \dfrac{\Delta R}{R} = k \cdot \varepsilon$

Der k -Faktor eines Dehnmessstreifens ist ein Maß für seine Empfindlichkeit. Die Widerstandsänderung ΔR und der Widerstand R sind Messwerte. Somit kann man die Dehnung ε berechnen. Aus der Festigkeitslehre kennen wir folgenden Zusammenhang:

Die mechanische Spannung beträgt:

$$\sigma = E \cdot \varepsilon \quad , \text{wobei}$$

$E \quad$ E-Modul (bei Stahl ca. $210\,000\ \dfrac{\mathrm{N}}{\mathrm{mm}^2}$)

$\varepsilon \quad$ Dehnung in %

Dazu ein einfaches Zahlenbeispiel:

Wir erhalten aus der Messung mit einem Dehnmessstreifen eine Dehnung

$$\varepsilon = 0{,}0002 = 0{,}02\ \% \, .$$

Wie groß ist die mechanische Spannung an dieser Stelle, wenn das Bauteil aus Stahl ist?

Sie beträgt:

$$\sigma = E \cdot \varepsilon = 210\,000\ \frac{\mathrm{N}}{\mathrm{mm}^2} \cdot 0{,}0002 = 42\ \frac{\mathrm{N}}{\mathrm{mm}^2}$$

An der Hebelpresse sind nun vier solche Dehnmessstreifen aufgeklebt worden. Mit diesen misst man
nach Aufbringen der Kraft $F_{min} = 200\,\text{N}$ an der
Gewindestange (Pos. 7) vier Dehnungen.

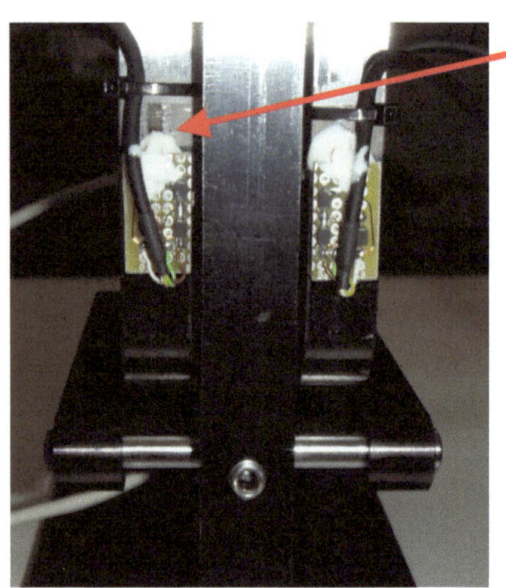

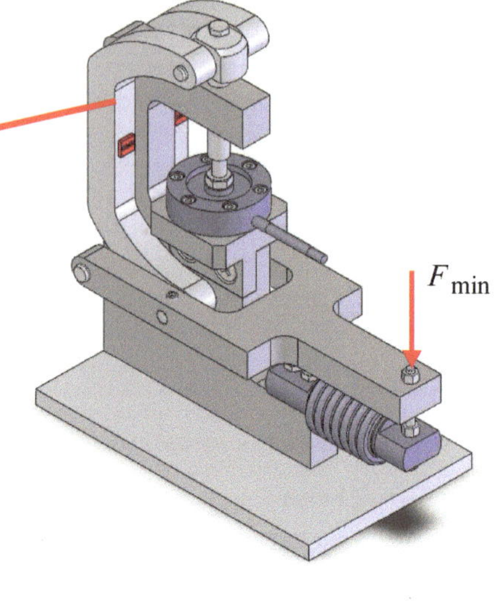

Diese vier Dehnungen multipliziert man mit dem E-Modul und erhält dann die örtlichen Spannungen.

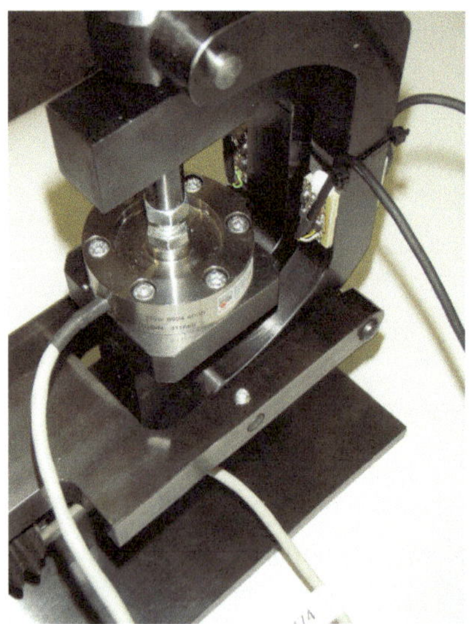

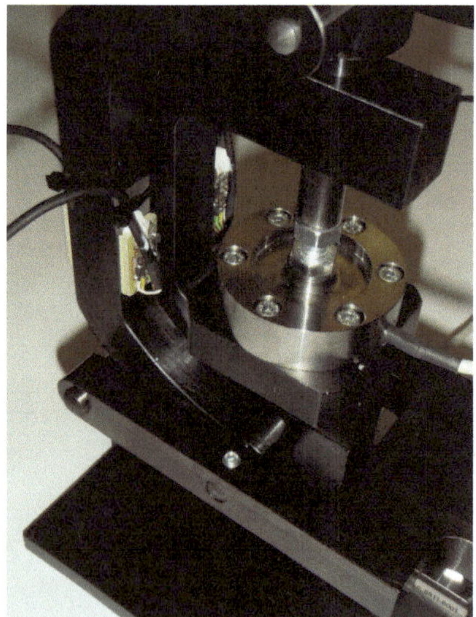

Aufgabe 4:

Es sollen für den Bolzen Pos. 11 die Biegespannung (mit Einzellast berechnet), die Abscherspannung und die Flächenpressung berechnet werden.

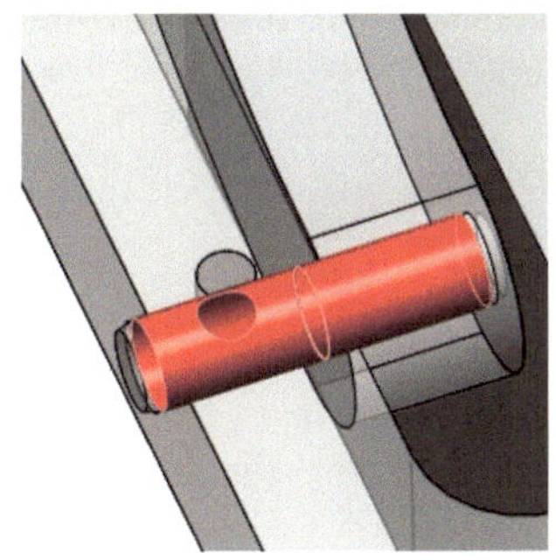

Bei dieser Bolzenverbindung handelt es sich nach [5] um eine Steckstiftverbindung.

Man setzt für $l = \dfrac{15\,\text{mm}}{2} = 7,5\,\text{mm}$

und für $F = 342,5\,\text{N}$ ein.

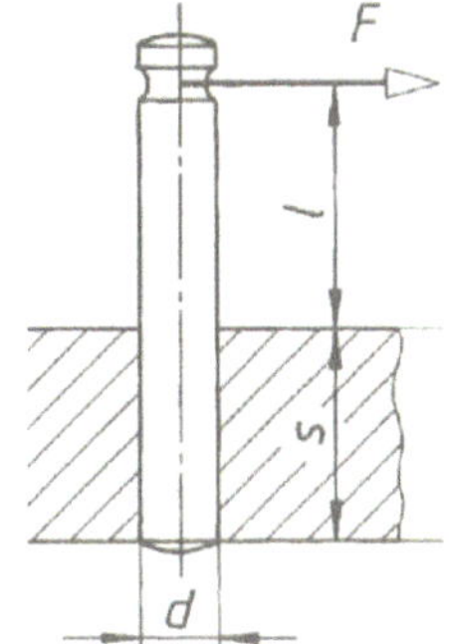

So erhält man für die Biegespannung:

$$\sigma_{\text{b}} = \frac{M_{\text{bmax}}}{W} = \frac{2\,568,8\,\text{Nmm}}{50,3\,\text{mm}^3} = 51,5\,\frac{\text{N}}{\text{mm}^2}\ (204,5\,\frac{\text{N}}{\text{mm}^2})$$

Das Biegemoment beträgt:

$$M_{\text{bmax}} = 342,5\,\text{N} \cdot 7,5\,\text{mm} = 2\,568,8\,\text{Nmm}\ \ (10\,278,8\,\text{Nmm})$$

Das Widerstandsmoment kann ebenfalls berechnet werden:

$$W = \frac{\pi \cdot d^3}{32} = \frac{\pi \cdot (8\,\text{mm})^3}{32} = 50,3\,\text{mm}^3$$

Abscherspannung im Bolzen (Beachte: es gibt nur eine Scherfläche!):

$$\tau_{\text{a}} = \frac{F}{A} = \frac{342,5\,\text{N}}{\dfrac{\pi}{4} \cdot (8\,\text{mm})^2} = 6,8\,\frac{\text{N}}{\text{mm}^2}\ (27,3\,\frac{\text{N}}{\text{mm}^2})$$

Da es sich hier um eine Steckstiftverbindung handelt, kann die **Flächenpressung** nach [5] folgendermaßen berechnet werden ($s = 15\,\text{mm}$ und $d = 8\,\text{mm}$):

$$p_{\text{max}} = \frac{F \cdot (6 \cdot l + 4 \cdot s)}{d \cdot s^2} = \frac{342,5\,\text{N} \cdot (6 \cdot 7,5\,\text{mm} + 4 \cdot 15\,\text{mm})}{8\,\text{mm} \cdot (15\,\text{mm})^2} = 20\,\frac{\text{N}}{\text{mm}^2}\ (80\,\frac{\text{N}}{\text{mm}^2})$$

Die berechneten Spannungen wie auch die Flächenpressung sind kleiner als die zulässigen Werte.

Sowohl die oben berechnete maximale Biegespannung als auch die Abscherspannung wirken in der gleichen Schnittfläche:

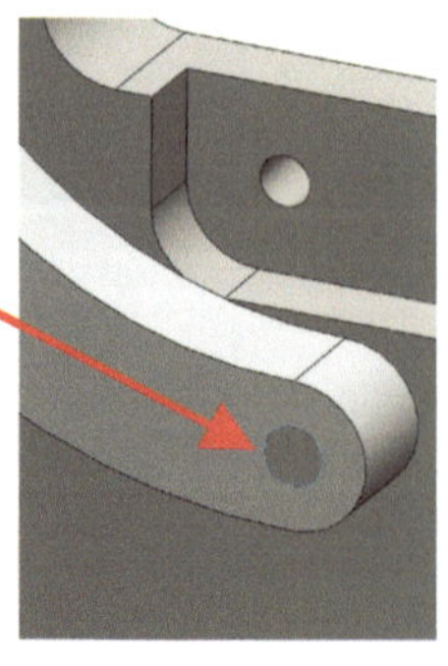

Es kann somit die Von-Mises-Vergleichsspannung in dieser Schnittfläche berechnet werden:

$$\sigma_\mathrm{V} = \sqrt{\sigma_\mathrm{b}{}^2 + 3 \cdot \tau_\mathrm{a}{}^2} = \sqrt{(51,5\,\frac{\mathrm{N}}{\mathrm{mm}^2})^2 + 3 \cdot (6,8\,\frac{\mathrm{N}}{\mathrm{mm}^2})^2}$$

$$= 52,8\,\frac{\mathrm{N}}{\mathrm{mm}^2}\,(206,3\,\frac{\mathrm{N}}{\mathrm{mm}^2})$$

Auch dieser Wert ist zulässig, wenn man von $\sigma_\mathrm{zul} = 550\,\dfrac{\mathrm{N}}{\mathrm{mm}^2}$ ausgeht. Es wird hier keine FEM-Simulation durchgeführt. Diese könnte man analog Aufgabe 2 realisieren.

Aufgabe 5:

Jetzt berechnen wir die Biegespannung, die Abscherspannung und die Flächenpressung im Bolzen Pos. 10 (siehe dazu die erste Zeichnung in Kap. 7.2 Zeichnungen). Er ist wie unten ersichtlich im Ständer fixiert. Diese Fixierung wirkt wie eine feste Einspannung. Wir betrachten nur noch eine Hälfte des Bolzens. Die maximale Biege- und Abscherspannung tritt in der Querschnittsfläche unmittelbar vor dem Ständer auf.

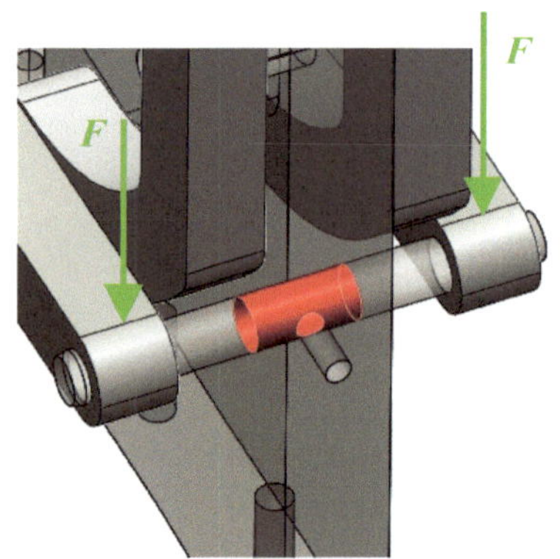

Zuerst muss die Kraft F berechnet werden. Dazu braucht man z. B. die Gleichgewichtsbedingung:

$$\sum F_\mathrm{y} = 0 = -\,200\,\mathrm{N} + 685\,\mathrm{N} - 2 \cdot F$$

Für die Kraft F erhält man 242,5 N (970,5 N). Zur Kontrolle kann man in SolidWorks die Reaktionskraft anzeigen lassen. Die oben berechnete Kraft entspricht in der Auswertung der y-Komponente −243 N.

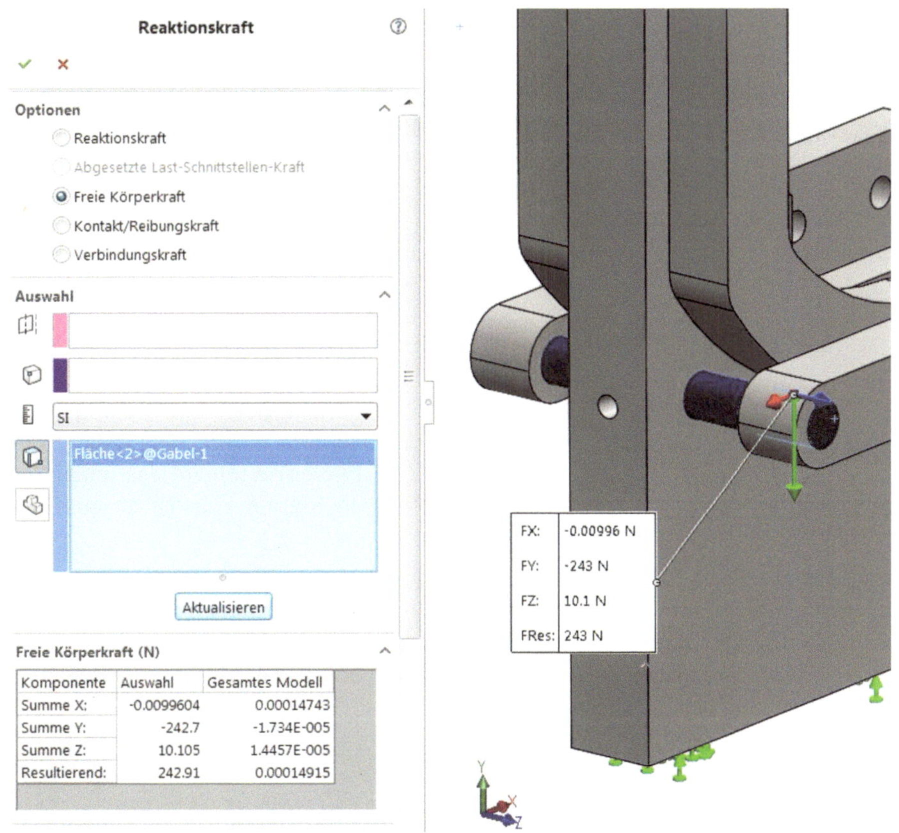

Die **Biegespannung** wird somit:

$$\sigma_{\mathrm{b}} = \frac{M_{\mathrm{bmax}}}{W} = \frac{5\,941,3\ \mathrm{Nmm}}{98,2\ \mathrm{mm}^3} = 60,5\ \frac{\mathrm{N}}{\mathrm{mm}^2}\ (242,2\ \frac{\mathrm{N}}{\mathrm{mm}^2})$$

Das Biegemoment beträgt:

$$M_{\mathrm{bmax}} = 242,5\ \mathrm{N} \cdot 24,5\ \mathrm{mm} = 5\,941,3\ \mathrm{Nmm}\ \ (23\,777,3\ \mathrm{Nmm})$$

Das Widerstandsmoment kann ebenfalls berechnet werden:

$$W = \frac{\pi \cdot d^3}{32} = \frac{\pi \cdot (10\ \mathrm{mm})^3}{32} = 98,2\ \mathrm{mm}^3$$

Abscherspannung im Bolzen (Beachte: es gibt nur eine Scherfläche!):

$$\tau_{\mathrm{a}} = \frac{F}{A} = \frac{242,5\ \mathrm{N}}{\dfrac{\pi}{4} \cdot (10\ \mathrm{mm})^2} = 3,1\ \frac{\mathrm{N}}{\mathrm{mm}^2}\ (12,4\ \frac{\mathrm{N}}{\mathrm{mm}^2})$$

Es kann somit die Von-Mises-Vergleichsspannung in dieser Schnittfläche berechnet werden:

$$\sigma_{\mathrm{V}} = \sqrt{\sigma_{\mathrm{b}}^2 + 3 \cdot \tau_{\mathrm{a}}^2} = \sqrt{(60,5\ \frac{\mathrm{N}}{\mathrm{mm}^2})^2 + 3 \cdot (3,1\ \frac{\mathrm{N}}{\mathrm{mm}^2})^2} = 60,7\ \frac{\mathrm{N}}{\mathrm{mm}^2}\ (243,2\ \frac{\mathrm{N}}{\mathrm{mm}^2})$$

Vorhandene Flächenpressung im Ständer:

$$p_{\text{vorhSt}} = \frac{F}{A_{\text{proj}}} = \frac{485\,\text{N}}{10\,\text{mm} \cdot 20\,\text{mm}} = 2{,}4\,\frac{\text{N}}{\text{mm}^2}\ (9{,}7\,\frac{\text{N}}{\text{mm}^2})$$

Alle Werte sind zulässig.

Aufgabe 6:

Die kritische, d. h. die am stärksten beanspruchte Stelle ist im unten dargestellten Schnitt sichtbar.

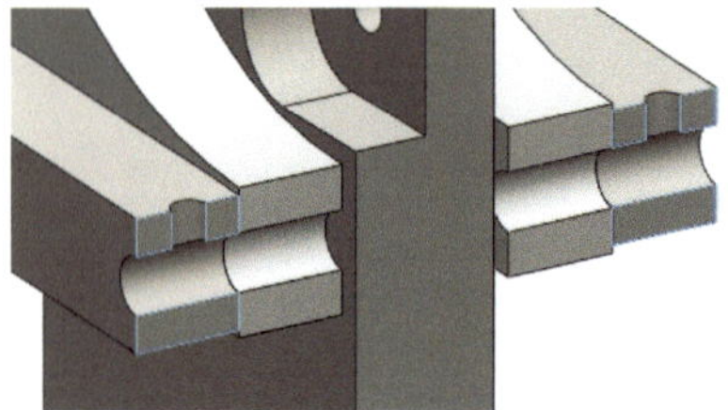

Diese Querschnittsfläche wird vor allem auf Biegung beansprucht. Wir berechnen also die Biegespannung:

Das Flächenmoment bestimmen wir mit Hilfe von SolidWorks. Mit dem Klicken auf **_Querschnittseigenschaften_** (Evaluieren) erscheint das unten dargestellte Fenster. Wählen Sie die Flächen an und lassen dann neu berechnen:

Wir brauchen das Flächenmoment $I_y = 5\,330.4\,\text{mm}^4$ (kontrollieren Sie das Resultat doch mit einer „Handrechnung"). Für die Berechnung der beiden Widerstandsmomente brauchen wir auch den Schwerpunkt. Wenn Sie weniger rechnen möchten, öffnen Sie am besten das Gabelstück separat und lassen den Schwerpunkt in Bezug zum Teile-Ursprungs berechnen. Er befindet sich 7,7 mm von der Unterkante entfernt.

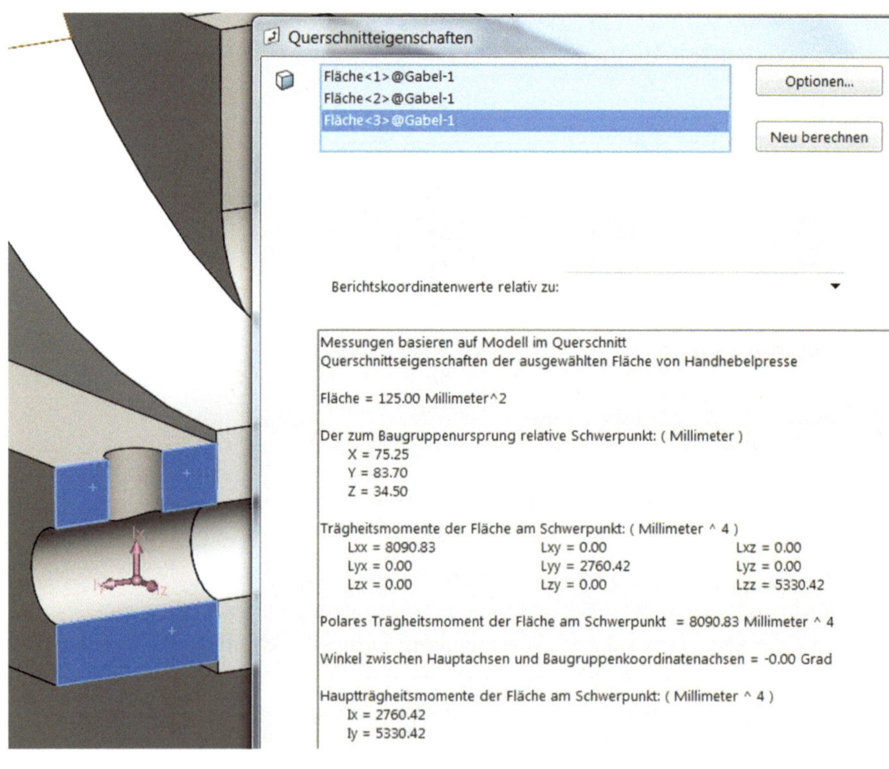

Für die Biegespannung (Biegezug) in der oberen Randfaser ($e_1 = 10{,}3$ mm) erhält man (Beachte: nur die halbe Kraft verwenden, wenn Sie nur mit einer Fläche rechnen!):

$$\sigma_b = \frac{M_{bmax}}{I_y} \cdot e_1 = \frac{100 \text{ N} \cdot 140{,}75 \text{ mm}}{5\,337{,}6 \text{ mm}^4} \cdot 10{,}3 \text{ mm} = 27{,}2 \, \frac{\text{N}}{\text{mm}^2} \; (108{,}6 \, \frac{\text{N}}{\text{mm}^2})$$

Für die Biegespannung (Biegedruck) in der unteren Randfaser ($e_2 = 7{,}7$ mm) erhält man:

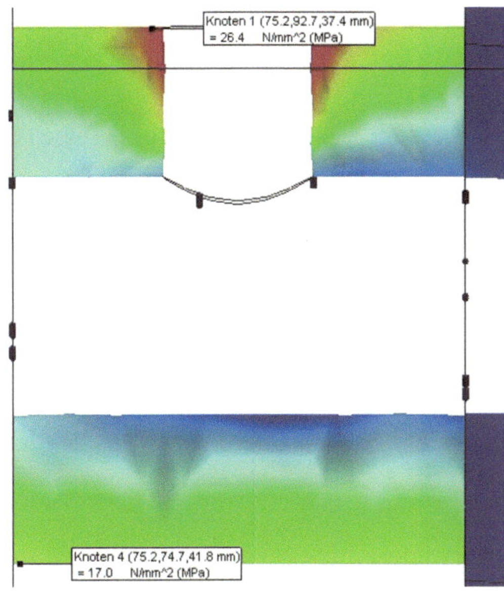

$$\sigma_b = \frac{M_{bmax}}{I_y} \cdot e_1 = \frac{200 \text{ N} \cdot 140{,}75 \text{ mm}}{2 \cdot 5\,330{,}4 \text{ mm}^4} \cdot 7{,}7 \text{ mm}$$

$$= 20{,}3 \, \frac{\text{N}}{\text{mm}^2} \; (81{,}2 \, \frac{\text{N}}{\text{mm}^2})$$

Das maximale Biegemoment an dieser Stelle kann man auf verschiedene Arten berechnen. Hier wurde die Kraft $F_{min} = 200$ N (800 N) mit dem Wirkabstand zur kritischen Stelle 140,75 mm multipliziert.

Sie sehen die ungefähre Übereinstimmung der Werte.

Aufgabe 7:

Die Ausführung der beiden Bogenstücke (Pos. 5) widerspricht ganz klar dem Konstruktionsgrundsatz **„Leite Kräfte auf möglichst direktem Weg"**. Natürlich ermöglicht diese Ausführung eine viel bessere Zugänglichkeit zum Einpressbereich, was hier erwünscht ist. Es soll berechnet werden, wie dick eine direkte Verbindung (bei gleichbleibender Breite 20 mm) zwischen Druckbolzen (Pos. 3) und Gabel (Pos. 4) sein müsste, damit die gleiche Normalspannung im Querschnitt auftritt, wie im Falle des Bogenstückes.

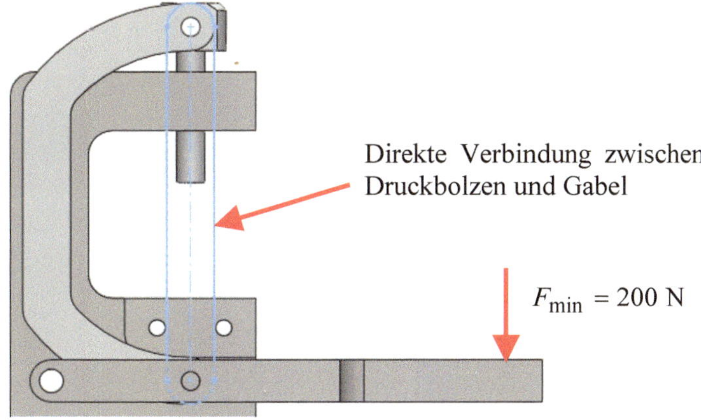

Die bei Aufgabe 3 berechnete maximale Normalspannung $\sigma_{\text{zres}} = 21{,}7\,\dfrac{\text{N}}{\text{mm}^2}$ entsteht bei der

Kraft $F_{\min} = 200\text{ N}$. Mit der Kraft $F = \dfrac{F_{\text{Druckbolzen}}}{2} = 342{,}5\text{ N}$, die in der direkten Ver-

bindung wirkt, kann folgende Gleichung für die Zugspannung aufgestellt werden: (x ist die gesuchte Dicke)

$$\sigma_{\text{z}} = 21{,}7\,\frac{\text{N}}{\text{mm}^2} = \frac{342{,}5\text{ N}}{20\text{ mm}\cdot x} \quad => \text{ daraus ergibt sich } x = 0{,}79\text{ mm} \text{ für die gesuchte Dicke.}$$

Mit diesem Beispiel kann man sehr schön aufzeigen, dass die Zugbeanspruchung ökonomischer ist als die Biegebeanspruchung. Sie benötigt für die gleiche Kraft bedeutend weniger Material.

Aufgabe 8:

Es sollen die Schraubenkräfte F_1 und F_2 berechnet werden. Wie man in der untenstehenden Graphik erkennen kann, ist die Schraubenkraft F_2 größer als F_1. Sie lassen sich mit Hilfe des Momentengleichgewichtes und des Strahlensatzes berechnen.

Momentengleichgewicht für die Kippkante K:

$$\sum M_{\text{K}} = 0 = 200\text{ N}\cdot 92.5\text{ mm} - F_1\cdot 7.5\text{ mm} - F_2\cdot 20\text{ mm}$$

Strahlensatz für die beiden Schraubenkräfte:

$$\frac{F_1}{F_2} = \frac{7.5\text{ mm}}{20\text{ mm}}$$

Das Auflösen beider Gleichungen ergibt $F_1 = 304{,}1\text{ N }(1\,216{,}4\text{ N})$ und $F_2 = 811\text{ N }(3\,243{,}8\text{ N})$.

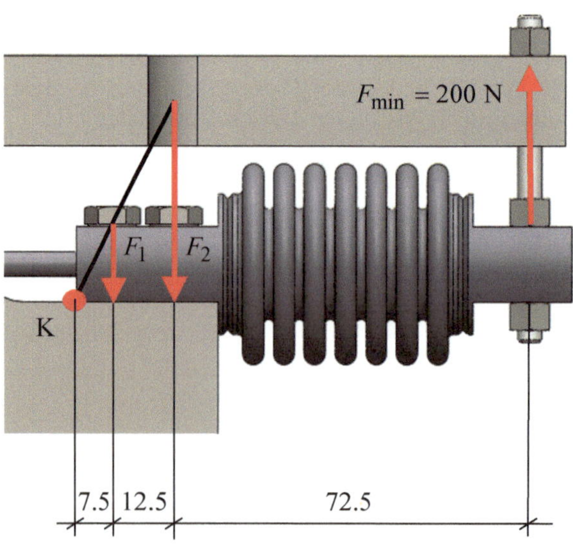

7.2 Zeichnungen (Geometrische Abmessungen für Berechnungen)

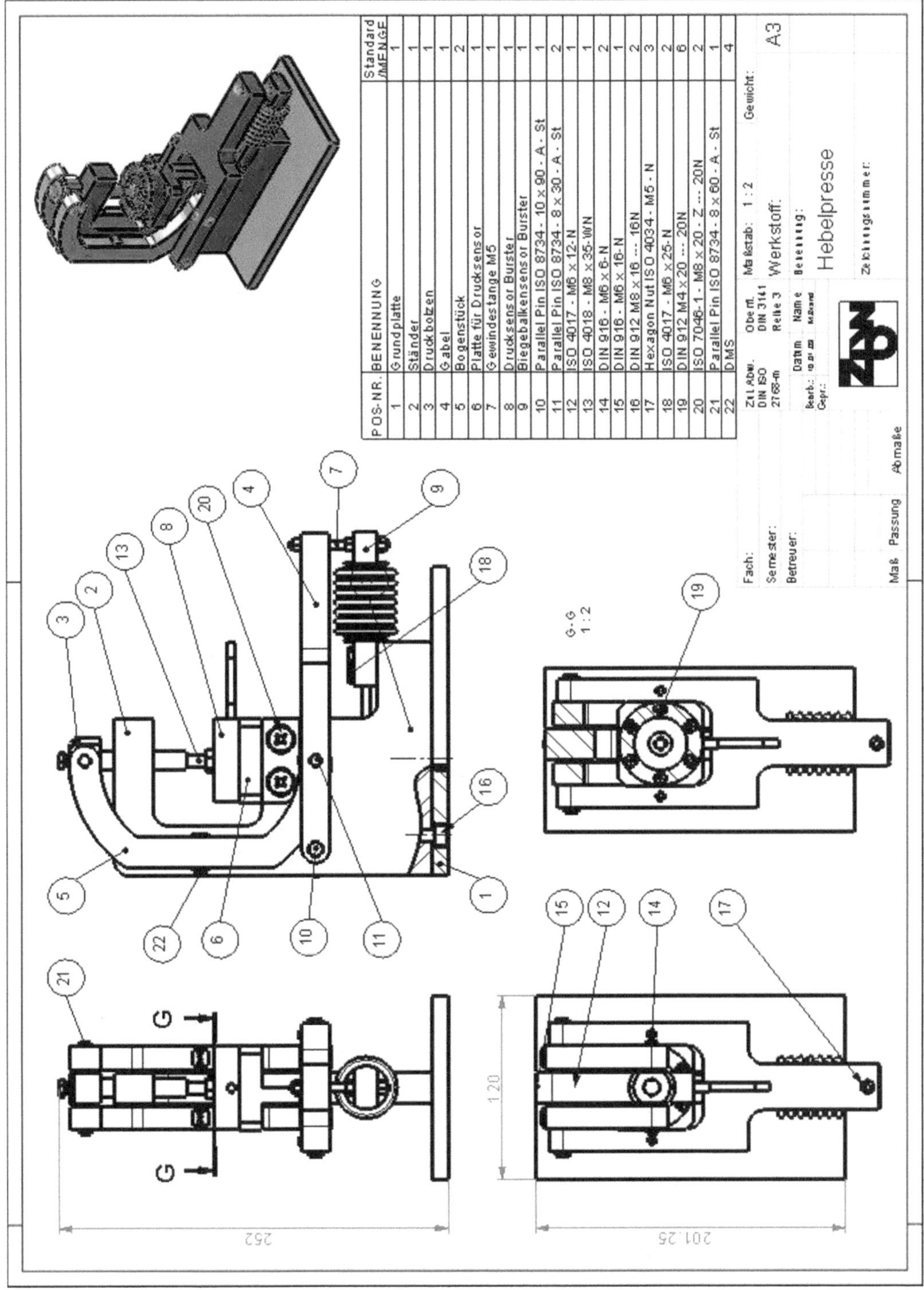

POS-NR.	BENENNUNG	Standard MENGE
1	Grundplatte	1
2	Ständer	1
3	Druckbolzen	1
4	Gabel	1
5	Bogenstück	2
6	Platte für Drucksensor	1
7	Gewindestange M5	1
8	Drucksensor Burster	1
9	Biegebalkensensor Burster	1
10	Parallel Pin ISO 8734 - 10 × 90 - A - St	1
11	Parallel Pin ISO 8734 - 8 × 30 - A - St	2
12	ISO 4017 - M6 × 12- N	1
13	ISO 4018 - M8 × 35- WN	1
14	DIN 916 - M6 × 6- N	2
15	DIN 916 - M6 × 16- N	1
16	DIN 912 M8 × 16 --- 16N	2
17	Hexagon Nut ISO 4034 - M5 - N	3
18	ISO 4017 - M6 × 25- N	2
19	DIN 912 M4 × 20 --- 20N	6
20	ISO 7046 - 1 - M8 × 20 - Z --- 20N	2
21	Parallel Pin ISO 8734 - 8 × 60 - A - St	1
22	DMS	4

Zul. Abw. DIN ISO 2768-m
Oberfl. DIN 3141 Reihe 3
Maßstab: 1 : 2
Werkstoff:
Gewicht:
A3
Benennung: Hebelpresse
Zeichnungsnummer:

Datum Name
Bearb.:
Gepr.:

Fach:
Semester:
Betreuer:

Maß Passung Abmaße

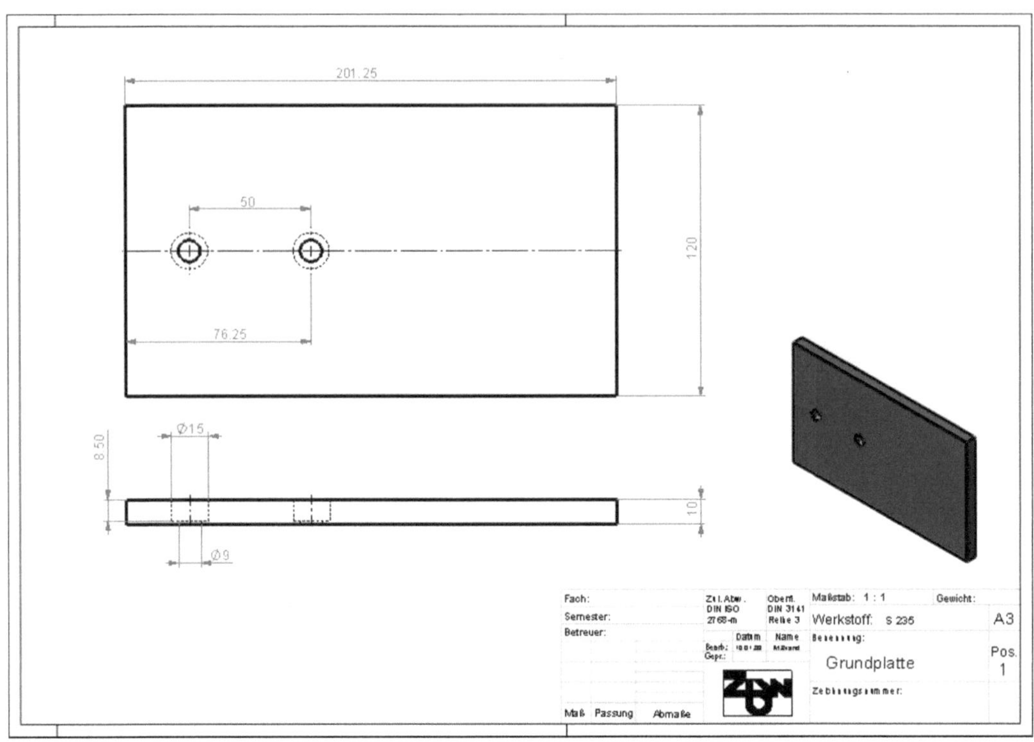

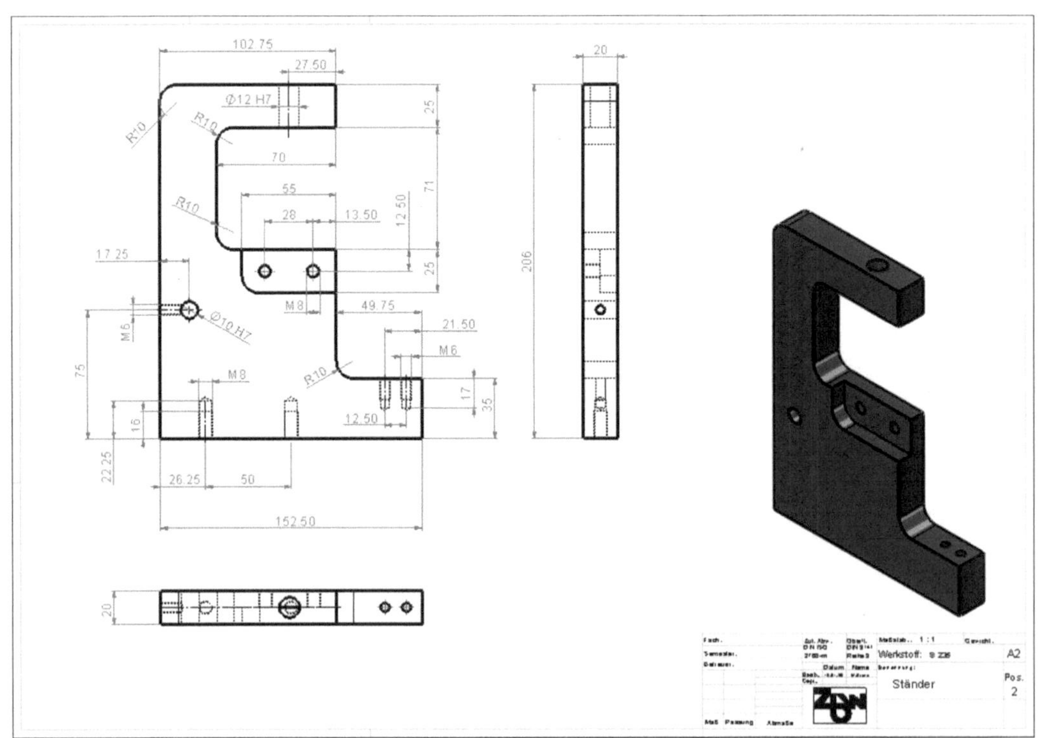

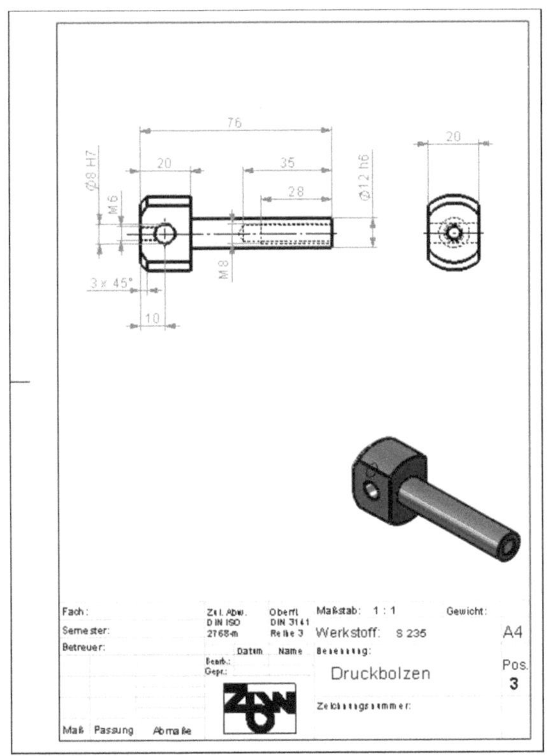

76
20
35
28
20
Ø8 H7
M6
Ø12 h6
M8
3 x 45°
10
Fach:
Semester:
Betreuer:
Zul. Abw.
DIN ISO
2768-m
Oberfl.
DIN 3141
Reihe 3
Maßstab: 1 : 1
Werkstoff: S 235
Gewicht:
A4
Datum   Name
Bearb.:
Gepr.:
Benennung:
Druckbolzen
Pos.
3
Zeichnungsnummer:
Maß Passung   Abmaße
ZBN

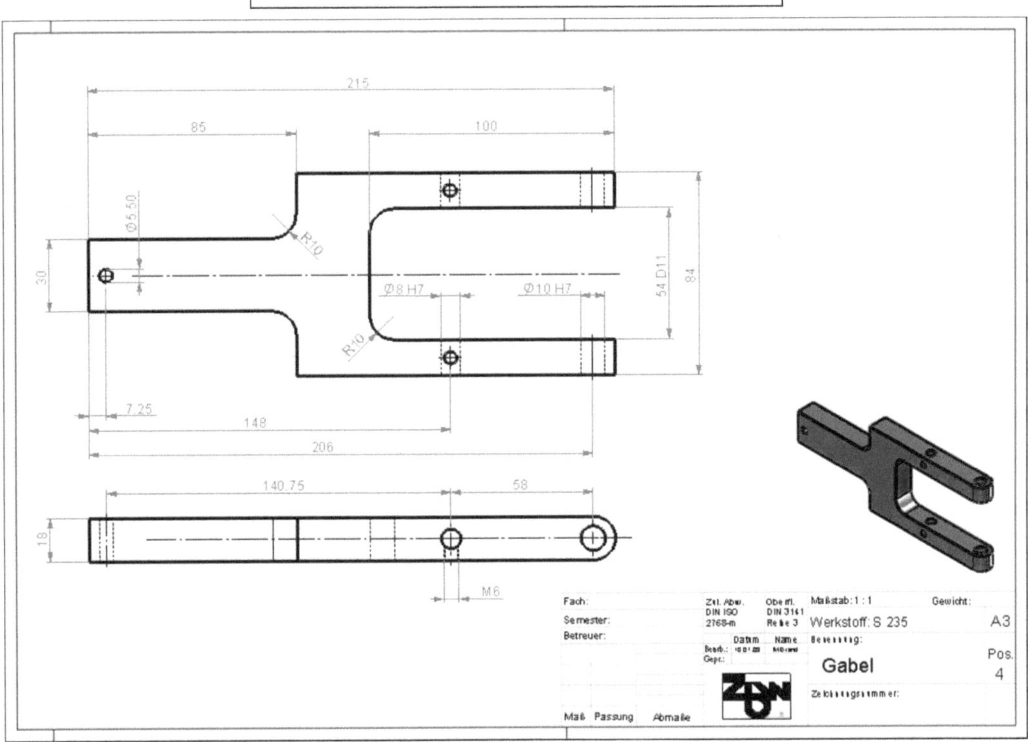

215
85
100
Ø5.50
30
R10
R10
Ø8 H7
Ø10 H7
54 D11
84
7.25
148
206
140.75
58
18
M6
Fach:
Semester:
Betreuer:
Zul. Abw.
DIN ISO
2768-m
Oberfl.
DIN 3141
Reihe 3
Maßstab: 1 : 1
Werkstoff: S 235
Gewicht:
A3
Datum   Name
Bearb.:
Gepr.:
Benennung:
Gabel
Pos.
4
Zeichnungsnummer:
Maß Passung   Abmaße
ZBN

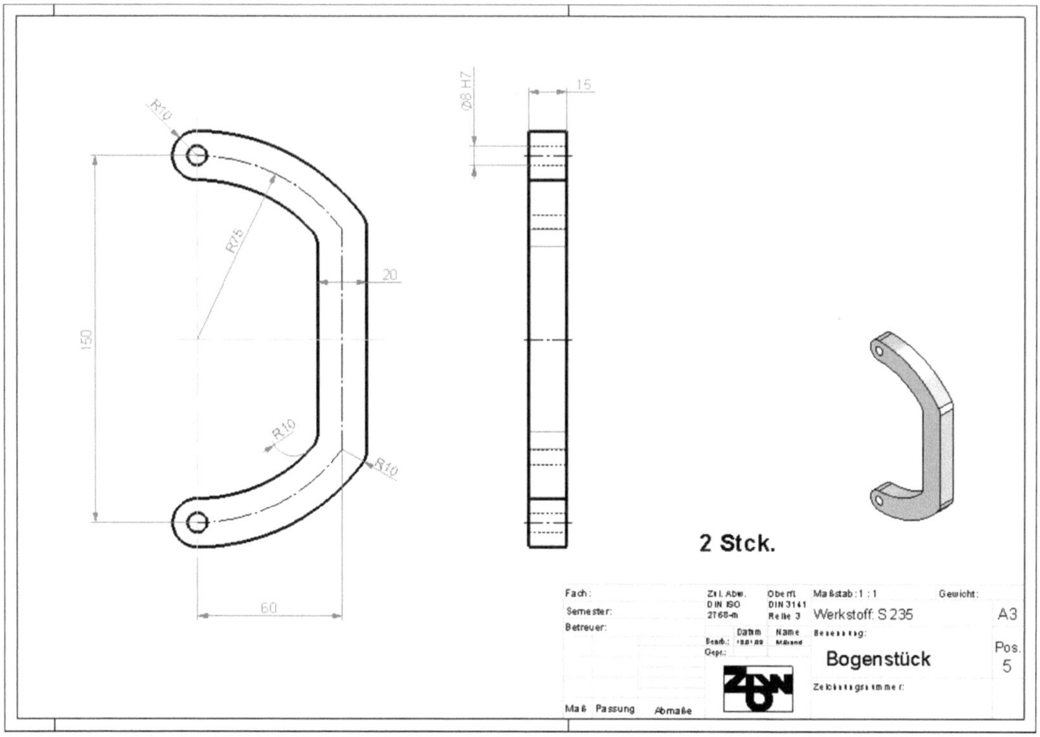

2 Stck.

Fach:	Zul. Abw. DIN ISO 2768-m	Oberfl. DIN 3141 Reihe 3	Maßstab: 1:1	Gewicht:
Semester:			Werkstoff: S 235	A3
Betreuer:	Bearb.	Name	Benennung:	Pos.
	Gepr.:		**Bogenstück**	5
Maß Passung Abmaße		Zeichnungsnummer:	

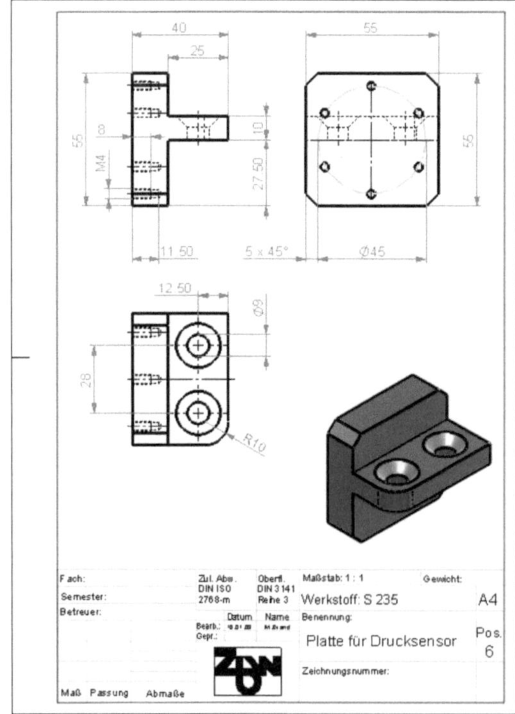

Fach:	Zul. Abw. DIN ISO 2768-m	Oberfl. DIN 3141 Reihe 3	Maßstab: 1:1	Gewicht:
Semester:			Werkstoff: S 235	A4
Betreuer:	Bearb.	Name	Benennung:	Pos.
	Gepr.:		Platte für Drucksensor	6
Maß Passung Abmaße		Zeichnungsnummer:	

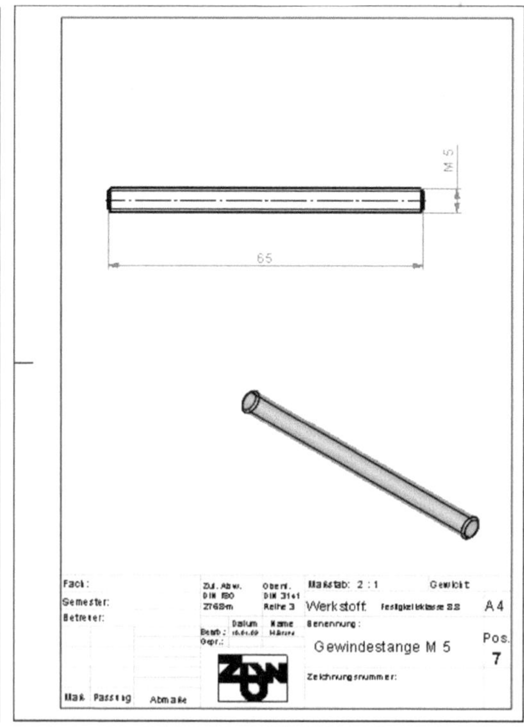

Fach:	Zul. Abw. DIN ISO 2768-m	Oberfl. DIN 3141 Reihe 3	Maßstab: 2:1	Gewicht:
Semester:			Werkstoff: Festigkeitsklasse 8.8	A4
Betreuer:	Bearb.	Name	Benennung:	Pos.
	Gepr.:		Gewindestange M 5	7
Maß Passung Abmaße		Zeichnungsnummer:	

7.3 Simulation Hebelpresse als Baugruppe

Bei obigen Simulationen wurden immer nur Einzelteile analysiert. Es folgt nun der Versuch, die komplette Hebelpresse in einer Simulation zu analysieren. Wir wissen aus dem vorherigen Kapitel, wie man vorzugehen hat.

Bei einer Baugruppensimulation stellt sich immer die Frage, welche Teile man in der Simulation integrieren möchte. Bei dieser Simulation werden zuerst alle Teile, die wir für die Simulation nicht benötigen, unterdrückt. Dazu gehören die Dehnmessstreifen, die Schrauben und Bolzen (inkl. Gewindestange), die Sensoren und auch die Platte für den Drucksensor. Das aufbereitete, unten dargestellte Modell ist somit vereinfacht worden und kann für die Simulation verwendet werden.

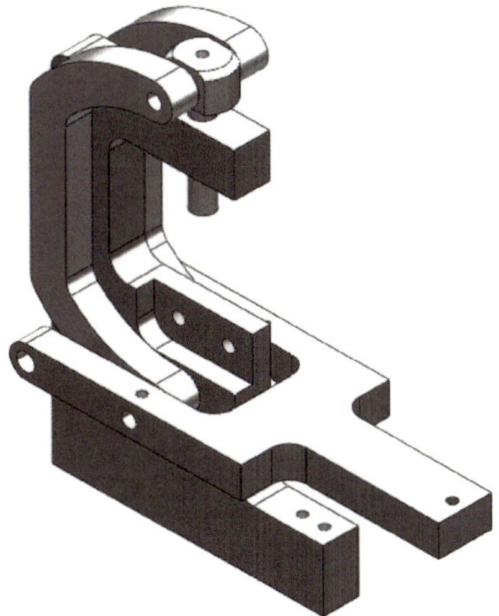

FEM-Analyse der ganzen Baugruppe:

Öffnen Sie die Baugruppe Hebelpresse.sldasm und erstellen Sie eine statische Studie. Führen Sie anschließend die folgenden Schritte durch:

1. Material ***Unlegierter Baustahl*** anwenden (gleichzeitig auf alle Komponenten).

2. ***Fixierte Geometrie*** an der unteren Fläche des Ständers definieren.

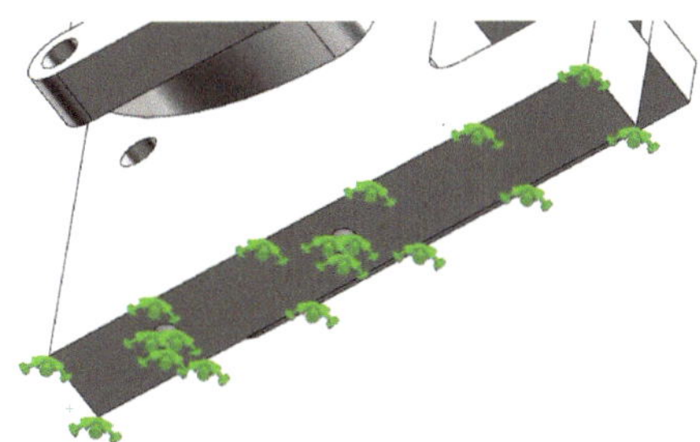

3. Kraft $F = 200$ N an der Bohrung in der Gabel definieren.

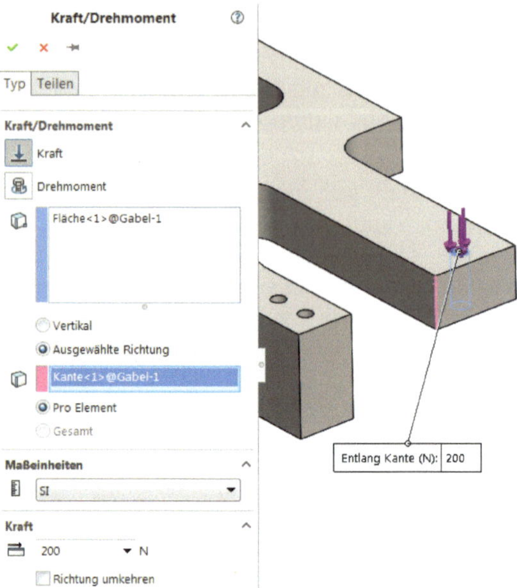

4. Bei jeder Bolzenverbindung definieren Sie ein Verbindungsglied *Stift*. Man könnte
    die Bolzen auch in die Analyse mit einbeziehen, was aber mehr Rechnerleistung und
    Rechenzeit benötigt. Beim Verbindungstyp *mit Sicherungsring (keine Translation)*
    aktivieren. Die Rotation hingegen muss zugelassen werden.

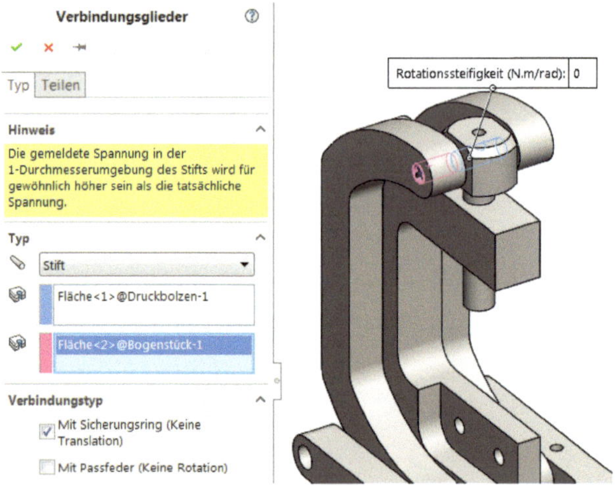

Sie müssen insgesamt sechs Stiftverbindungen definieren. Bei durchgehenden Bolzen
(z. B. Pos. 21) müssen für die statische Analyse zwei Stiftverbindungen angebracht
werden.

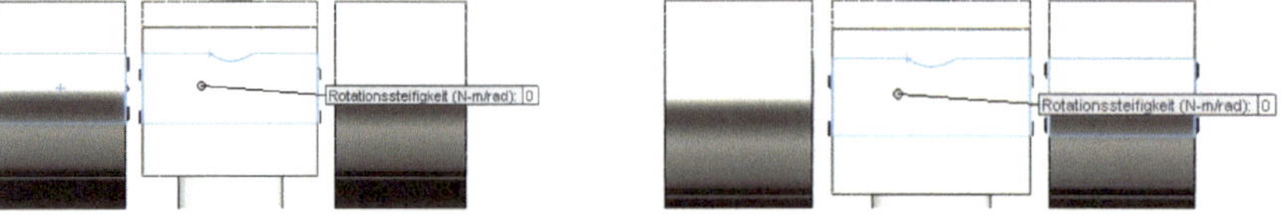

5. Definieren Sie einen Kontaktsatz *Keine Penetration* für den Druckbolzen im Ständer.

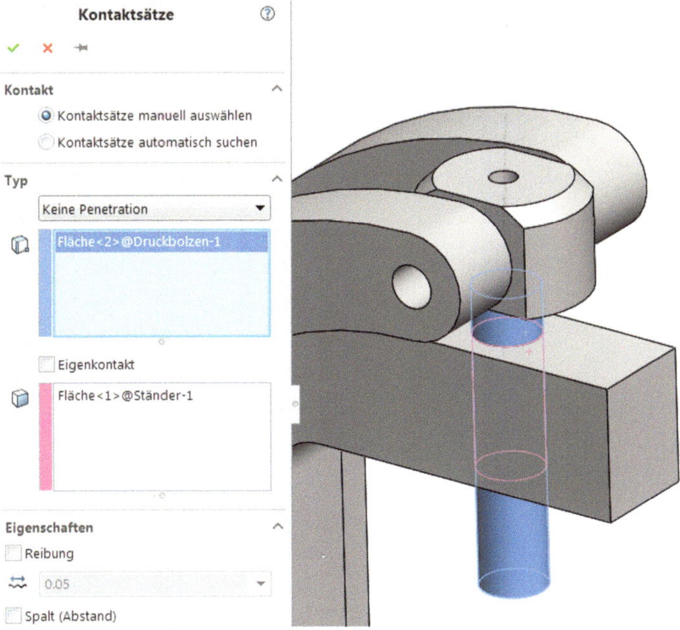

6. Der Druckbolzen drückt über eine Schraube (hier unterdrückt) auf den Drucksensor. Definieren Sie für die Fixierung des Druckbolzens den Kontaktsatz *Virtuelle Wand* und wählen Sie die *Fläche<1>Druckbolzen-1* und die *EBENE2* an. Die virtuelle Wand soll starr sein.

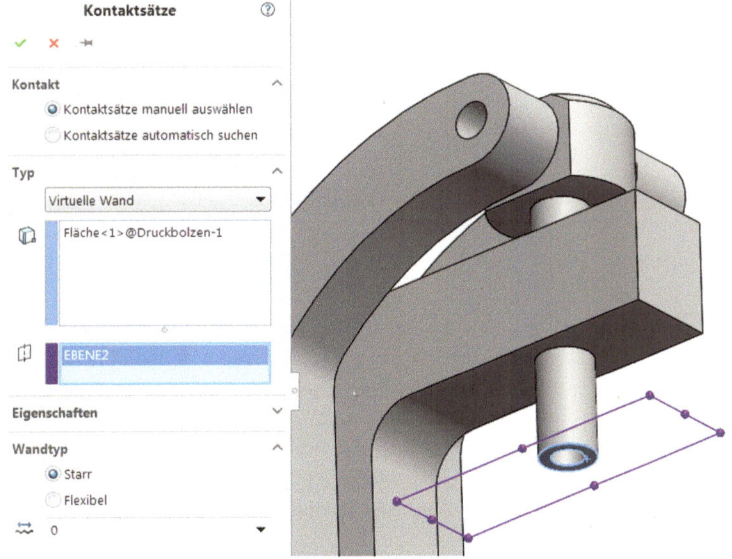

7. Vernetzen Sie jetzt die Baugruppe mit einer Elementgröße von ca. 8,9 mm .

8. Führen Sie die Analyse aus.

9. Interpretation der Ergebnisse: Zuerst der Spannungsaufbau in der Hebelpresse. Weil man das System mit einer virtuellen Wand beim Druckbolzen abgeschlossen hat, sieht man keinen Spannungsaufbau im Ständer.

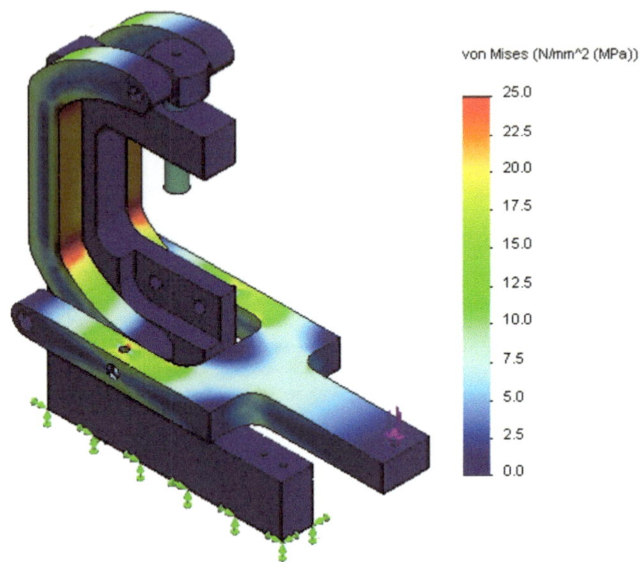

Sondieren Sie die weiter vorne berechneten und simulierten Werte hier in der Baugruppe und vergleichen Sie:

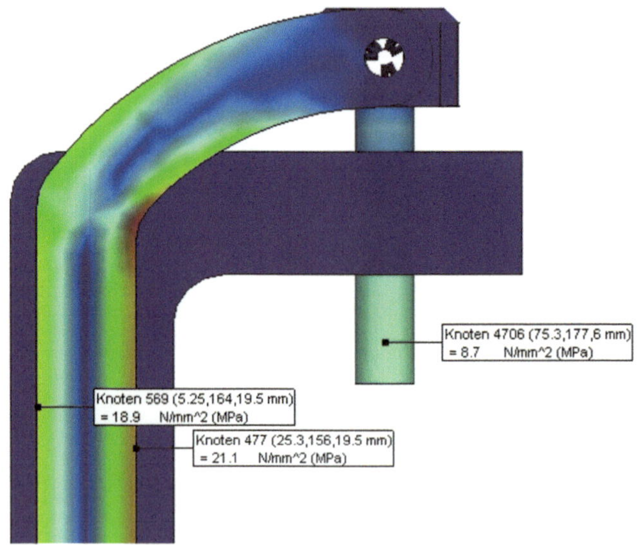

Der Wert für die Druckspannung im Druckbolzen (aus Aufgabe 1) $\sigma_{\mathrm{d}} = 8,9\,\dfrac{\mathrm{N}}{\mathrm{mm}^2}$ stimmt gut mit dem Wert $\sigma_{\mathrm{d}} = 8,7\,\dfrac{\mathrm{N}}{\mathrm{mm}^2}$ aus der Baugruppensimulation überein. Auch die resultierenden Zugspannungswerte an der Innenfläche des Bogenstückes stimmen ziemlich gut überein (berechnet $\sigma_{\mathrm{resz}} = 21,7\,\dfrac{\mathrm{N}}{\mathrm{mm}^2}$ zu $\sigma_{\mathrm{resz}} = 21,1\,\dfrac{\mathrm{N}}{\mathrm{mm}^2}$). Dasselbe gilt für die resultierende Druckspannung in der Außenfläche. Nun zur Verformung:

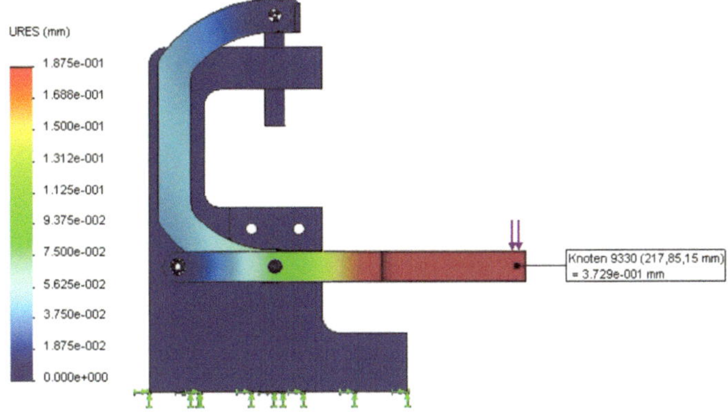

Die zu erwartende maximale Verformung liegt also bei ca. 0,37 mm .

Wie wir schon im vorherigen Kapitel gesehen haben, können aus einer FEM-Analyse auch Kräfte ermittelt werden. Bei Aufgabe 1 wurde für $F_{\mathrm{min}} = 200\,\mathrm{N}$ eine Kraft im Druckbolzen $F_{\mathrm{Druckbolzen}} = 685\,\mathrm{N}$ mit dem Momentengleichgewicht berechnet. Wählen Sie mit Rechtsklick auf Ergebnisse ***Ergebniskraft auflisten …***

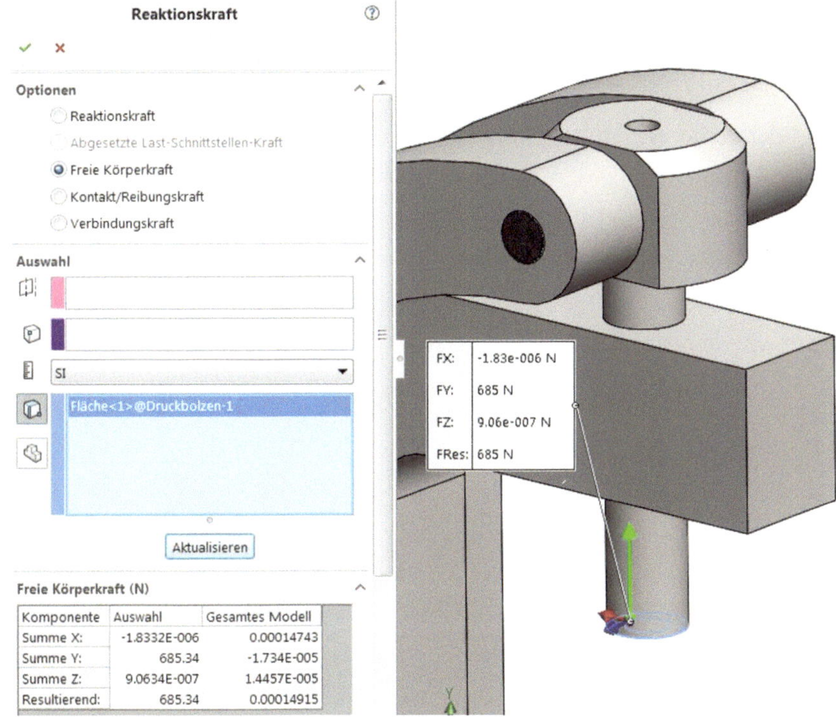

Freie Körperkraft (N)		
Komponente	Auswahl	Gesamtes Modell
Summe X:	-1.8332E-006	0.00014743
Summe Y:	685.34	-1.734E-005
Summe Z:	9.0634E-007	1.4457E-005
Resultierend:	685.34	0.00014915

Die an dieser Stelle wirkende simulierte Kraft beträgt 665 N . Sie können auch mit Rechtsklick auf Ergebnisse **Verbindungskraft auflisten…** anwählen und sich für jede vorhandene Stiftverbindung die Kräfte und Momente anzeigen lassen:

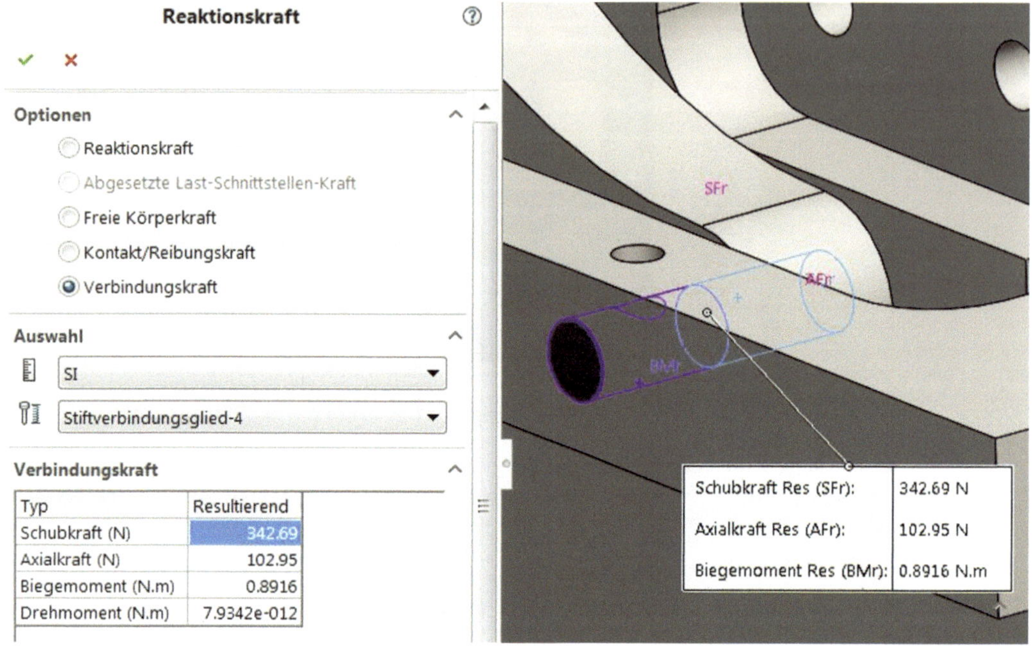

So beträgt z. B. die Schubkraft im *Stiftverbindungsglied-4* ziemlich genau der Hälfte der vorher ermittelten Kraft 685 N , nämlich 342 N .

8 Projekt Schweißkonstruktion

Bei dem nun folgenden Projekt geht es um die Untersuchung einer Schweißkonstruktion bezüglich ihrer Festigkeit und Steifigkeit. Die unten dargestellte Kippmulde wird in Position (1) gefüllt. Dann wird die Mulde mit Hilfe von zwei Hydraulikzylindern in Position (2) aufgestellt und so entleert. Da die komplette Kippmulde (mit Füllung) ein Gewicht von ca. 55 Tonnen besitzt, ist eine Festigkeitsberechnung unerlässlich. Bei falscher Dimensionierung der Bauteile sind Menschen in Gefahr und die Kippmulde könnte stark beschädigt werden, was zu unerwünschten Folgekosten führt (die CAD-Daten dieses Projektes wurden von der Firma **VERITEC AG** Anlagen-und Gerätebau in Oberuzwil (CH) zur Verfügung gestellt).

Position (1)   **Position (2)**

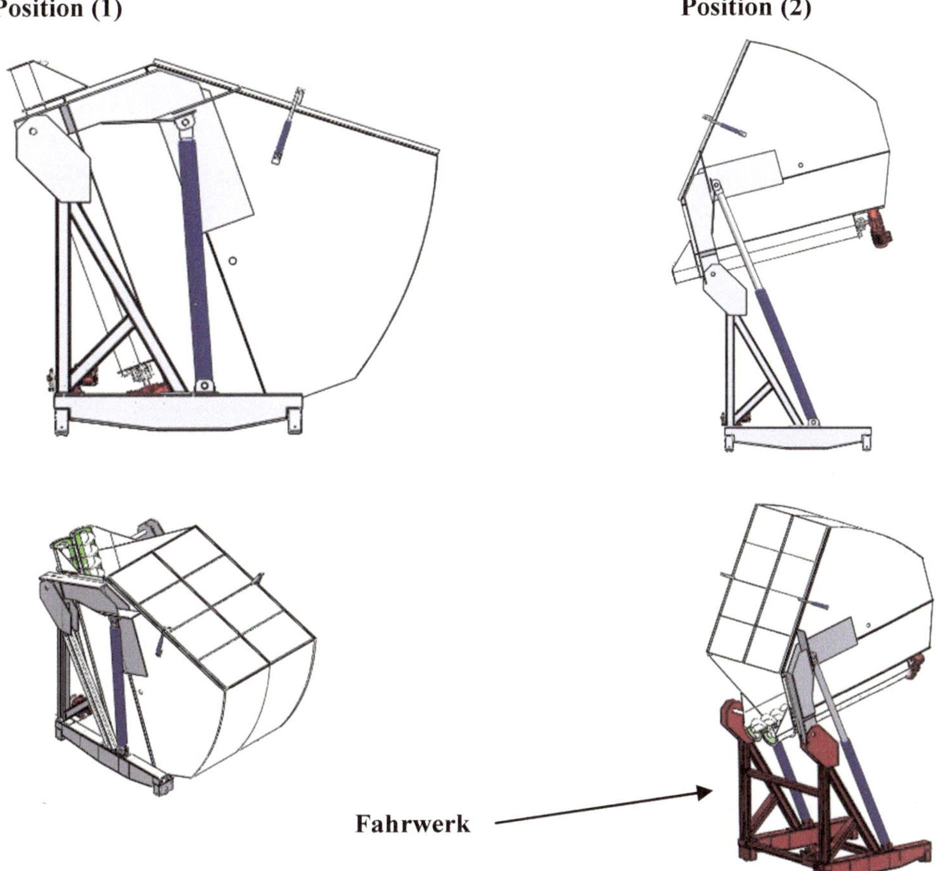

Es wird nun gezeigt, wie man das Fahrwerk (oben rot dargestellt) mit einer FEM-Analyse mit **SolidWorks Simulation** untersuchen könnte. Natürlich muss man zuerst wissen, wo welche Kräfte wirken. Dazu muss man für verschiedene Positionen die Kräfte in allen Lagerstellen mit Hilfe der technischen Mechanik berechnen. An diesem Beispiel wird auch gezeigt, welche grundsätzliche Vorgehensweise für eine größere Analyse gewählt werden sollte.

Schritte einer FEM-Analyse [7]:

Analyseschritt (allgemein)	Technische Fragestellung (konkret)
1. Technische Fragestellung erkennen und formulieren	Das Fahrwerk wird durch sehr große Kräfte belastet. Es muss so konstruiert und hergestellt werden, dass eine vollumfängliche Funktionweise gewährleistet ist. Die Vorrichtung muss die Anforderungen an die Festigkeit wie auch Steifigkeit erfüllen.
2. Aufgabe definieren und gewünschtes Ergebnis spezifizieren	Es soll untersucht werden, wie groß die zu erwartenden Spannungen in der gesamten Fahrwerks-Konstruktion sind. Es ist somit ein Spannungsnachweis zu erbringen. Auch soll aufgezeigt werden, wie groß die zu erwartenden Verformungen sind.
3. CAD-Modell aufbereiten und vereinfachen	Es wird nur ein Teil des Fahrwerks ohne Radsatz untersucht. Alle Schrauben werden nicht in die Analyse miteinbezogen. Schweißnähte werden nur an einigen Stellen modelliert.
4. Detailmodellierung	Die Lager- und Lastdefinitionen werden festgelegt. Alle Kontaktstellen müssen definiert werden. Vernetzung des gesamten Modells.
5. Berechnungen durchführen	Analyse mit Solver durchführen.
6. Ergebnisse darstellen	Die Spannungs- und Verformungsdarstellungen anzeigen.
7. Ergebnisse bewerten	Sind die simulierten Spannungen und Verformungen zulässig? Kontrollrechnungen „von Hand" durchführen → Validierung
8. Modell ändern und optimieren	Falls die Spannungen und Verformungen zulässig sind, kann die Analyse beendet werden. Oftmals findet man in der Konstruktion aber noch Stellen, die man optimieren kann (z. B. bei großen Steifigkeitssprüngen).

Wir steigen beim 3. Schritt ein, weil die ersten beiden schon erledigt sind.

3. CAD-Modell aufbereiten und vereinfachen

Aus Symmetriegründen untersuchen wir nur einen Teil des Fahrgestells. Natürlich könnte man auch die Radsätze und alle Schrauben in die Analyse miteinbeziehen. Wir werden aber sehen, dass schon für das vereinfachte Modell eine lange Rechenzeit benötigt wird.

Das vereinfachte Modell sieht folgendermaßen aus:

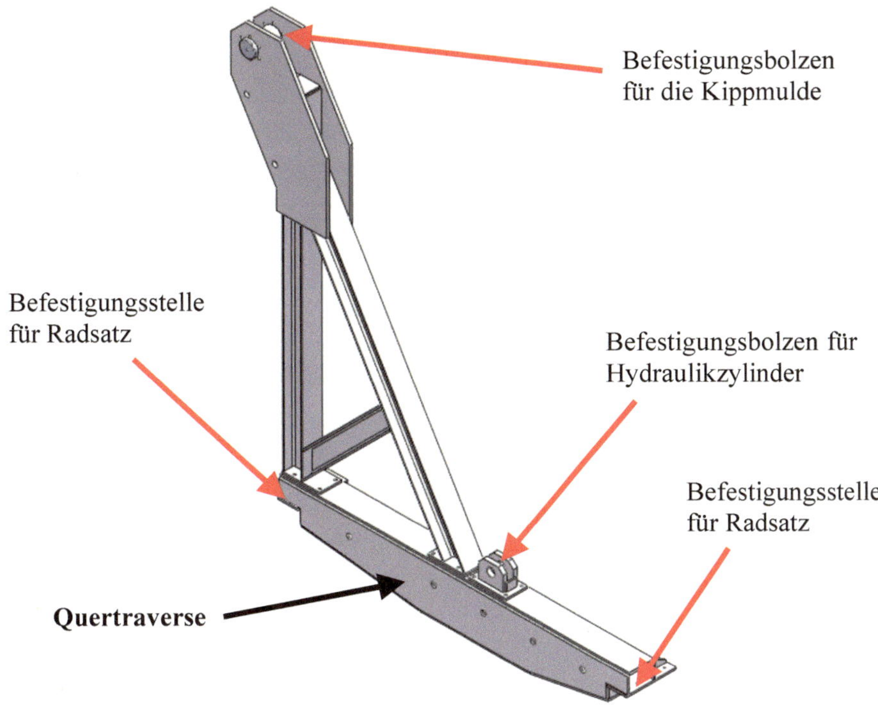

4. Detailmodellierung

Für die Definition von Lager- und Laststellen sollen die unten dargestellten Werte verwendet werden:

F_L :   Lagerkraft pro Seite

F_Z :   Zylinderkraft pro Seite

Für die Schraubverbindungen verwenden wir das Verbindungsglied **Stift**. Die Schweißnähte werden nur in der Quertraverse modelliert (Kehlnähte).

Für die Kontaktstellen **Verbunden** könnte ein **Globaler Kontakt**, der **Komponentenkontakt** oder **Kontaktsätze** verwendet werden. Hier wird der Komponentenkontakt verwendet. Bei den Lagerstellen wird eine **Fixierte Geometrie** verwendet, die alle Translationen und Rotationen verhindert.

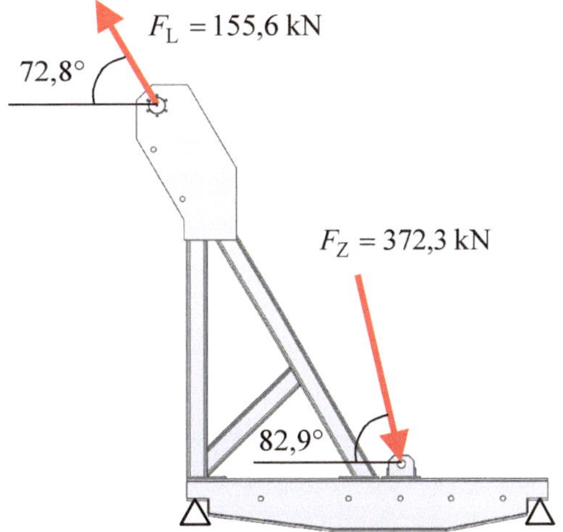

1. Öffnen Sie das Modell ***Fahrwerk.SLDASM***.

2. Weisen Sie das Material ***Unlegierter Baustahl*** allen Teilen zu.

3. Definieren Sie zweimal ***Fixierte Geometrie*** auf die ganze Auflagefläche.

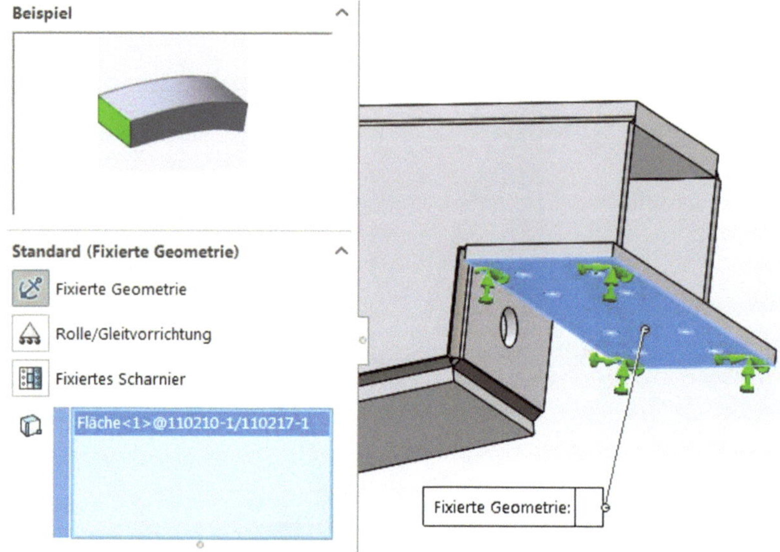

4. Definieren Sie bei jeder Schraubverbindung einen ***Stift*** wie unten dargestellt. Es sind insgesamt 12 Verschraubungen vorhanden. Aktivieren Sie ***keine Translation*** und ***keine Rotation***, weil eine angezogene Schraube beides verhindert.

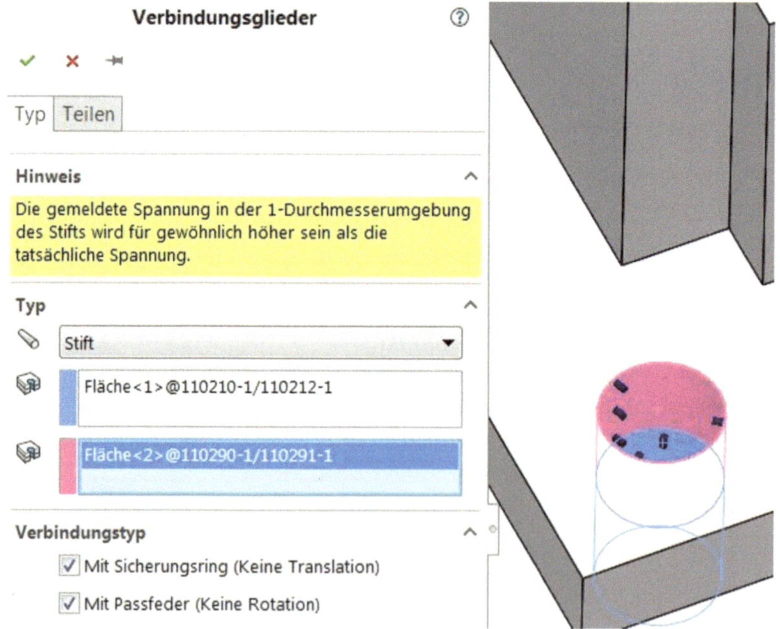

5. Der Bolzen oben soll die beiden Seitenplatten nicht durchdringen (penetrieren) können. Wählen Sie deshalb den Kontaktsatz *Keine Penetration* für den Bolzen und die Platten. Der Bolzen besteht aus drei Teilflächen, weil für die Lastdefinition nur die Fläche zwischen den Platten benötigt wird.

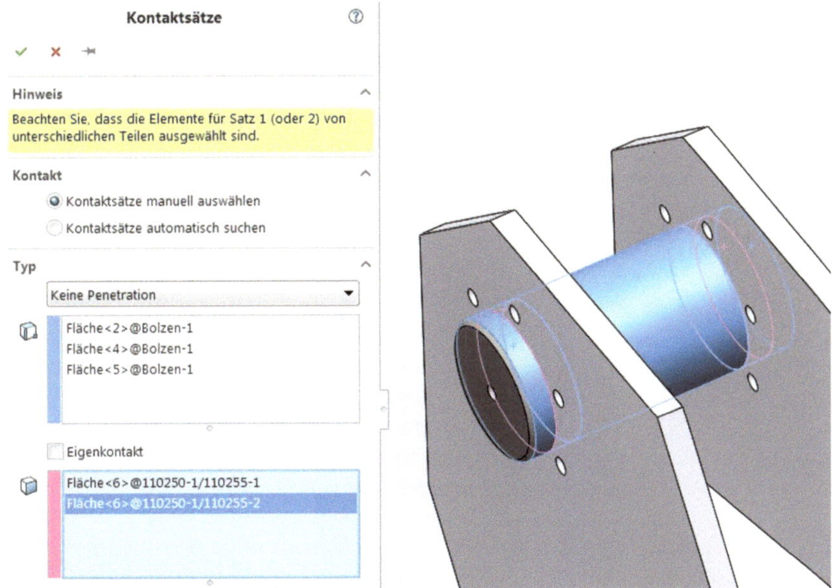

6. Für die beiden Flanschplatten, die auf der unteren Quertraverse befestigt werden und auch für den Lagerbock, müssen neben den Stiftverbindungen noch jeweils ein Kontaktsatz *Keine Penetration* definiert werden. Auch hier können die Platten die Grundplatte nicht durchdringen. Das ergibt drei neue Kontaktsätze.

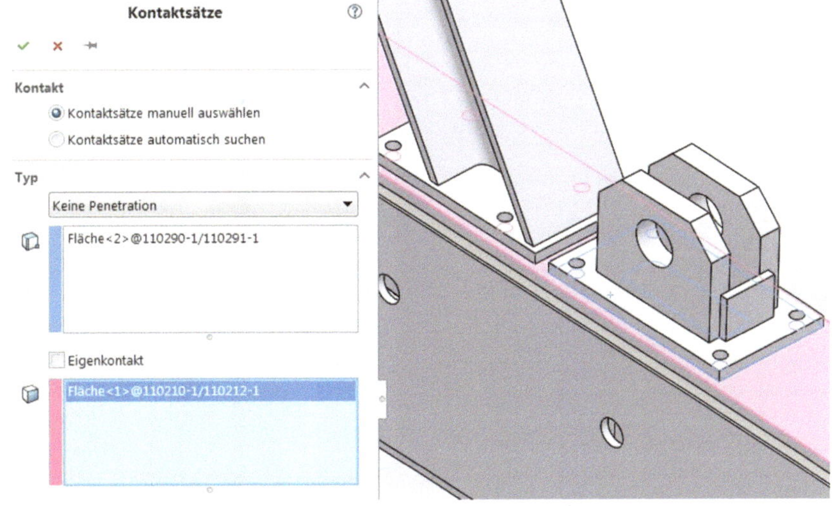

7. Zwischen den drei Platten an der Unterseite der Quertraverse wählen Sie den Kontaktsatz *Verbunden*, weil es dort Schweißnähte gibt (die aber nicht modelliert sind).

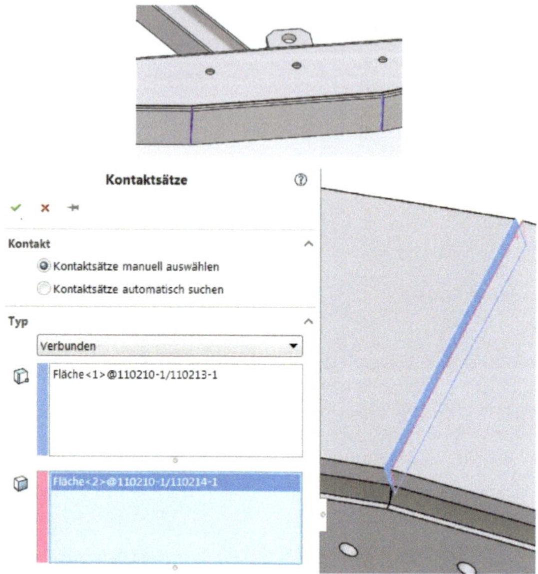

8. Der ganze auf die Quertraverse geschraubte Teil ist eine Schweißkonstruktion. Für diesen wenden wir einen *Komponentenkontakt Verbunden* an. Zuvor prüfen wir aber noch, ob sich alle Teile berühren, d. h. die Berührungsflächen deckungsgleich sind. Das macht man mit der Interferenzprüfung. Es muss unbedingt *Deckungsgleich als Interferenz behandeln* aktiviert werden. Jetzt kann man kontrollieren, ob sich alle miteinander verschweißten Teile auch berühren. Liegt ein Spalt vor, muss ein *Kontaktsatz Verbunden* (wie oben) gewählt werden.

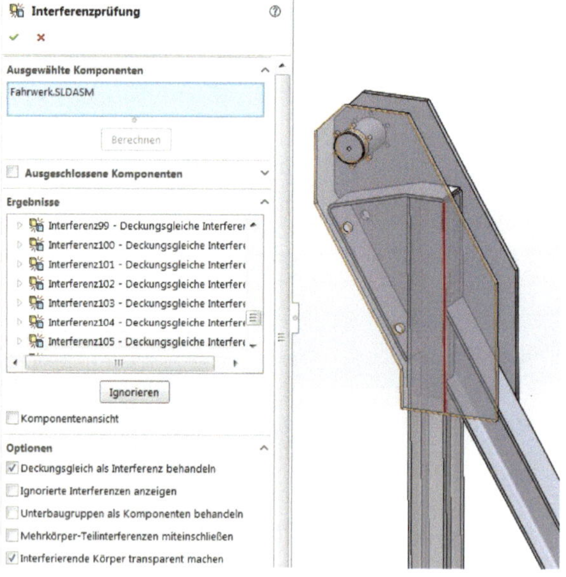

9. Erstellen Sie nun einen Komponentenkontakt für die ganze obere Baugruppe. Wählen Sie ***Verbunden (Kein Abstand)*** und ***Kompatibles Netz***. Mit einem kompatiblen Netz werden die Ergebnisse genauer. Es kann aber sein, dass mit dieser Einstellung Probleme bei der Vernetzung auftreten. Dazu kann man dann aber bei der Vernetzung diese Einstellung wählen.

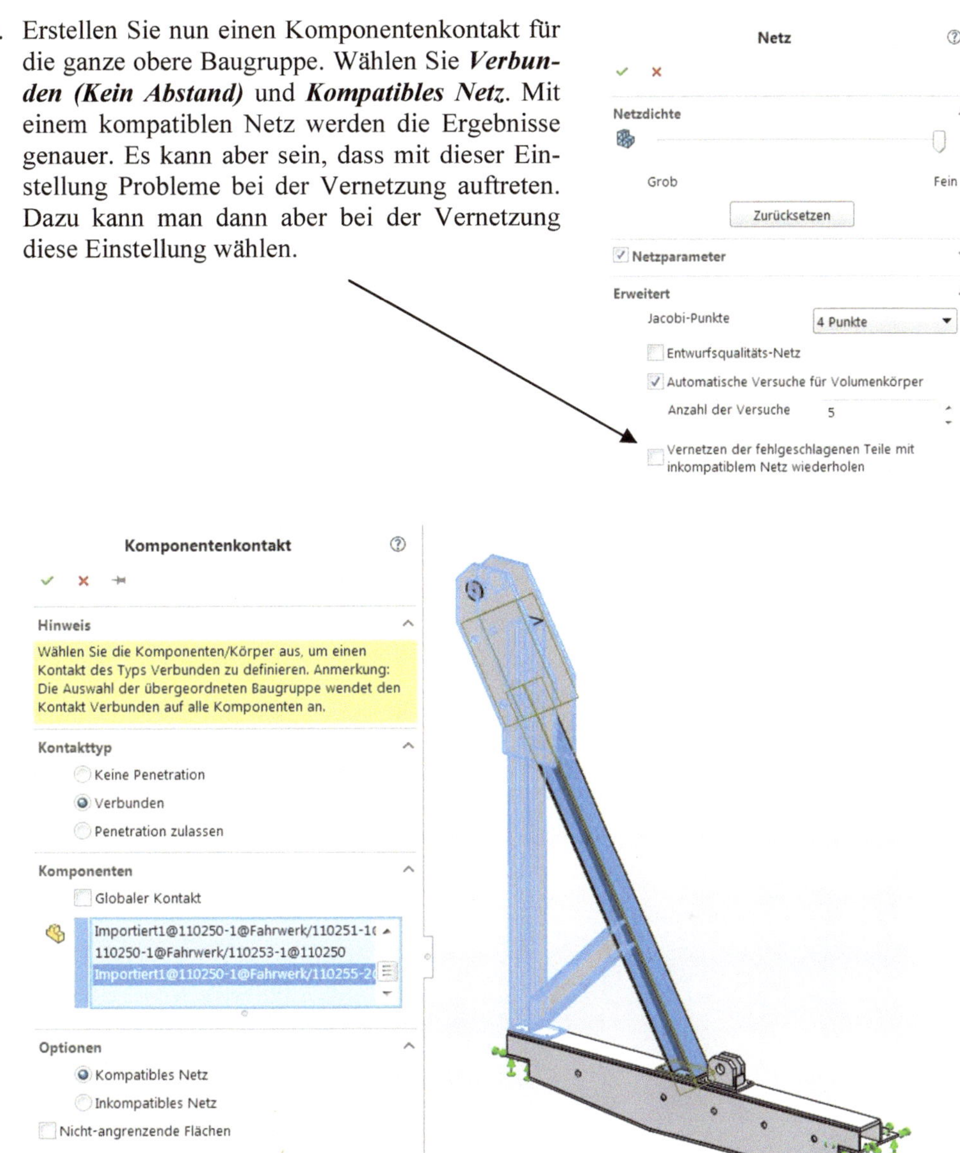

10. Auch für den Lagerbock erstellen Sie einen Komponentenkontakt ***Verbunden***. Es sei hier bemerkt, dass dieser Kontakt nicht ganz der Realität entspricht. Er bedeutet nämlich, dass die Berührungsflächen miteinander verschmolzen sind. Sowohl bei der oben aufgeschraubten Schweißkonstruktion wie auch beim Lagerbock sind im CAD-Modell keine Schweißnähte modelliert. Um eine möglichst realitätsnahe Simulation zu erhalten, müsste man aber diese noch einfügen. Für die hier gezeigte Simulation verzichten wir aber darauf. Nur bei der Quertraverse sind, wie wir gleich sehen werden, einige Schweißnähte modelliert.

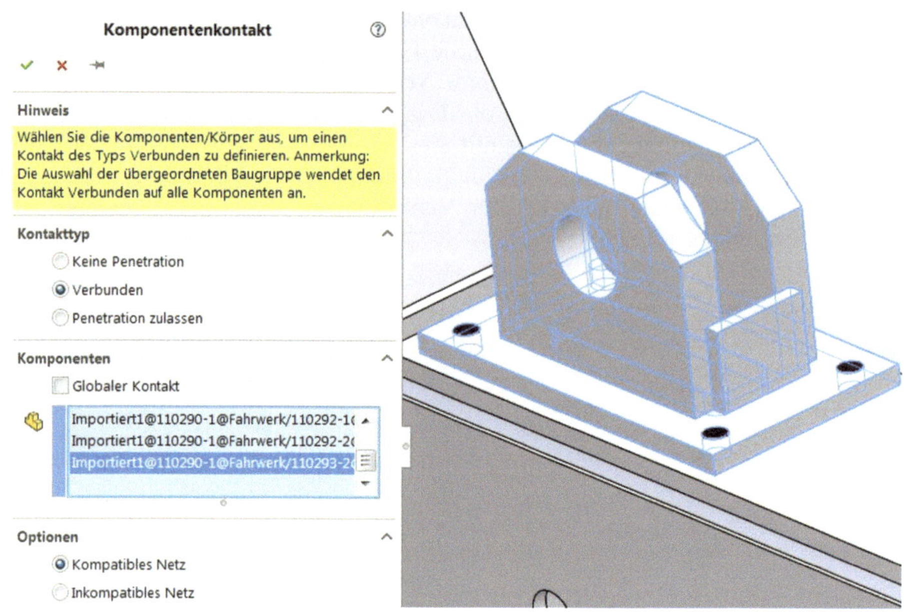

11. Bei der Quertraverse wurden wie unten ersichtlich einige Kehlnähte modelliert. Es ist nicht Ziel der Simulation, Spannungen in den Schweißnähten zu ermitteln. Dann müsste man die Schweißnähte sehr fein vernetzen, was für die Analyse dieser Konstruktion sehr viel Rechenzeit bedeuten würde. Wir wollen aber die Wirkung der Schweißnähte auf die Gesamtkonstruktion in der Simulation mit berücksichtigen.

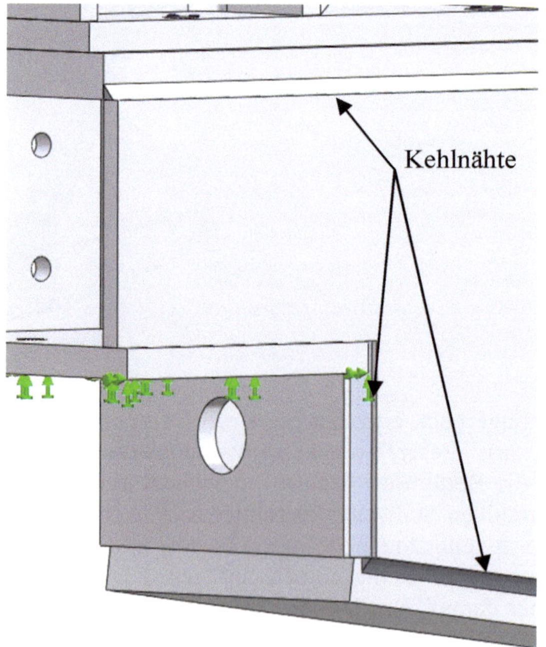

Wir erstellen also einen weiteren Komponentenkontakt *Verbunden* für die gesamte Quertraverse. Wichtig ist, dass Sie alle Komponenten, die zu dieser Konstruktion gehören, anwählen.

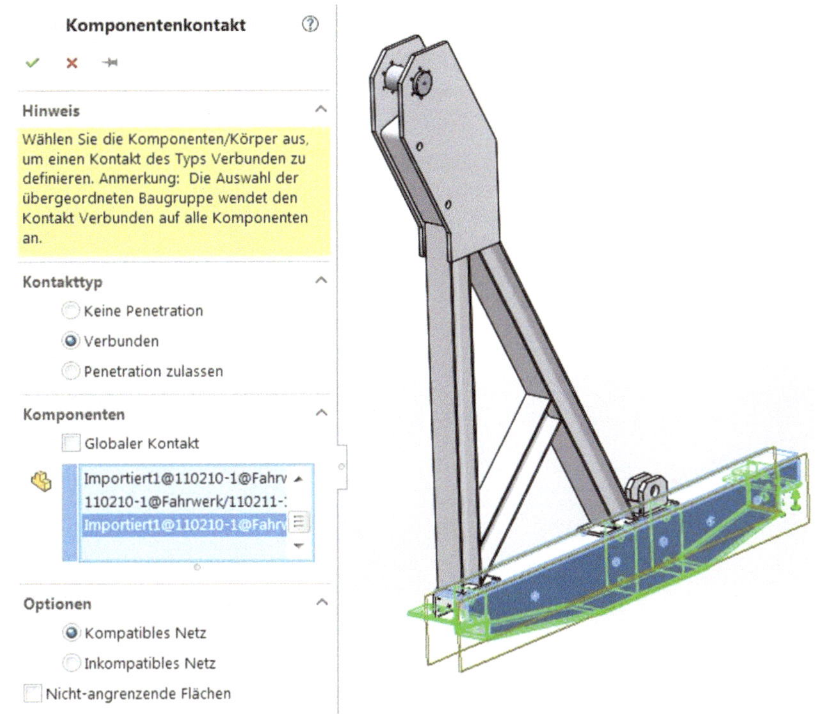

Beachten Sie aber, dass somit alle sich berührenden Flächen miteinander verschmolzen sind. Die oberen beiden roten Flächen (Bild unten) sind die Berührungsflächen der Kehlnaht mit den Platten. Die untere Fläche ist einfach die Berührungsfläche der Platten. Natürlich hätte man auch hier Kehlähte modellieren können, was wieder zur höheren Genauigkeit der Ergebnisse beitragen würde, die benötigte Rechenzeit dementsprechend aber ebenfalls erhöhen würde. Es sind jetzt alle Kontaktstellen definiert worden.

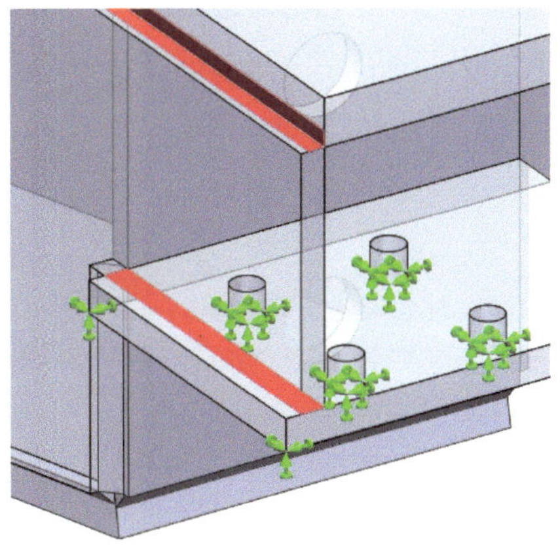

12. Jetzt fehlen noch die ***Externen Lasten***. Für die Richtung dieser Lasten müssen zuerst Ebenen (Einfügen-Referenzgeometrie) eingefügt werden. Es wurden zuerst die ***Ebene1*** und die ***Achse1*** erstellt. Mit diesen wird dann die ***Ebene2*** mit einem Winkel von $17{,}2°$ ($90° - 72{,}8° = 17{,}2°$) erstellt. Auf die gleiche Weise kann die Ebene beim Lagerbock erstellt werden.

Definieren Sie die Lagerkraft $F_\mathrm{L} = 155{,}6\ \mathrm{kN}$ wie unten dargestellt.

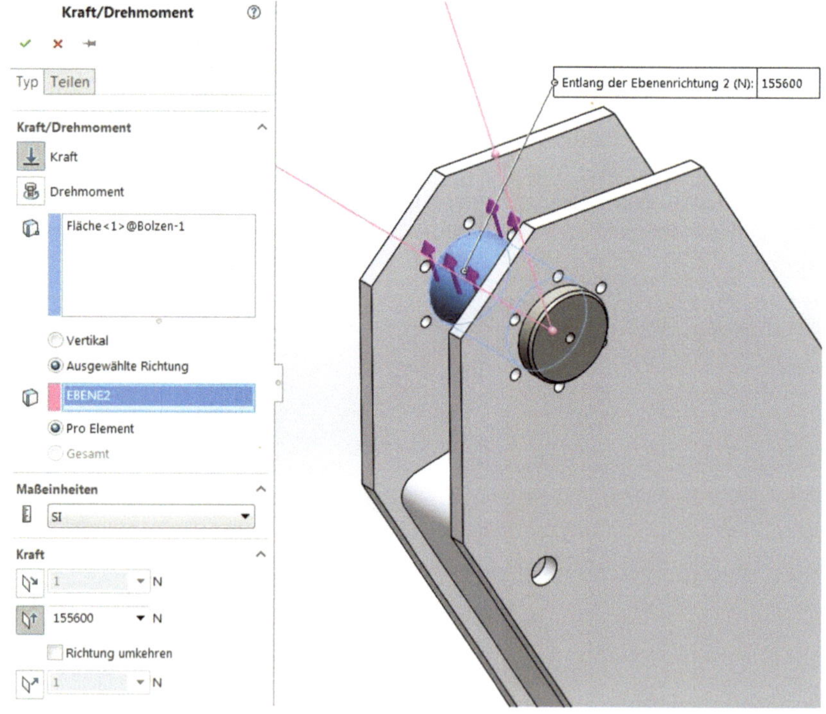

Definieren Sie die Lagerkraft $F_Z = 372,3\,\text{kN}$ wie weiter hinten dargestellt. Achten Sie unbedingt darauf, dass *Gesamt* und nicht ***Pro Element*** aktiviert ist, weil sonst eine doppelte Kraft wirkt (Genau dies sind die Fehler, die man als Anfänger sehr schnell begeht!)

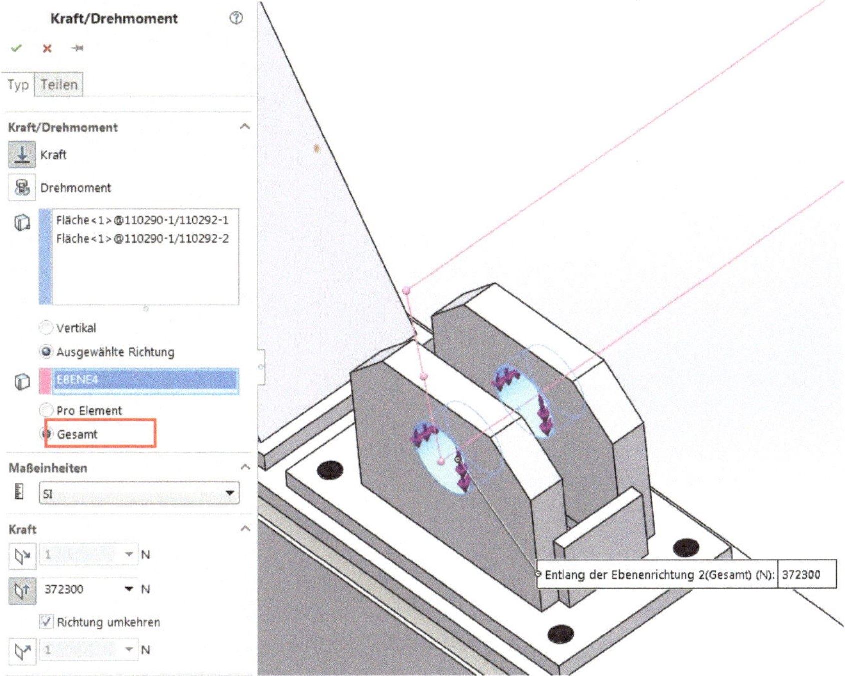

13. Jetzt kommen wir zur Vernetzung. Man beginnt meist mit einer gröberen Vernetzung, die man im weiteren Verlaufe schrittweise verfeinern kann. Wir wählen eine Elementgröße 30 mm . Übernehmen Sie die Einstellungen vom rechten Bild und lassen Sie vernetzen.

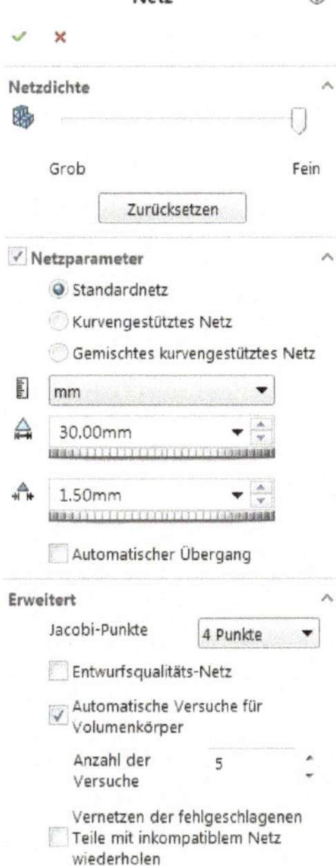

Nach erfolgreicher Vernetzung kann man Details zur Vernetzung darstellen lassen: Wählen Sie dazu mit Rechtsklick auf Netz *Details ...* .

Netz Details	
Studienname	Statisch 1 (-Standard-)
Vernetzungstyp	Volumenkörpervernetzung
Verwendeter Vernetzungstyp	Standardnetz
Automatischer Übergang	Aus
Automatische Netzschleifen einbeziehen	Ein
Jacobi-Punkte	4 Punkte
Elementgröße	19.2 mm
Toleranz	0.96 mm
Vernetzungsqualität	Hoch
Gesamtknotenanzahl	519950
Gesamtelementanzahl	287045
Maximales Seitenverhältnis	16.081
Prozentsatz von Elementen mit Seitenverhältnis < 3	96.8
Prozentsatz von Elementen mit Seitenverhältnis > 10	0.0314
% von verzerrten Elementen (Jacobi)	0
Vernetzen der fehlgeschlagenen Teile mit inkompatiblem Netz wiederholen	Aus
Dauer bis zur Beendigung der Vernetzung (hh:mm:ss)	00:01:12
Computer-Name	MBRAND-HP

In dieser Übersicht finden Sie diverse Angaben zur durchgeführten Vernetzung.

Zum Beispiel:

- Vernetzungstyp: Volumenkörperelemente (Schalen- und Balkenelemente)
- Automatischer Übergang: ausgeschaltet
  (die Vernetzung braucht bedeutend mehr Zeit, wenn diese Option eingeschaltet ist)
- Elementgröße: 19.2 mm inkl. Toleranz 0.96 mm
- Gesamtknotenzahl: 519 950
- Gesamtelementanzahl: 287 045
- Dauer der Vernetzung: 72 Sekunden

Die Detailmodellierung ist somit abgeschlossen. Jetzt kann die Berechnung durchgeführt werden.

5. Berechnungen durchführen

Bevor Sie nun die Analyse ausführen, folgen Bemerkungen zum Gleichungslöser. Wie wir im 1. Kapitel schon erfahren haben, wird bei der Finite-Elemente-Analyse ein Problem durch eine Reihe von algebraischen Gleichungen dargestellt, die gleichzeitig gelöst werden müssen. Es gibt zwei Arten von Lösungsverfahren: *direkte* und *iterative* Verfahren. Direkte Verfahren lösen die Gleichungen mittels numerischer Techniken. Iterative Verfahren lösen die Gleichungen mittels Näherungstechniken, wobei bei jeder Iteration eine Lösung angenommen wird und die mit ihr verbundenen Fehler bewertet werden. Es werden so viele Iterationen durchgeführt, bis der Fehler kleiner als eine vorgegebene Größe ist. Mit Rechtsklick auf *Volumenkörpervernetzung Eigenschaften ...* erhalten Sie das Fenster auf der nächsten Seite. Beim Solver haben Sie folgende Einstellmöglichkeiten:

- ***Automatisch***: Dies ist die Standardeinstellung für statische Analysen. Der Solver wählt den Gleichungslöser selbst, den er für die Problemstellung besser findet.

- ***Direct Sparce Solver***: Dies ist der direkte Gleichungslöser. Es ist der genauere Lösungsalgorithmus. Er braucht aber mehr Speicher. Dies führt bei größeren Berechnungen (mit vielen Freiheitsgraden) schnell zu Problemen.

- ***FFEPlus***: Dies ist der iterative Gleichungslöser. Er arbeitet bei großen Problemen mit einer hohen Anzahl von Freiheitsgraden (über 100 000) effizienter.

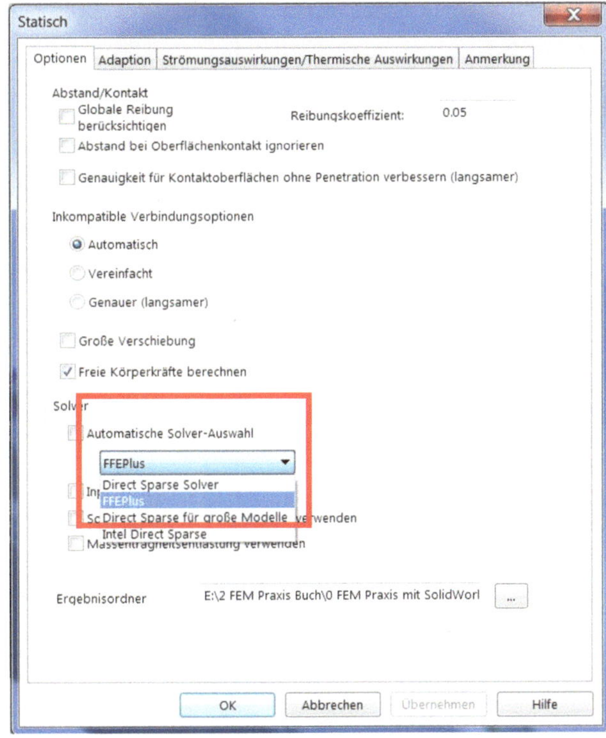

Lassen Sie die Einstellung auf ***Automatisch*** und führen Sie die Analyse aus. Diese Analyse beansprucht je nach zur Verfügung stehender Rechnerleistung eine recht lange Zeit (mehrere Stunden).

6. Ergebnisse darstellen und 7. Ergebnisse bewerten

Wurde die Analyse erfolgreich durchgeführt, können die Ergebnisse angezeigt werden. Für eine erste Kontrolle des Modells ist es empfehlenswert, eine Bewegungssimulation der Verformung zu erstellen. Wenn die so dargestellte Verformung keinen Sinn macht (weil sich z. B. Stellen nicht verformen, obwohl sie es eigentlich müssten), weiß man sofort, dass das Modell vermutlich Fehler hat. Mit Rechtsklick auf ***Verschiebung1*** wählen Sie ***Bewegungssimulation*** (Zuerst müssen Sie Verschiebung1 angezeigt haben).

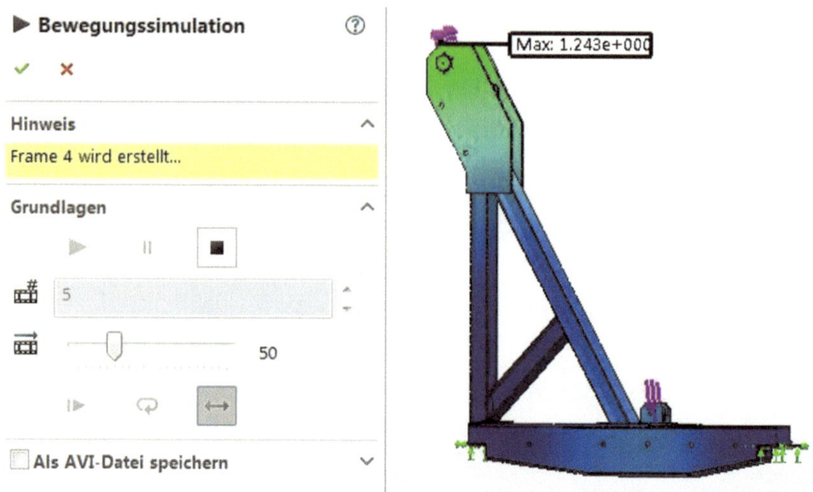

Diese Bewegungssimulation können Sie auch als AVI-Datei speichern. Dasselbe können Sie übrigens auch für die Spannung durchführen.

Wir untersuchen zunächst die Von-Mises-Spannungen in der Konstruktion. Man sieht sehr schnell, wo sich die kritischen Stellen befinden. Die Stellen 1 – 4 werden genauer untersucht.

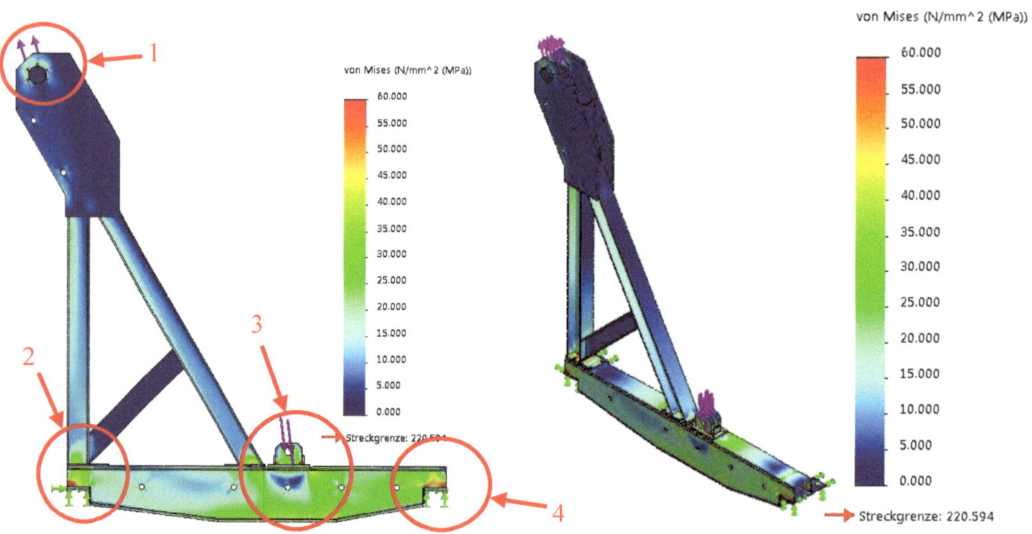

Man kann mit *Sondieren* gezielt Spannungswerte herausmessen.

Stelle 1: Bolzen oben   => Von-Mises-Spannungen

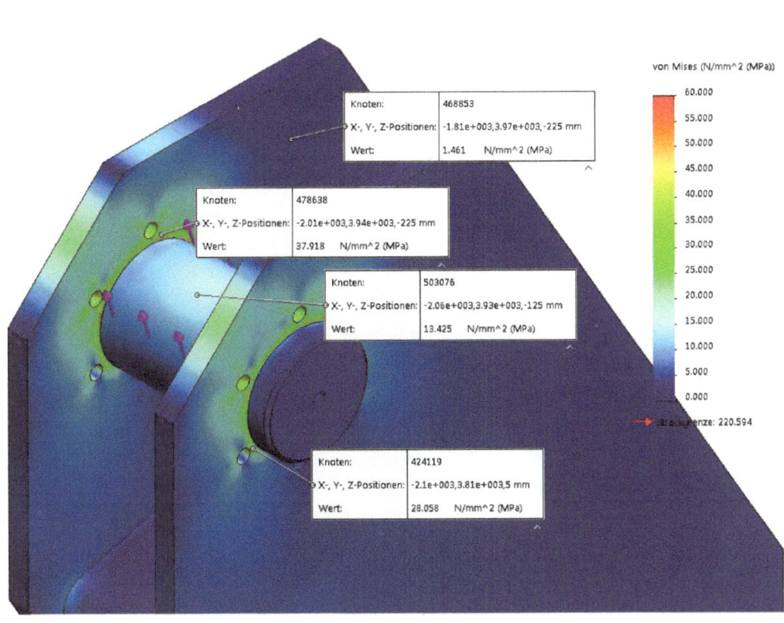

Wenn man von einer zweifachen Sicherheit gegen Fließen ausgeht, beträgt die zulässige Spannung (Material S235) ca. $110\,\dfrac{\mathrm{N}}{\mathrm{mm}^2}$. Es sind somit keine problematischen Stellen zu erkennen.

Stelle 2: Befestigung Radsatz links   => Von-Mises-Spannungen

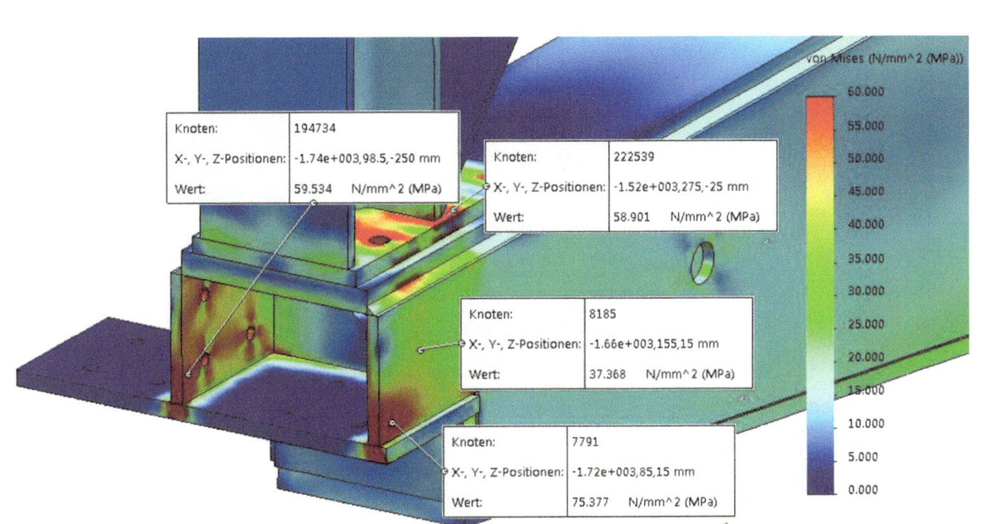

Auch hier sieht es mit den simulierten Spannungswerten gut aus.

Stelle 3: Befestigung Lagerbock   => Von-Mises-Spannungen

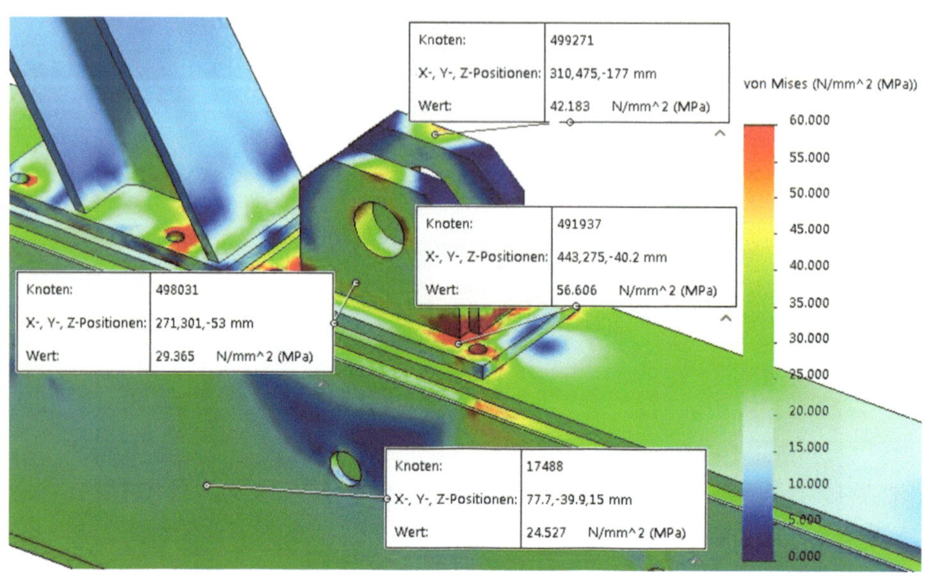

Die Spannungswerte sind zulässig. Wählen Sie nun mit Rechtsklick auf *Spannung1 Profil-Clipping.* Als Referenzelement nehmen Sie *Ebene5*. So erhalten wir einen Blick ins Innere der Quertraverse. Wenn man hier *Sondieren* möchte, kann man das leider nur auf der Schnittfläche.

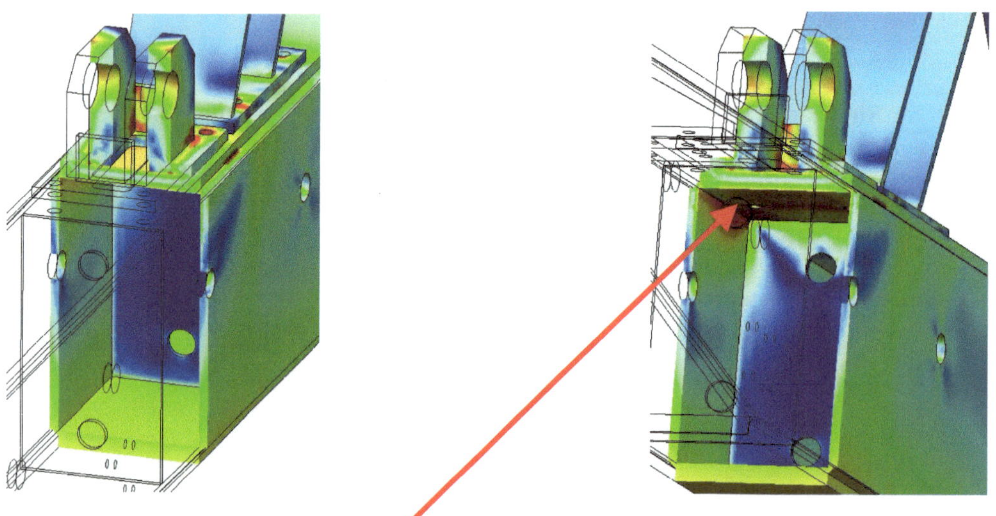

Hier könnte noch eine kritische Stelle sein. Wir versuchen, an dieser Stelle einige Werte zu sondieren. Wählen Sie dazu *Profil-Clipping* (Rechtsklick auf Spannung1) auf **Ebene vorne** und man erhält wieder eine Einsicht ins Innere. Jetzt sondieren wir einige Werte im Schnitt.

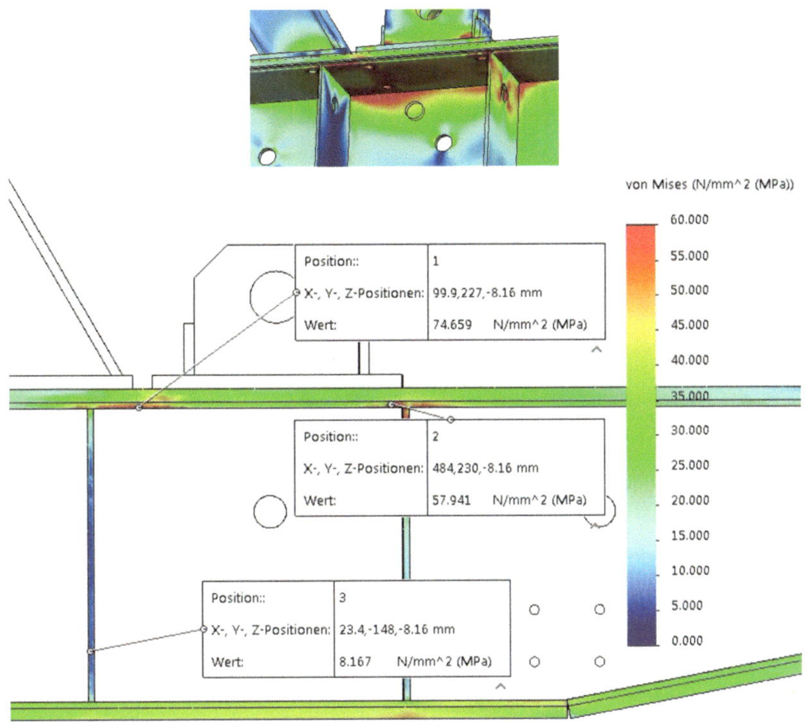

Auch hier liegen die simulierten Spannungswerte im zulässigen Bereich.

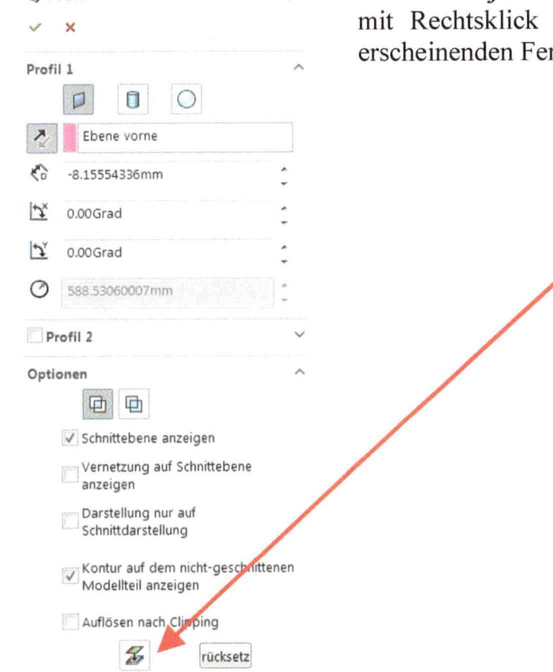

Um das ***Profil-Clipping*** wieder aufzuheben, klickt man wieder mit Rechtsklick auf ***Spannung1***, dann ***Profil-Clipping***. Im erscheinenden Fenster das Feld ***Clipping ein/aus*** anwählen.

Probieren Sie doch auch hier alle Möglichkeiten in diesem Fenster aus. Natürlich sollte es nie in eine Spielerei ausufern. Denn das Anwenden dieses Analysewerkzeuges soll ja die Effizienz im Konstruktions- und Entwicklungsprozess steigern!

Stelle 4: Befestigung Radsatz rechts   => Von-Mises-Spannungen

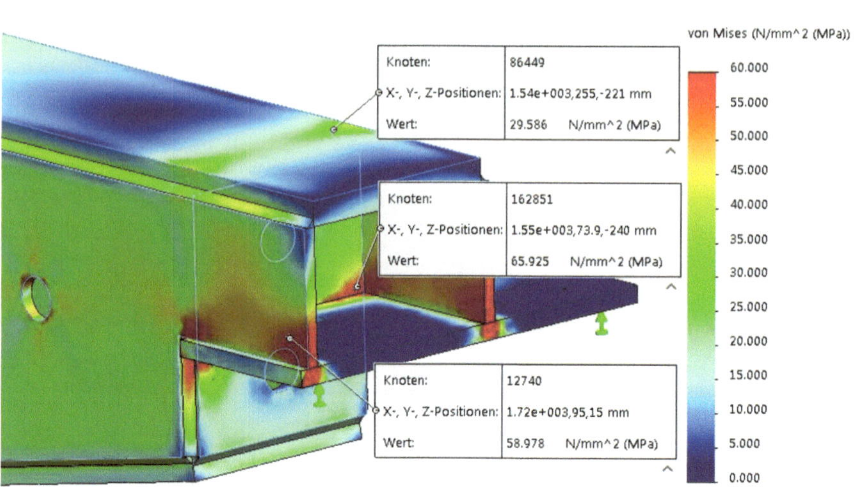

Auch hier liegen die simulierten Von-Mises-Spannungswerte im zulässigen Bereich.

Wenn Sie den Bereich der Legende anders einstellen wollen, müssen Sie auf die Legende Doppelklicken. Dann erscheint links am Bildschirm das folgende Fenster für die Einstellung der *Diagrammoptionen*:

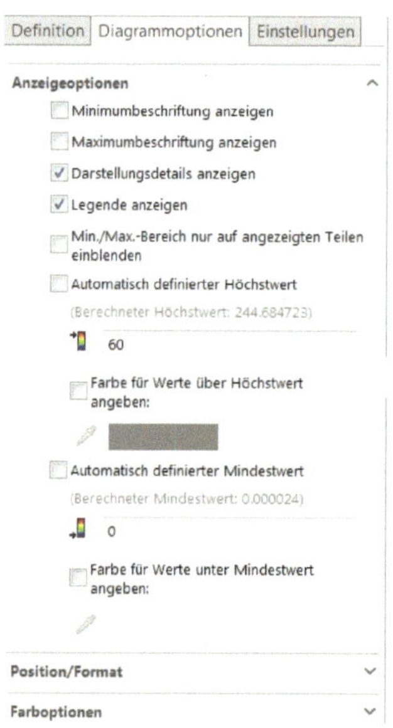

Neben *Minimum- und Maximumbeschriftung*, d. h. dass in der Spannungsdarstellung diese beiden Werte an den jeweiligen Knoten angezeigt werden, können Sie *Definiert* aktivieren. Unten dürfen Sie dann den kleinsten und größten Wert definieren.

Auch können Sie Einstellungen generell zum Format der Legende und auch Farboptionen nach Ihrem Belieben verändern.

FEM-Analyseergebnisse müssen kontrolliert werden. Das erreicht man durch die so genannte Validierung bzw. Verifizierung.

Validierung   = Alternative theoretische Überprüfung, z. B. durch Kontrollrechnungen

Verifizierung   = Überprüfung der Simulationsergebnisse durch praktische Messungen

Für eine Verifizierung muss das reale Modell vorhanden sein. Da dies hier nicht der Fall ist, wird jetzt an einer Stelle eine Kontrollrechnung durchgeführt. Man wählt für diese Kontrollrechnung eine Stelle in der Konstruktion aus, bei der man mit vernünftigem Aufwand die inneren Beanspruchungen berechnen kann.

Es gilt übrigens zu beachten, dass bei der bisherigen Untersuchung weder die Schweißeigenspannungen noch das Eigengewicht der Konstruktion berücksichtigt wurden. Bei einer Schweißkonstruktion entstehen immer Schweißeigenspannungen. Diese exakt zu berechnen ist unmöglich, da sie von diversen Faktoren abhängen. Neben dem angewandten Schweißverfahren hat auch die ausgeführte Schweißfolge einen großen Einfluss auf deren Entstehung. Schweißeigenspannungen können zum Beispiel durch Spannungsarmglühen weitestgehend eliminiert werden. Da es sich hier aber um eine sehr große Schweißkonstruktion handelt, ist das schwierig zu realisieren.

Im *Schnitt x-x* in der Skizze auf der nächsten Seite sollen die Biegespannungen in der obersten und untersten Faser berechnet werden. Dazu muss man das Fahrgestell zuerst Freimachen und alle Lagerkräfte bestimmen. Das Eigengewicht wird auch bei dieser Berechnung nicht berücksichtigt, weil wir die so erhaltenen Werte ja mit den Simulationswerten vergleichen wollen.

In den beiden Lagerstellen A und B wirken nur Kräfte in y-Richtung. Die x-Komponenten der Lager- und Zylinderkraft (F_L und F_Z) heben sich gegenseitig auf (Fahrgestell mit Behälter und Zylinder sind ein abgeschlossenes System). Um die Lagerkräfte zu berechnen, stellen wir die Gleichgewichtsbedingungen auf (erforderliche Masse aus dem CAD-Modell):

$$\sum F_y = 0 = F_A + F_B + F_L \cdot \sin(72{,}8°) - F_Z \cdot \sin(82{,}9°)$$

$$\sum M_A = 0 = F_B \cdot 3\,300\text{ mm} + F_L \cdot \cos(72{,}8°) \cdot 3\,790\text{ mm} - F_L \cdot \sin(72{,}8°) \cdot 380\text{ mm}$$
$$- F_Z \cdot \cos(82{,}9°) \cdot 330\text{ mm} - F_Z \cdot \sin(82{,}9°) \cdot 1\,960\text{ mm}$$

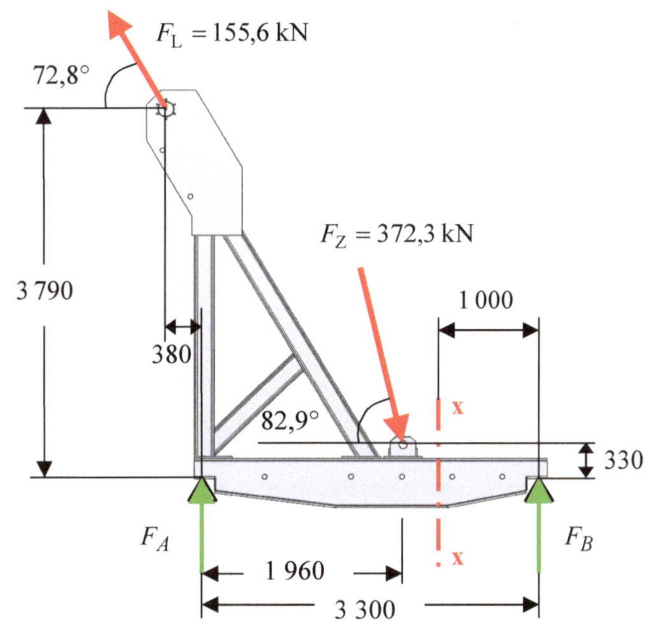

Die Lösungen des Gleichungssystems sind $F_A = 32{,}5\,\text{kN}$ und $F_B = 188{,}3\,\text{kN}$.

Aus einer FEM-Analyse können auch Ergebniskräfte ermittelt werden. Wählen Sie mit Rechtsklick auf ***Ergebnisse Ergebniskraft auflisten…*** Denken Sie immer daran: Die Finite-Elemente-Methode ist eine Näherungsmethode. Überschätzen Sie also die Genauigkeit von simulierten Werten nicht. Zudem gehen wir bei der obigen „Handrechnung" von starren, d. h. unverformten Körpern aus. Das bedeutet: Auch die Handrechnung ist nicht exakt. Diesen Umstand muss man bei der Interpretation von FEM-Ergebnissen berücksichtigen.

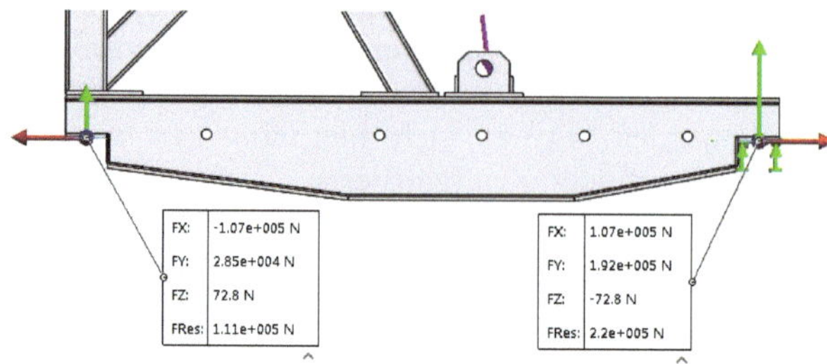

Der simulierte Wert für die Kraft F_A ist 28,5 kN (FY) und für die Kraft F_B 192 kN (FY). Diese Werte stimmen einigermaßen gut mit den oben berechneten überein. Die beiden Kräfte in x-Richtung (FX) heben sich praktisch auf. Die Kräfte in z-Richtung (FZ) sind im Verhältnis zu den anderen Kräften sehr klein und deshalb vernachlässigbar. Diese Kontrolle ist sehr wichtig, um Fehler bei der Lösung des obigen Gleichungssystems auszuschließen.

Zur Spannungsberechnung betrachten wir im Folgenden den Schnitt x-x.

Die Biegespannung berechnet man mit:

$$\sigma_b = \frac{M_{\text{bmax}}}{W_y}$$

Das maximale Biegemoment an dieser Stelle beträgt:

$$M_{\text{bmax}} = F_B \cdot 1\,000\,\text{mm}$$
$$= 188\,301{,}7\,\text{N} \cdot 1\,000\,\text{mm}$$
$$= 1{,}883 \cdot 10^8\,\text{Nmm}$$

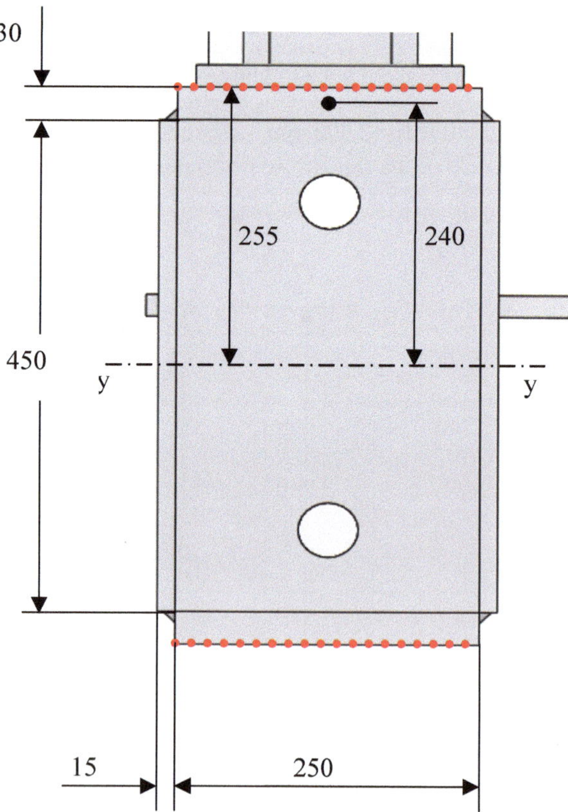

Berechnen wir noch das Flächenmoment I_y und das Widerstandsmoment W_y :

$$I_y = 2 \cdot \frac{15 \cdot 450^3}{12} \text{ mm}^4 + 2 \cdot \left(\frac{250 \cdot 30^3}{12} + 7\,500 \cdot 240^2 \right) \text{ mm}^4$$

$$= 1{,}093 \cdot 10^9 \text{ mm}^4$$

$$W_y = \frac{I_y}{e} = \frac{1{,}093 \cdot 10^9 \text{ mm}^4}{255 \text{ mm}} = 4{,}29 \cdot 10^6 \text{ mm}^3$$

Somit wird die Nennbiegespannung in den Randfasern:

$$\sigma_b = \frac{M_{bmax}}{W_y} = \frac{1{,}883 \cdot 10^8 \text{ Nmm}}{4{,}29 \cdot 10^6 \text{ mm}^3} = 44 \ \frac{\text{N}}{\text{mm}^2} \qquad (\text{Randfasern} \cdots)$$

an kann das Flächenmoment übrigens auch mit SolidWorks überprüfen. Wählen Sie unter Extras *Eigenschaften Querschnitt* (oder *Evaluieren Querschnittseigenschaften*). Hier können Sie die vier Flächen (Schweißnähte nicht berücksichtigen) anwählen und dann *Neu berechnen* anklicken. Das Programm berechnet dann verschiedene Werte – unter anderem den Schwerpunkt und die Hauptträgheitsmomente (Flächenmomente). Beim Vergleich des oben berechneten Wertes $I_y = 1{,}093 \cdot 10^9 \text{ mm}^4$ und dem von SolidWorks berechneten Wert $I_y = 1\,092\,937\,500 \text{ mm}^4$ stellen wir eine gute Übereinstimmung fest. Genau diese Kontrollmöglichkeiten von „Handrechnungen" und Simulationswerten geben dem Konstrukteur ein vernünftiges Maß an Sicherheit, was die Richtigkeit der Berechnungen betrifft.

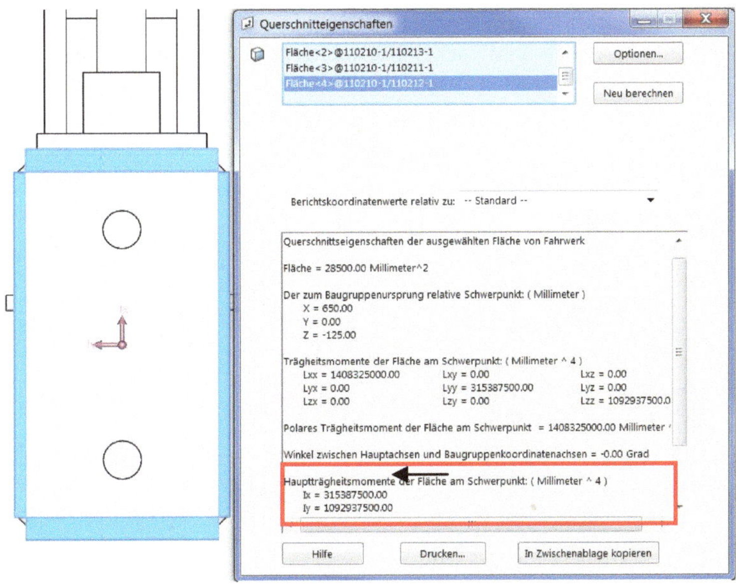

Obigen Wert für die Biegespannung vergleichen wir mit dem Simulationswert. Mit **Profil-Clipping** (Ebene5) kann man die gesuchten Werte sondieren. In der obersten Randfaser ist die simulierte Spannung $25{,}9\,\dfrac{\text{N}}{\text{mm}^2}$ (Biegedruckspannung) bedeutend tiefer als der berechnete Wert $44\,\dfrac{\text{N}}{\text{mm}^2}$. In der untersten Randfaser liegen der simulierte Wert $39{,}1\,\dfrac{\text{N}}{\text{mm}^2}$ und der berechnete Wert $44\,\dfrac{\text{N}}{\text{mm}^2}$ viel enger beisammen.

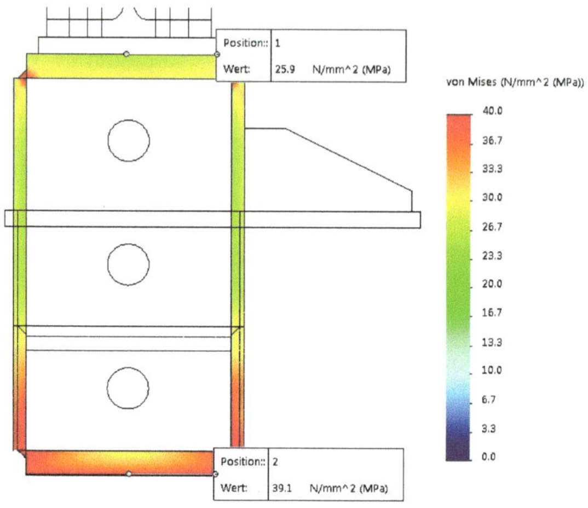

Die größere Abweichung in der oberen Randfaser kann unter anderem durch die Stützwirkung des Lagerbocks, die auch noch an dieser Stelle wirksam ist, erklärt werden.

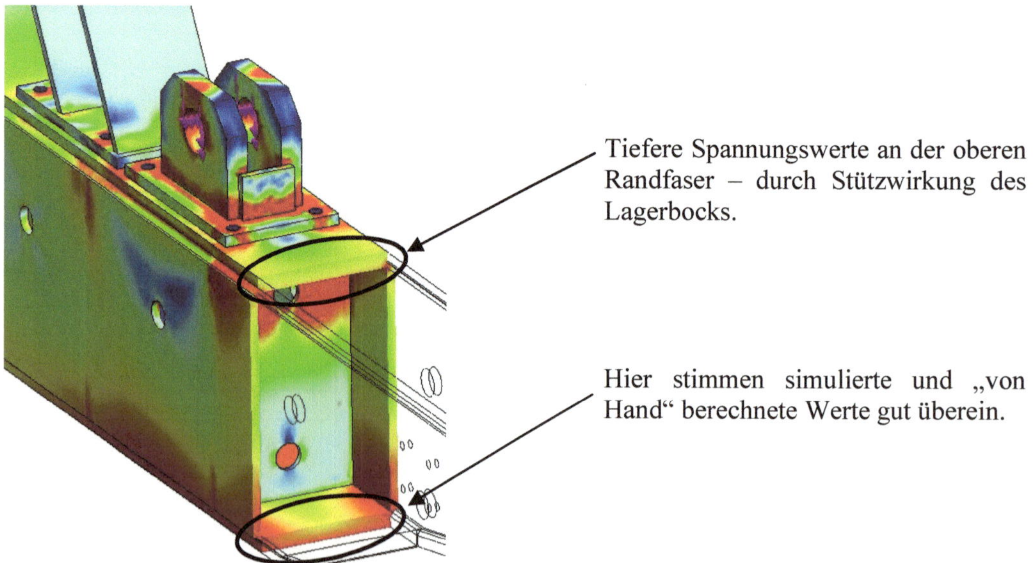

Um die Spannungswerte noch genauer zu simulieren, wäre es jetzt ratsam, eine feinere Vernetzung anzuwenden. Man sollte zum Beispiel an dieser Stelle mindestens eine zweite Lage von Volumenkörpern haben.

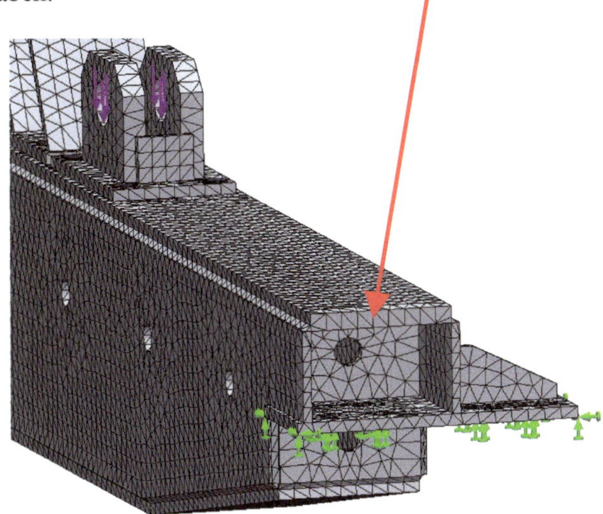

Um diese Baugruppe aber noch feiner vernetzen zu können, benötigt man eine sehr hohe Rechnerleistung.

Wir betrachten die Validierung als abgeschlossen. Natürlich könnte man noch weitere Stellen untersuchen. Weil es eine doch recht gute Übereinstimmung zwischen dem simulierten und berechneten Wert gibt, können wir davon ausgehen, dass das Modell mit all seinen Kontaktstellen richtig aufbereitet wurde.

Jetzt überprüfen wir noch die Verformungen im Modell. Für diese wird eine Kontrollrechnung sehr schwierig.

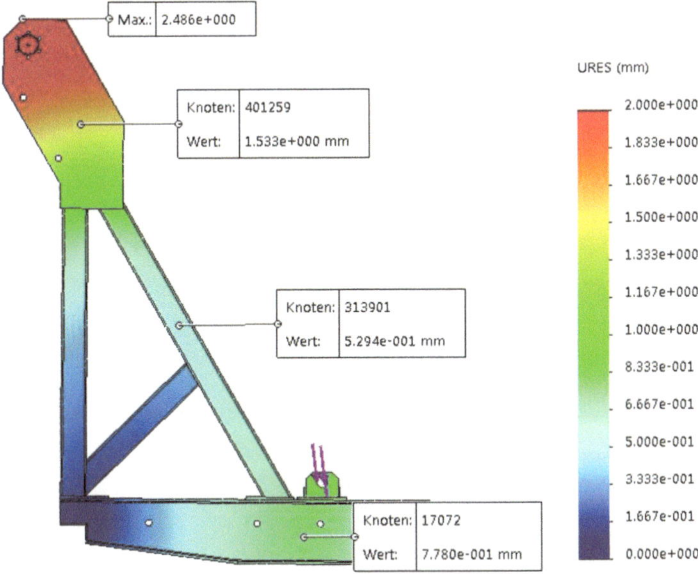

Die maximale Verformung ist den Erwartungen gemäß an der obersten Stelle und beträgt ca. 2,5 mm. Solange eine auftretende Verformung die Funktion der Vorrichtung nicht negativ beeinflusst, was hier ausgeschlossen werden kann, ist sie als zulässig zu betrachten. Man kann diese Verformung auch ins Verhältnis zu den Fertigungstoleranzen setzen. Das Fahrwerk ist ca. 4 300 mm hoch. Für die Toleranzklasse mittel (Allgemeintoleranz ISO 2768-m) beträgt die Toleranz für dieses Nennmaß ± 2 mm. Da die zu erwartende maximale Verformung etwa gleich groß ist wie die Toleranz, kann sie als zulässig betrachtet werden.

8. Modell ändern und optimieren

In einem nächsten Schritt könnte die Konstruktion optimiert werden. Treten zum Beispiel an bestimmten Stellen zu hohe Spannungen oder Verformungen auf, könnte das Modell hier gezielt verändert werden. Natürlich müsste dann die Analyse neu durchgeführt werden, um die Auswirkungen der Konstruktionsänderungen beurteilen zu können. Es handelt sich hier um einen iterativen Prozess, indem man sich schrittweise an eine möglichst optimale Lösung herantastet. Wichtig ist, dass man bei den Änderungen nicht zu viele Parameter auf einmal verändert, da es dann sehr schwierig wird, richtige Schlüsse zu ziehen.

9 Projekt Hydraulikzylinder

In diesem Projekt geht es um die Berechnung der Schraubenverbindungen bei einem Hydrau-likzylinder. Zusätzlich werden noch die Von-Mises-Spannungen und die Verformungen des Zylinders untersucht. Die Verformungen werden durch Messungen am realen Objekt verifi-ziert.

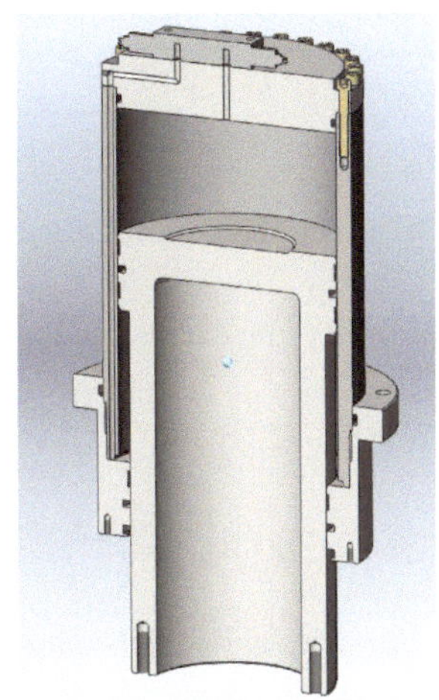

Folgende Angaben sollen für die Schraubverbindungen gelten:

Reibungskoeffizient der Schraubverbindung $\mu_{\mathrm{ges}} \approx 0{,}12$

Material Zylinder und Deckel 11SMn37
($R_\mathrm{m} = 450$ N/mm^2, $R_\mathrm{e} = 275$ N/mm^2)

Innendruck im Zylinder $p_\mathrm{i} = 250$ bar

27 Schrauben M12 x 60 (Festigkeitsklasse 8.8)

Oberfläche $Rz = 30$ µm (gefräst)

Innendurchmesser Zylinder $d_\mathrm{i} = 280$ mm

Restklemmkraft der Schraube $F_{\mathrm{Kl}} = 2$ kN (diese kann aus der erforderlichen minimalen Flächenpressung der Dich-tung berechnet werden)

Anziehfaktor $K_\mathrm{A} = 1{,}6$ (berücksichtigt das Anziehverfah-ren – hier mit „einfachem" Drehmomentschlüssel)

Es wird gezeigt, wie man die Schraubverbindung „von Hand" und im Vergleich dazu mit SolidWorks überprüfen kann.

Die Frage lautet also: Hält die Schraubverbindung den Belastungen stand?

a) Berechnung der Schraubverbindung (nach den Formeln von Roloff/Matek)

Für die Montagevorspannkraft (mit Betriebskraft) gilt:

$$F_{VM} = k_A \left[F_{Kl} + F_B (1 - n \cdot \phi) + F_Z \right]$$

Betriebskraft pro Schraube

$$F_B = \frac{p \cdot D}{27} = \frac{250 \cdot 10^5 \, \frac{N}{m^2} \cdot \frac{\pi}{4} \cdot (0,28 \, \text{mm})^2}{27} = 57 \, \text{kN}$$

Für das Kraftverhältnis gilt: $\qquad \varphi = \dfrac{\delta_T}{\delta_T + \delta_S} = 0,31$

Für die elastische Nachgiebigkeit der Schraube:

$$\delta_S = \frac{1}{210000 \, \frac{N}{mm^2}} \cdot \left(\frac{0,4 \cdot 12 \, \text{mm}}{113,1 \, \text{mm}^2} + \frac{24 \, \text{mm}}{113,1 \, \text{mm}^2} + \frac{3,4 \, \text{mm}}{84,3 \, \text{mm}^2} + \frac{0,5 \cdot 12 \, \text{mm}}{76,25 \, \text{mm}^2} + \frac{0,4 \cdot 12 \, \text{mm}}{113,1 \, \text{mm}^2} \right)$$

$$\delta_S = 1,98 \cdot 10^{-6} \, \frac{\text{mm}}{\text{N}}$$

Für die elastische Nachgiebigkeit der Platte:

$$\delta_T = \frac{27,4 \, \text{mm}}{A_{\text{ers}} \cdot E_T} = 8,93 \cdot 10^{-7} \, \frac{\text{mm}}{N}$$

$$A_{\text{ers}} = \frac{\pi}{4} \cdot \left((18 \, \text{mm})^2 - (13 \, \text{mm})^2 \right) + \frac{\pi}{8} \cdot 18 \, \text{mm} \cdot (19 \, \text{mm} - 18 \, \text{mm}) \cdot \left[\left(\sqrt[3]{\frac{27,4 \, \text{mm} \cdot 18 \, \text{mm}}{(19 \, \text{mm})^2}} + 1 \right)^2 - 1 \right]$$

$$A_{\text{ers}} = 146,13 \, \text{mm}^2$$

Krafteinleitungsfaktor abgeschätzt: $\qquad n \approx 0,3$

Setzkraftverlust: $\qquad F_Z = \dfrac{f_Z}{\delta_S + \delta_T} = \dfrac{8 \, \mu\text{m}}{(1,98 \cdot 10^{-6} + 8,93 \cdot 10^{-7}) \frac{\text{mm}}{\text{N}}} = 2,78 \, \text{kN}$

So erhält man für die Montagevorspannkraft (mit Betriebskraft):

$$F_{VM} = 1,6 \cdot \left[2 \, \text{kN} + 57 \, \text{kN} (1 - 0,3 \cdot 0,31) + 2,78 \, \text{kN} \right] \approx 90 \, \text{kN}$$

Die zulässige Kraft für diese Schraube der Festigkeitsklasse 8.8 beträgt $F_{sp} = 74,1 \, \text{kN}$.

Weil $F_{VM} \approx 90 \, \text{kN} \; > \; F_{sp} = 74,1 \, \text{kN}$, sind die Schrauben zu schwach!

Eine einfache und wirkungsvolle Verbesserungsmaßnahme wäre die Erhöhung der Festigkeitsklasse z. B. auf 12.9.

b) Berechnung der Schraubverbindung mit SolidWorks

Auf die detaillierte Einrichtung der gesamten Simulation wird hier nicht eingegangen. Es werden die Definition der Randbedingungen (Lasten und Lager) und Details der Schraubensimulation und die Ergebnisse der Simulation und der Messung aufgezeigt.

Für die Simulation wird nur ein Viertel-Ausschnitt des Modells verwendet, um die Rechenzeit zu verkürzen. Man verwendet für die Einspannungen dreimal eine Kreissymmetrie und fixiert die zwei Bohrungen des Flansches.

Die Definition der Kreissymmetrie kann wie unten dargestellt, ausgeführt werden.

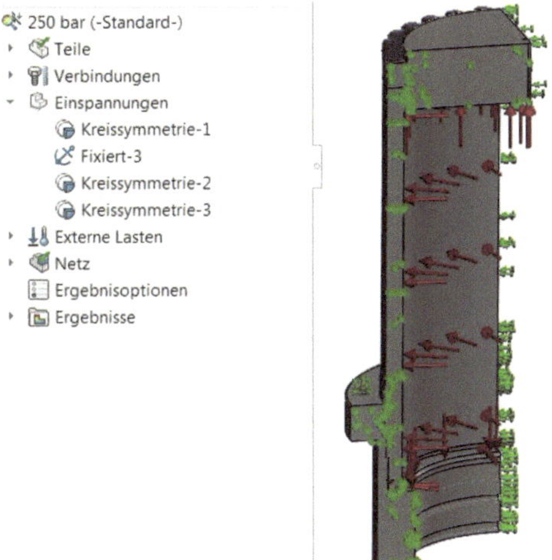

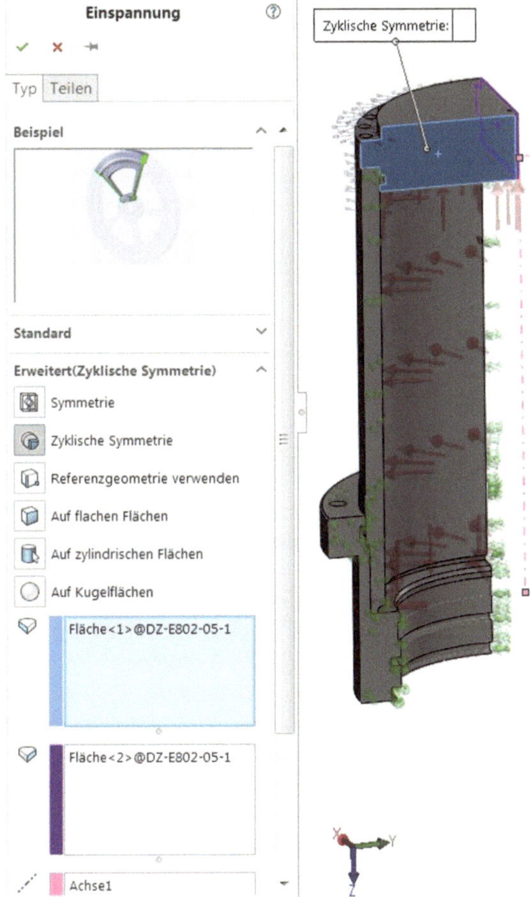

Auf alle Innenflächen wird der Druck von 250 bar definiert.

In *SolidWorks Simulation* können Schraubenverbindungsglieder definiert werden. Ein Verbindungsglied ist ein Mechanismus, der festlegt, wie ein Element (Eckpunkt, Kante, Fläche) mit einem anderen Element oder dem Boden verbunden ist. Die Verwendung von Verbindungsgliedern vereinfacht das Modellieren, da in vielen Fällen das gewünschte Verhalten simuliert werden kann, ohne die detaillierte Geometrie erstellen oder Kontaktbedingungen definieren zu müssen.

Es werden also 7 Schrauben gemäß untenstehenden Angaben definiert. Wenn Sie mehr über die Einstellungsmöglichkeiten wissen wollen, müssen Sie nur auf das Fragezeichen klicken. So kommen Sie automatisch auf die betreffende Hilfeseite.

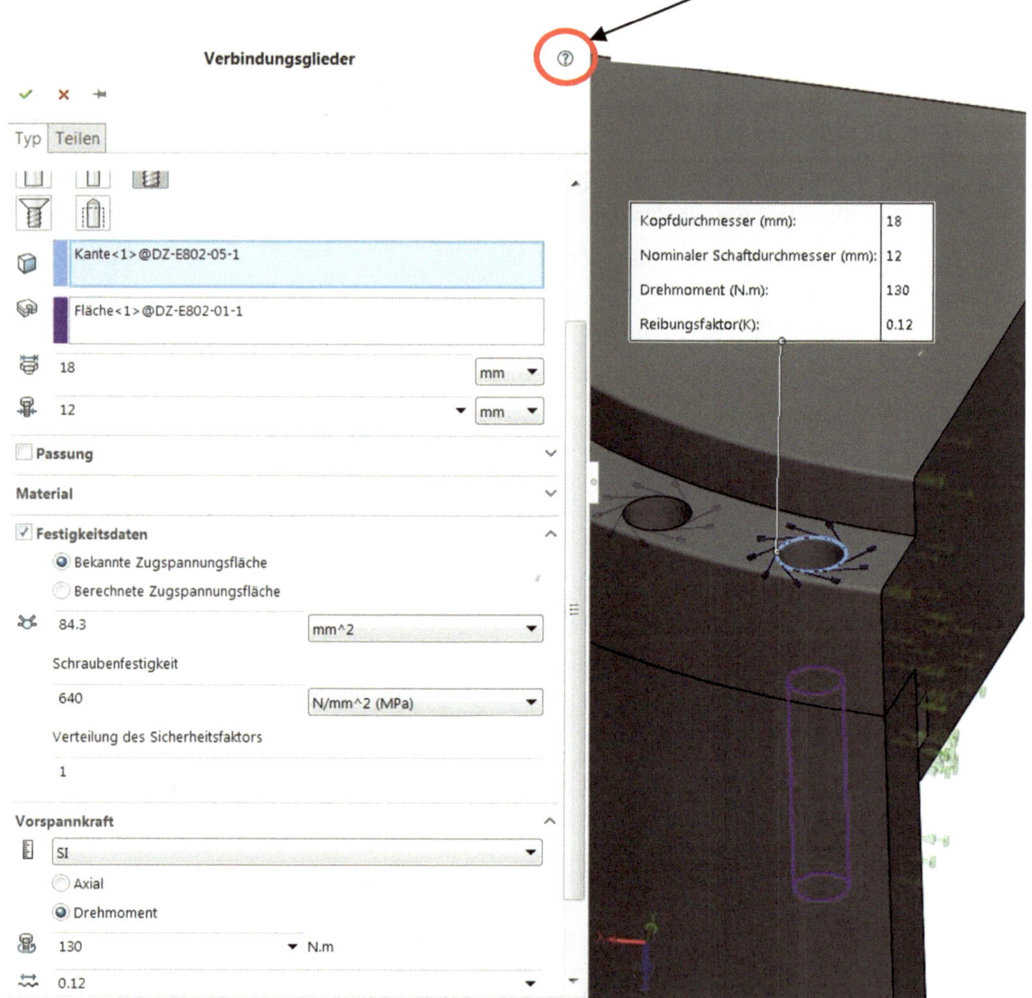

Nun sind alle Randbedingungen für das Modell definiert. Es kann jetzt die Vernetzung durchgeführt und die Studie ausgeführt werden. Um dann die Belastung der Schrauben zu ermitteln, klicken Sie mit der rechten Maustaste auf Ergebnisse und wählen Sie ***Stift-/Schrauben-/Lagerkraft*** aus. Dem Fenster kann man z. B. entnehmen, dass die maximale Axialkraft in z-Richtung auf ***Stirnsenkungsschraube-1*** ca. 80 kN entspricht. Der Bereich mit den Ergebnissen ist übrigens rot eingefärbt, weil die Belastung der Schraube zu groß ist. Eine einfache Rechnung kann dies bestätigen.

Die Zugspannung in der Schraube beträgt: $\sigma_Z = \dfrac{80165\,\text{N}}{84,3\,\text{mm}^2} = 951\,\dfrac{\text{N}}{\text{mm}^2}$.

Die Streckgrenze von $R_e = 640\,\dfrac{\text{N}}{\text{mm}^2}$ wird somit überschritten – die Schraube würde sich plastisch verformen.

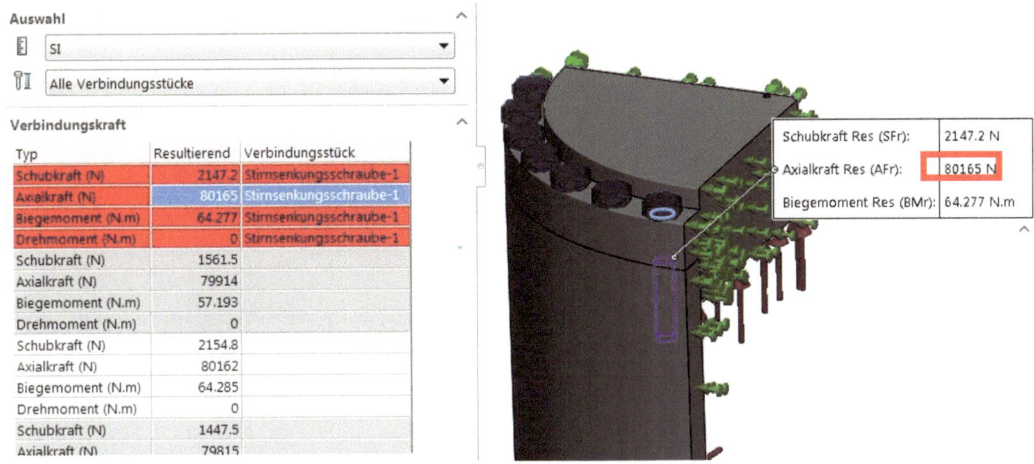

Der von Hand berechnete Wert beträgt ca. 90 kN. Es ist bei dieser Berechnung aber noch zu erwähnen, dass der Anziehfaktor ein frei gewählter Wert ist. Bei der Simulation hingegen, kann dieser Wert nicht gewählt werden. Es wurde dort ein Anziehdrehmoment von 130 Nm eingesetzt. Hierbei handelt es sich lediglich um einen Tabellenwert für M12 Schrauben. Aus praktischer Sicht ist der Simulationswert von ca. 80 kN aber absolut brauchbar. Man möchte ja wissen, ob die Schraube hält oder nicht.

Die simulierten Von-Mises-Spannungen im oberen Teil des Zylinders sind unproblematisch, da sie unterhalb der Streckgrenze $R_e = 275$ N/mm^2 des Materials liegen.

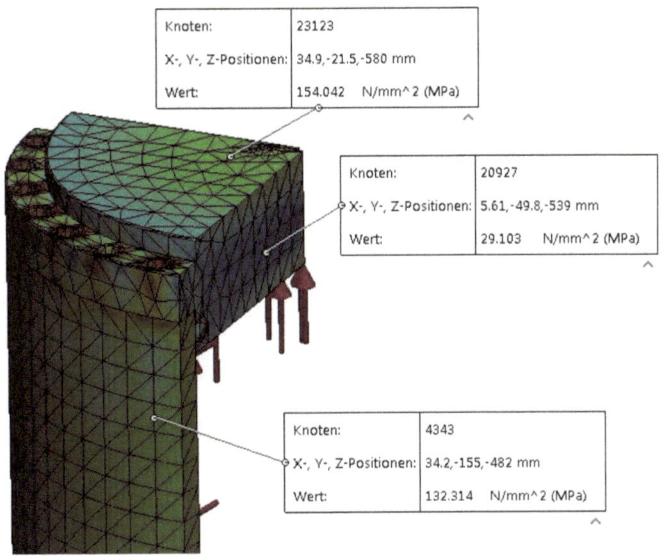

Die simulierte resultierende Maximalverfor-
mung beträgt 0,286 mm. Sie liegt erwartungsgemäß in der Mitte des Deckels und stellt für
die Funktion des Hydraulikzylinders kein
Problem dar.

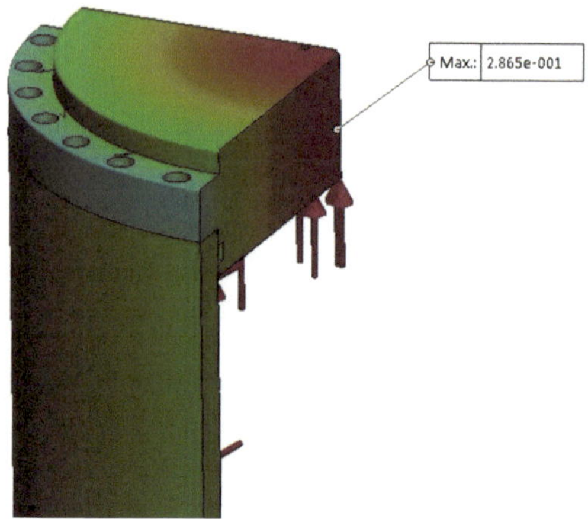

Am realen Objekt wurde die Verformung gemessen. Aus Gründen der Zugänglichkeit konnte
man diese 105 mm vom Außenrand mit einer Messuhr messen. An dieser Stelle wurde eine
Verformung von 0,165 mm abgelesen.

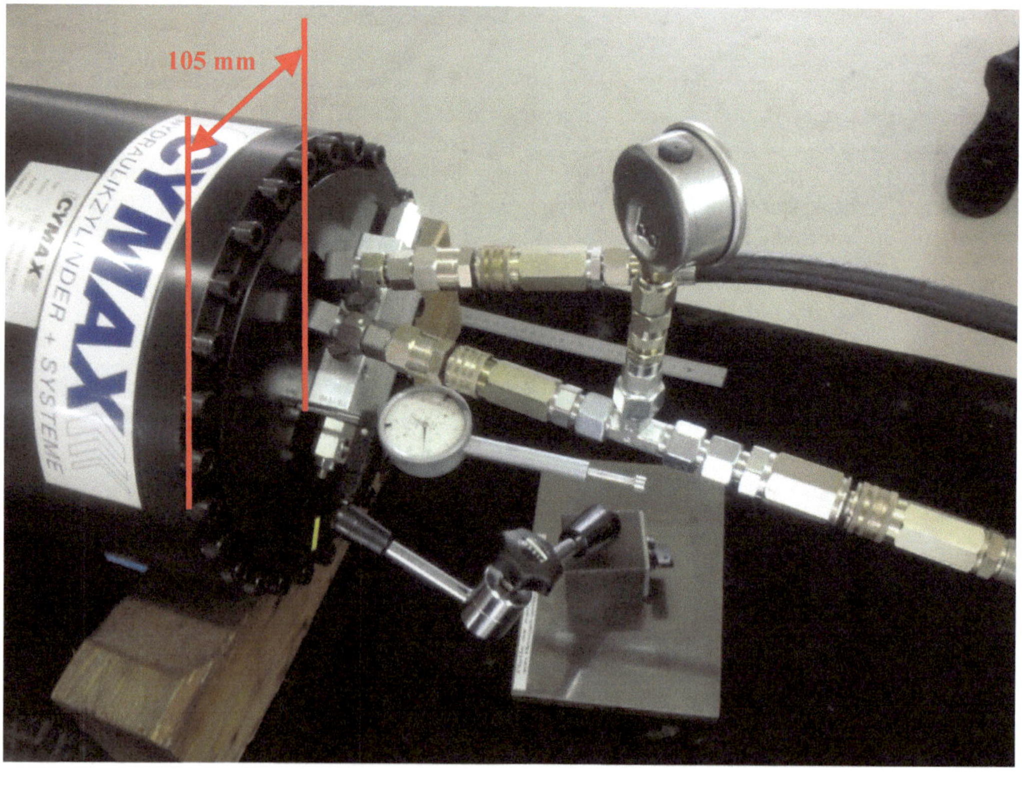

Mit Rechtsklick auf *Verschiebung 1* kann man *Sondieren* wählen. Zuvor wurde im CAD-Modell eine Skizze (Kreis) an der Position der Messuhr erstellt. Somit kann man einfach an derselben Stelle, an der die Messung durchgeführt wurde, die simulierte Verformung ablesen. Sie beträgt **0,173 mm** und liegt sehr nahe beim gemessenen Wert **0,165 mm**.

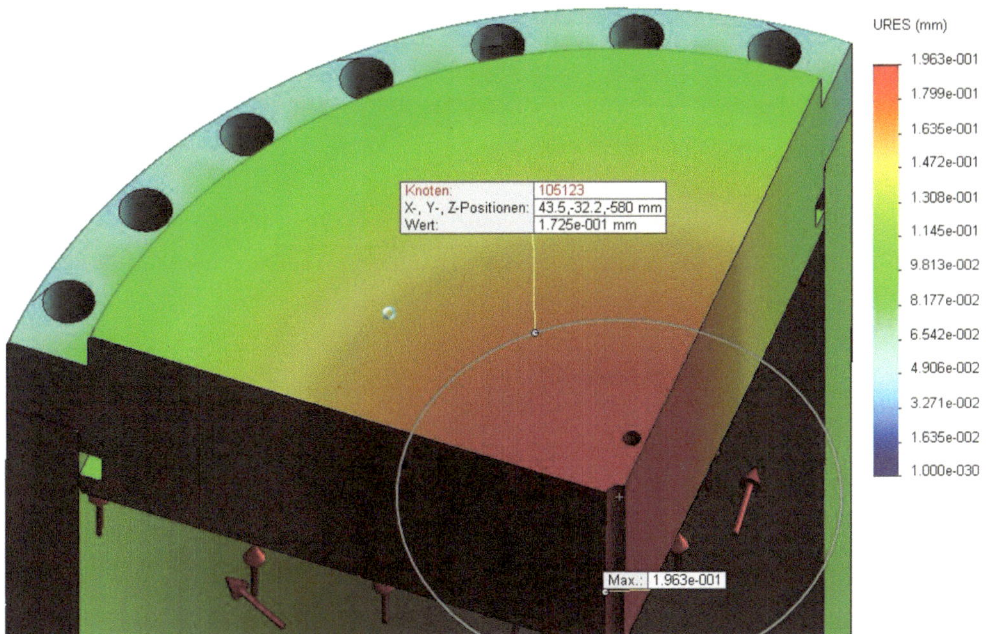

10 Zuverlässigkeit von FEM-Analysen

Das Vertrauen in die Güte von FEM-Analysen ist, basierend auf den langjährigen guten Erfahrungen bei deren Anwendung, erheblich gestiegen. Dementsprechend werden von den Auftraggebern (firmenintern oder -extern) qualitativ hochwertige Berechnungen verlangt. Fehler des Berechnungsingenieurs können in diesem Zusammenhang für diesen existenzbedrohend sein. Die aus der so genannten Produkthaftung entstehenden Haftungsrisiken können auf drei Arten beschränkt werden:

- Vermeiden von Fehlern

- Vertraglicher Ausschluss bzw. die Begrenzung der Haftung für Fehler

- Abschluss einer auf Risiken des Auftragnehmers (Ingenieurbüro) zugeschnittenen Haftpflichtversicherung.

Am wichtigsten ist natürlich die Vermeidung von Fehlern. Ich möchte hier nur auf diesen Punkt weiter eingehen. Eine wichtige Bemerkung von SolidWorks zu diesem Thema finden Sie unter ***Simulation Info***:

> Begründen Sie Ihre Konstruktionsentscheidungen nicht ausschließlich auf Ergebnisse der Simulation Konstruktionsanalyse-Software. Verwenden Sie diese Informationen in Kombination mit experimentellen Daten und praktischen Erfahrungswerten.
> Praktische Tests sind zur Bewertung der endgültigen Konstruktion unerlässlich. Die Simulation Konstruktionsanalyse-Software hilft, die Zeit zur Erlangung der Marktreife zu reduzieren, indem praktische Tests verringert aber nicht eliminiert werden können.

Sowohl die Berechnung „von Hand" wie auch die FEM-Analyse bergen oftmals viele Unsicherheiten und Ungenauigkeiten wie u. a.:

- Abmessungen und Werkstoffwerte haben Toleranzen

- Kanten sind nicht „scharf"

- Lager sind nicht starr

- Kräfte sind nicht punkt- oder linienförmig

- Finite Elemente Methode ist eine Näherungsmethode – eine absolute Genauigkeit ist nicht erreichbar.

Diese Unsicherheiten versucht man mit entsprechenden Sicherheitswerten aufzufangen. Die Qualität einer durchzuführenden Festigkeitsuntersuchung richtet man auch nach der Risikoklasse des Produktes. So teilt die NAFEMS (das ist die „International Association for the Engineering Analysis Community") Produkte in drei Risikoklassen ein:

1. **höchst relevant**, d. h. bei Versagen der Struktur kann ein Katastrophenfall eintreten <u>und</u> die rechnerische Analyse ist alleiniger, zentraler Bestandteil des Qualifikationsnachweises.

2. **sicherheitsrelevant**, d. h. Versagen der Struktur muss entweder zur ernsten Gefährdung von Leib und Leben oder hohen direkten Schäden bzw. hohen Folgeschäden führen <u>oder</u> das Versagen fällt in Risikoklasse 1, ist aber nicht alleiniger Qualifikationsnachweis.

3. **beratend** – diese Kategorie wird in allen Fällen angewendet, die nicht in die beiden oberen Kategorien fallen.

Da die Sicherheit eines Produktes unter Umständen erheblich von den Rückschlüssen der Analyse abhängt, müssen die anzuwendenden Verfahren und Vorgehensweisen dementsprechend gewählt werden. Die Risikoklasse bestimmt also die Verifizierung der Software, die Überprüfung des Modells sowie die Personalauswahl, die für die jeweilige Berechnung angewandt wird.

Die Validierung, d. h. das Prüfen auf Richtigkeit der Ergebnisse einer Berechnung ist sehr schwierig und wohl genauso unmöglich wie der Nachweis, dass ein Rechenprogramm richtig arbeitet [8]. Gerade den Ergebnissen, die mit einem Computerprogramm ermittelt wurden, sollte unbedingt Skepsis entgegengebracht werden. Es können nämlich schnell schwerwiegende Fehler eintreten:

- **Falsche oder fehlerhafte Problemanalyse**: Bei mangelnden Grundkenntnissen in Mechanik, Festigkeitslehre, Konstruktionslehre und der FEM kann der Ingenieur keine fundierte Problemanalyse durchführen, d. h. er erkennt die Problematik nur unzureichend.

- **Unangemessene Vernetzung**: zu grobe Vernetzung.

- Wahl eines falschen Programms: Wenn in einer Konstruktion Nichtlinearitäten (Große Verformungen ergeben eine Änderung der Geometrie, Kontaktstellen mit sich ändernder Richtung und z. B. Gummibauteile) vorliegen, dürfen Sie keinesfalls eine statische Studie, wie sie in diesem Buch immer ausgeführt wurden, durchführen. Das würde auf jeden Fall zu völlig falschen und unbrauchbaren Ergebnissen führen.

- Fehler in Computerprogrammen: Wie wir leider alle wissen, hat vermutlich jede Software Fehler. Jeder Programm-Absturz deutet auf einen Programmierfehler hin. Man kann also die Ergebnisse einer FEM-Analyse nie als ganz sicher annehmen.

- **Falsche Bedienung eines Programms**: Sehr schnell hat man bei der Eingabe von Werten Fehler gemacht. Vor allem bei den Last- und Lagerdefinitionen können sehr schnell falsche Annahmen getroffen werden. Oftmals kann man für die gleiche Aufgabe verschiedene Lagertypen verwenden und das kann zu großen Abweichungen bei den Ergebnissen führen. Zusammengefasst muss man festhalten, dass eine Zehnerpotenz Fehler in einem Ergebnis einfach zu erreichen ist. Solche Werte sind leider unbrauchbar.

- **Falsch angenommene oder nicht berücksichtigte Lastfälle**

- **Falsche Werkstoffdaten**

Wie man in den vielen durchgerechneten Beispielen gesehen hat, wird bei einfachen Struktur-berechnungen eine hohe Zuverlässigkeit und Qualität der Ergebnisse erreicht. Schwierige Analysen mit komplizierten Formen sind generell mit größerer Vorsicht zu betrachten.

Die Ergebnisse einer FEM-Analyse können auf verschiedene Arten kontrolliert werden. Man spricht in diesem Zusammenhang auch von Validierung und Verifizierung. Unter Validierung versteht man alternative theoretische Überprüfungen, wie Kontrollrechnungen von Hand. Mit einer Verifizierung sind praktische Messungen mit z. B. Dehnmessstreifen gemeint.

Zum Schluss noch eine Übersicht zur Ergebniskontrolle:

- **Vorgängiges Abschätzen der Ergebnisse**: Dies kann man mit überschlägigen Kon-trollrechnungen machen.

- **Kontrolle durch das FEM-Programm selber**: Das Programm meldet z. B. fehlende Materialdaten etc. Auch kann der Konvergenzverlauf mehrerer FEM-Analysen ange-zeigt werden.

- **Parallelanalyse**: Nachrechnung durch einen zweiten Berechnungsingenieur mit einer anderen Software.

- **Überprüfung durch praktische Messungen**

11 Lösungen

1.6 Verständnisfragen

1. Äußere Kräfte = Steifigkeit mal Verschiebung

2. Die Steifigkeit ergibt sich aus dem Material (E-Modul) und der Geometrie des Bauteils. Sie entspricht der Federrate und gibt zum Beispiel an, mit wie viel Newton ein Bauteil belastet werden muss, um es um 1 mm zu verformen. Die Einheit ist $\frac{N}{mm}$.

3. Nein. Bei der Festlegung von Lasten (Kräfte und Drehmomente) und Lagern werden für die Analyse bestimmte Annahmen getroffen. Die Abmessungen und Werkstoffwerte haben Toleranzen, Kanten sind nicht „scharf", Lager sind nicht starr, Kräfte sind nicht punkt- oder linienförmig etc. Weiter kommt hinzu, dass es sich bei der Finite-Elemente-Methode um eine Näherungsmethode handelt, mit der eine absolute Genauigkeit prinzipiell nicht möglich ist.

4. Zuerst die Verschiebungen. Verschiebungen sind die Hauptunbekannten in der Finite-Elemente-Analyse und werden als solche immer erheblich genauer als Spannungen und Dehnungen sein. Eine relativ grobe Vernetzung ergibt bereits zufrieden stellende Verschiebungsergebnisse, während für gute Spannungsergebnisse in der Regel erheblich feinere Netze erforderlich sind. Aus den Verschiebungen werden dann Reaktionskräfte und Spannungen berechnet.

5. Erstellen einer Studie – Anwenden des Materials – Einspannungen definieren – Lasten definieren – Modell vernetzen – Studie ausführen – Ergebnisse analysieren

6. Tetraedische Volumenkörperelemente 1. Ordnung, Tetraedische Volumenkörperelemente 2. Ordnung, Dreieckige Schalenelemente 1. Ordnung, Dreieckige Schalenelemente 2. Ordnung, Balkenelemente

7. Tetraedische Volumenkörperelemente 1. Ordnung (Entwurfsqualität) verfügen in jeder Ecke genau über einen Knoten. Das kann bei einer Analyse sehr schnell zu großen Fehlern führen. Tetraedische Volumenkörperelemente 2. Ordnung verfügen über genau 10 Knoten (4 Eckknoten und 6 Knoten jeweils in der Mitte der Kanten). Die Elemente 2. Ordnung können abgerundete Kanten und Flächen besser vernetzen. Bei den Schalenelementen gilt ähnliches.

8. Bei Blechen und Bauteilen mit gleich bleibender Dicke. Die Rechenzeit für das Schalenmodell ist bedeutend kürzer als für das Volumenmodell.

9. Je kleiner die Elemente gewählt werden, desto geringer sind die so genannten Diskretisierungsfehler, desto länger dauert jedoch auch die Vernetzung und die Lösungsfindung.

10. Wenn man eine bestimmte Stelle im Bauteil genauer untersuchen möchte, gibt es die Möglichkeit, speziell an dieser Stelle ein feineres Netz zu definieren. Dieses Verfahren nennt man lokale Netzverfeinerung (Vernetzungssteuerung).

11. Wenn an einem Bauteil mehrere Beanspruchungsarten gleichzeitig wirken, z. B. Biegung und Torsion, kann man aus diesen eine so genannte Vergleichsspannung berechnen. Die Biegebeanspruchung bewirkt Normal- und die Torsionsbeanspruchung Schubspannungen. Die Umrechnung dieser beiden Spannungskomponenten auf eine einzige Normalspannung gelingt mit den Festigkeitshypothesen.

12. Es handelt sich hierbei um einen Fehler, der an unendlich scharfen Kanten entsteht.

2.7 Übungen

1. $\quad \sigma_{bmax} = 107 \dfrac{N}{mm^2}$

2. $\quad \sigma_{bmax} = 119,3 \dfrac{N}{mm^2}$

3. $\quad \sigma_{bmax} = 24,3 \dfrac{N}{mm^2}$ (als Druckspannung an der Unterseite beim Lager A)

3.5 Übungen

1. x-x: $\quad \sigma_z = 2,25 \dfrac{N}{mm^2}$

   y-y: $\quad \sigma_z = 2,25 \dfrac{N}{mm^2}$; $\sigma_b = 54 \dfrac{N}{mm^2}$; $\sigma_V = 56,25 \dfrac{N}{mm^2}$

   z-z: $\quad \tau_a = 2,25 \dfrac{N}{mm^2}$; $\sigma_b = 47,25 \dfrac{N}{mm^2}$; $\sigma_V = 47,4 \dfrac{N}{mm^2}$

2. x-x: $\quad \sigma_b = 73,7 \dfrac{N}{mm^2}$; $\tau_t = 30,7 \dfrac{N}{mm^2}$; $\sigma_V = 90,9 \dfrac{N}{mm^2}$

4.2 Übung

$F_A = F_B = 12\ kN$

Stab	1	2	3	4	5	6	7	8	9	10	11
Zug (kN)		18,9			10,5	10	10,5			18,9	
Druck (kN)	23,2		4,7	19,4				19,4	4,7		23,2

5.3 Übung

$$\sigma_{max} = \alpha_k \cdot \sigma_n \approx 1.52 \cdot \dfrac{200\,000\ N}{\dfrac{\pi}{4} \cdot (40\ mm)^2} = 242 \dfrac{N}{mm^2}$$

12 Literaturverzeichnis

[1] Mayr, M.: Technische Mechanik, Hanser, 6. Aufl. 2008

[2] SolidWorks Simulation 2010, DS SolidWorks 2010

[3] Läpple, V.: Einführung in die Festigkeitslehre, Springer Vieweg Verlag, 3. Aufl. 2012

[4] Klein, B.: FEM, Springer Vieweg Verlag, 9. Aufl. 2012

[5] Roloff/Matek: Maschinenelemente, Vieweg+Teubner Verlag, 20. Aufl. 2011

[6] Böge, A.: Technische Mechanik, Vieweg+Teubner Verlag, 29. Aufl. 2011

[7] Fröhlich, P.: FEM-Anwendungspraxis, Vieweg+Teubner Verlag 2005

[8] Dankert, J., Dankert, H.: Technische Mechanik, Vieweg+Teubner Verlag, 6. Aufl. 2010

Sachwortverzeichnis

SolidWorks-Funktionen in Kursivschreibung